合肥工业大学教材出版基金资助项目

智能测绘

黄世秀　高　飞　主编

合肥工业大学出版社

内容简介

本教材为土木工程类专业基础课教材。全书共分11章，第1章为现代测绘的内涵、发展与应用介绍；第2章介绍测绘工作的基础框架及基础知识；第3～5章论述测量的3项基本工作内容、原理及主要仪器的操作方法：水准测量、角度测量、距离测量；第6章介绍误差及数据处理的基本知识；第7章为控制测量原理及方法介绍；第8章系统论述了数字测图方法；第9章主要介绍地形图基础知识及应用；第10章结合项目实践论述测量机器人原理及应用；第11章探讨泛在测绘在智慧地球中的应用等。

《智能测绘》是一本以“智慧地球”视野，引领学生学习测绘新技术，适应测绘行业的重新定位而编写的新教材。该教材可供地质矿产类、农林类和环境工程类等有关专业使用，也可作为有关工程技术人员的参考书。

图书在版编目(CIP)数据

智能测绘/黄世秀，高飞主编．—合肥：合肥工业大学出版社，2023.2(2024.1重印)
ISBN 978-7-5650-6108-0

Ⅰ.①智… Ⅱ.①黄…②高… Ⅲ.①测绘学—高等学校—教材 Ⅳ.①P2

中国版本图书馆CIP数据核字(2022)第207836号

智能测绘

黄世秀 高 飞 主编　　　　责任编辑 赵 娜

出 版	合肥工业大学出版社	版 次	2023年2月第1版
地 址	合肥市屯溪路193号	印 次	2024年1月第2次印刷
邮 编	230009	开 本	787毫米×1092毫米 1/16
电 话	理工图书出版中心：0551-62903004	印 张	15
	营销与储运管理中心：0551-62903198	字 数	356千字
网 址	www.hfutpress.com.cn	印 刷	安徽联众印刷有限公司
E-mail	hfutpress@163.com	发 行	全国新华书店

ISBN 978-7-5650-6108-0　　　　定价：46.00元

如果有影响阅读的印装质量问题，请与出版社营销与储运管理中心联系调换。

前　言

测绘地理信息行业是一个跨学科、应用广泛的基础性行业。随着测绘地理信息技术与大数据、移动互联、智能处理和云计算等高新技术的融合不断加快，测绘数据的获取方式、测绘信息处理形式和测绘产品的提供形态已发生了大变革，信息化测绘逐步升级为智能化测绘，社会对测绘工程技术类型岗位人才的培养提出了新的要求。在此背景下，作为人才培养摇篮的高等学府的课程体系建设显得尤为重要。针对目前合肥工业大学测绘教材存在老化、与行业变化不匹配等现象，作者依托合肥工业大学测量系教学团队所取得的一系列成果，将多年的教学经验与测绘新技术相融合，以"泛在测绘"服务于"智慧地球"的理念与视野将先辈的教材进行了适当的修订，对原有体系进行了简化，增加了当前测绘高新技术的应用与相关案例，加强了理论与实践的衔接，着眼于服务智慧地球能力的培养。本教材有以下特点：

(1)确定以点的定位为中心，数字测图和智能应用为主线的原则，以智慧地球的视角，讲述测绘学的目的、理论、方法和应用。删除陈旧的测图和施工方法，充实新的测图技术方法及应用，以适应智能化的要求。

(2)以当代测绘新技术为主导，突出智能化测绘技术及应用，加强了理论与实践的衔接，着眼于服务智慧地球能力的培养，有利于学生学习掌握。

(3)教材围绕测绘工程行业的最新动态进行编写，为测绘工程技术类型岗位人才适应测绘行业新变化做了较好地衔接。

本教材由合肥工业大学黄世秀、高飞担任主编。全书共分 11 章，在定稿过程中，鲁子明、孙恩光、罗晨晨等研究生参加了校核工作，全书由黄世秀负责统稿完成。

由于编者水平所限，教材中的缺点、问题在所难免，请读者不吝指正。

编　者

2022 年 8 月

目　　录

第1章　绪　论

1.1　测绘学与地球空间信息学

当代人类面临各种挑战性问题:人口增加、环境污染、资源耗损、灾害频发等。世界人口在持续增加,目前约有77亿,预计2030年增至85亿,2050年达到97亿,增长的人口需要良好的生存环境;目前全球环境污染严重,需要进行实时生态环境监测、调查、评估和治理等各项工作;到21世纪中叶,全球将面临资源耗竭的危机,特别是化石能源;地震海啸、洪涝干旱、火山喷发、冰川消融等灾害频发;等等。各种挑战性问题正以各种不同形式表现出来。我们可以从中了解到每个事件在什么时间,什么地点发生,以及具体发生了什么事情;事发地点及其周围环境发生了什么变化,有什么关联。我们对这些事件所了解的信息,包括时间、空间、属性,也就是测绘所获取的"地理空间信息"。它们关联着我们的生活及一切活动中所涉及的问题。当前经济社会的发展对测绘信息的需求迅速增长,测绘信息内容与服务方式也随之发生了深刻变化。

1.1.1　测绘学的研究内容及范围

测量学与制图学统称为测绘学。传统测绘学研究的对象是地球及其表面,研究的任务是对与地理空间有关的信息进行采集、处理、管理、更新和利用。测绘学按研究内容分为测定和测设两个部分。测定是将地面上客观存在的物体,通过测量的手段,将其测成数据或图形的形式;测设是将人们的工程设计通过测量的手段,标定在地面上,以备施工。

随着大数据、云计算、移动互联网、互联网、虚拟现实、人工智能等现代科学技术的发展,测绘学研究对象已扩展到地球的外层空间,内容已由观测和研究静态对象发展到观测和研究动态对象,使用的手段和设备也已转向自动化、数字化及智能化,测绘地理信息技术的形态及服务模式朝着智能化、普适化方向发展。"智慧地球"构想不断实施,现代高新技术互相渗透,现代测绘学正以地球空间信息学的新面目迎来历史性发展新机遇与挑战,"智能测绘""泛在测绘"以先进的手段、新颖的方法实现跨界服务,其研究和服务的对象、范围越来越广泛,重要性越来越显著。

1.1.2　测绘学的分科

测绘学包括大地测量学、摄影测量与遥感学、工程测量学、海洋测绘学、普通测量学、地图制图学和测绘仪器学7个分科。

1. 大地测量学

大地测量学是研究和测定地球形状、大小和地球重力场及测定特定地面点空间位置的科学。大地测量学分为几何大地测量学、物理大地测量学和卫星大地测量学(或空间大地测量学)3个分支学科。几何大地测量学是以一个与地球外形最为接近的几何体(旋转椭球),代表地球形状,用天文方法测定该椭球的形状和大小的学科;物理大地测量学是研究用物理方法测定地球形状及其外部重力场的学科;卫星大地测量学是利用人造地球卫星进行地面点的定位及测定地球形状、大小和地球重力场理论、方法的学科。大地测量学主要研究地球表面上较大区域甚至整个地球,一般必须考虑地球曲率的影响。

2. 摄影测量与遥感学

摄影测量与遥感学是研究用摄影和遥感的手段,获取被测物体的信息,并进行分析、处理,以确定物体的形状、大小和空间位置,判定其属性的学科。它分为地面摄影测量学、航空摄影测量学和航天遥感测量学。人类及各种物体不断向空中发射或反射不同频率的电磁波,在卫星或飞机上安装传感器专门接收地面各种电磁波,经过物理数学处理变成影像,依据频谱来分析影像,从而获得物体的几何或物理信息,这种技术叫作遥感。

3. 工程测量学

工程测量学研究在工程建设和资源开发中规划、设计、施工和运营管理各个阶段的测量工作理论、技术和方法的学科。由于建设工程的要求不同,工程测量学可以分为矿山测量学、水利工程测量学、公路测量学、铁道测量学和海洋工程测量学等;由于工程的精度要求不同,工程测量学又可以分为精密工程测量学和特种精密工程测量学。

4. 海洋测绘学

海洋测绘学是研究以海洋水体和海底为对象所进行的测量和海图编制理论、方法的学科。

5. 普通测量学

普通测量学是研究地球的局部地区,不考虑地球曲率的影响,使用测量仪器、设备进行测定和测设的学科。它主要研究的内容包括图根控制网的建立和地形图的测绘。

6. 地图制图学

地图制图学是研究社会和自然信息的地理分布,绘制全球和局部地区各种比例尺的地形图的学科。它经历了传统制图、数字化制图及信息化制图3个阶段。传统制图采用手工制图技术,以地图制图与生产过程作为一个系统,以地图产品生产作为最终目标,具有明显的封闭性;数字化制图采用计算机制图技术,以数字化地图生产过程作为一个系统,以数字地图产品的生产作为最终目标,也具有一定的封闭性;信息化制图采用基于传感器网、工作平台网和互联网的深度联网及云计算等技术,以地理空间信息获取、处理、服务的一体化作为一个系统,以提供地理空间信息融合服务作为最终目标,具有明显的开放性。

7. 测绘仪器学

测绘仪器学是研究测量仪器的制造、改进和创新的学科,包括光学测绘仪器学和电子测绘仪器学。

1.2　测绘学的发展及其在“智慧地球”建设中的作用

从传统测绘到当今地球空间信息智能测绘服务，测绘学经历了从模拟法到解析法再到数字化发展的3个重要阶段。GNSS、RS与GIS技术的发展及集成使测绘学形成了地球空间信息学。21世纪，物联网、云计算、人工智能和大数据等新兴信息技术推动地球空间信息服务朝着智能化、自动化、网络化与实时化特点的方向发展，形成了“互联网＋”空间信息智能服务新业态。

1.2.1　测绘学发展的3个重要阶段

1. 从原始简单测量到模拟法测绘

测绘学起源于人类生产实践，它是人类长期以来，在生活和生产方面与自然界斗争的结晶。由于生活和生产的需要，在古代测量工作就已被用于实际。早在公元前21世纪夏禹治水时，已使用了“准”“绳”“规”“矩”4种测量工具和方法；埃及尼罗河泛滥后农田的整治也应用了原始的测量技术。在天文测量方面，远在颛顼高阳氏(公元前2513年—公元前2434年)时期人们便开始观测日、月、五星，并根据观测结果来定一年的长短；战国时已首先创制了世界最早的恒星表。秦代(公元前246年—公元前207年)用颛顼历定一年的长短为365.25天，与罗马人的儒略历相同，但比其早四五百年。宋代的《统天历》定一年为365.2425天，与现代值相比，只有几十秒之差，可见天文测量在古代已有很大发展。另外，我国古代还创制了浑天仪、圭、表和复矩等仪器用于天文测量。

在研究地球形状和大小方面，公元前人们就已提出丈量子午线上的弧长，以推断地球的大小、形状。我国于唐代(724年)在僧一行主持下，实量河南从白马，经浚仪、扶沟，到上蔡的距离和北极星高度，得出子午线1度的弧长为132.31 km，为人类正确认识地球做出了贡献。17世纪以来，牛顿和惠更斯从力学的观点，提出地球是两极略扁的椭球，纠正了地圆说，为正确认识地球奠定了理论基础。1849年斯托克斯提出利用重力观测资料确定地球形状的理论，从而提出了大地水准面的概念。

地(形)图是测绘工作的重要成果，它是生产和军事活动的重要工具。在公元前20世纪之前，苏美尔人、巴比伦人已绘制地图于陶片等载体上，说明地图早已被人们所重视。我国记录地图最早的载体是夏禹铸九鼎，其已是地图的雏形。公元前7世纪，春秋时期管仲著的《管子》一书中对地图已有所论述。平山县发掘出土的春秋战国时期的“兆域图”，已经有了比例和符号的概念。在湖南长沙马王堆发现公元前168年的长沙国地图和驻军图，地物、地貌和军事要素在图上已有表示。2世纪，古希腊的托勒密在《地理学指南》一书中，首先提出了用数学的方法将地球表象描绘成平面图的问题，并提出了原始的地图投影的问题。224—271年，我国西晋的裴秀总结了前人的制图经验，拟定了小比例尺地图的编制法规——《制图六体》，它是世界上最早的制图规范之一。此后历代都编制过多种地图，如元代朱思本绘制的《舆地图》；明代罗洪先绘制的《广舆图》和德国墨卡托编制的《地图》，都已经构成地图集的形式。16世纪测绘技术发展较快，尤其是三角测量方法的应用，为大地测量创造了条件，为测绘地形图打下了基础，如明代郑和下西洋绘制的《郑和航海图》。17 世纪开始，在资产阶级革命的推动下，生产力有所发展。为了满足生产力发展的需要，科学技术得到了迅猛发展，这也促进了人类的工业化进程。人类从使用简单的工具（如绳尺、木杆尺）进行测量、制图发展到主要依赖光、机、电的仪器（如经纬仪、水准仪）进行角度、距离量测的模拟法测绘初级阶段。在工业化时代，模拟法测绘通过以地面测量为主的方法来测绘地表的形状、位置、大小，制作各种比例的地形图。

工业化为测绘科学的发展开拓了光明前景，使测量方法、测绘仪器有了重大的改变。1859 年第一台地形摄影机在法国制造，洛斯达开创了地面摄影测量方法；1903 年发明了飞机，1915 年第一台自动连续拍摄的航空摄影机由德国蔡司测绘仪器厂研制成功，使航空摄影测量成为现实。模拟法测绘也发展到了一个顶峰阶段。各种模拟立体测图仪可以在室内对航空相片进行立体交会测图，从而取代野外测量与制图的过程，使成图工作提高了速度，减轻了劳动强度，改变了地形图测绘的工作现状。

2. *解析法测绘*

1947 年瑞典生产第一台光电测距仪，从此世界进入电子测量时代。特别是 1957 年电子计算机的问世，人类开始使用电子计算机来完成测绘学的各种任务（包括复杂的计算任务），如航空摄影测量中的解析摄影测量，测绘学得到了很大的发展，解析测绘技术大大提升了测绘工作效率，将人类认知地球的水平提升到了一个新的高度。

3. *数字化测绘*

20 世纪 60 年代激光器作为光源用于电磁波测距，使长期以来艰苦的手工业生产方式的测距工作，发生了根本性的变革，氦氖激光光源的应用使测程达 60 km 以上，精度达到 $\pm(5\ \text{mm}+5\ \text{ppm}D)$。固体激光器的应用使测程更大，使测月、测卫工作得以实现。20 世纪 80 年代开始，多波段（多色）载波测距的出现，抵偿、减弱了大气条件的影响，使测距精度大大提高，ME5000 测距仪达到 $\pm(0.2+0.1\ \text{ppm}D)$ 的标称精度。除了光波测距以外，微波测距也有很大发展。20 世纪 80 年代之后，全自动化的微波测距仪 CA-100、WM-20 等已用于军事部门。随着光源和微处理机的问世和应用，使测距工作向着自动化方向发展。与此同时，砷化镓发光管和激光光源的使用，使测距仪的体积大大减小，重量减轻，向着小型化迈出了一步。这也使在大地测量工作中以测角为主的面貌得到了彻底改变。除了用三角测量外，还可用导线测量和三边测量，这些在工程中得到了广泛应用。测角仪器的发展也十分迅速，它和其他仪器一样，随着科学技术的进步而发展，从金属度盘发展为光学度盘。伴随着电子技术、微处理机技术的广泛应用，经纬仪开始使用电子度盘和电子读数，生产出电子经纬仪，并得到广泛应用。这种经纬仪能自动显示读数、自动记录。同时，电子经纬仪与测距仪结合，构成了电子速测仪（全站仪），其体积小、重量轻、功能全、自动化程度高，可在一个测站上直接测得三维坐标，为数字测图开拓了广阔前景。

20 世纪 40 年代，自动安平水准仪的问世标志着水准测量自动化的开始。之后，激光水准仪和激光描平仪的发展为提高水准测量的精度和开拓广泛的用途创造了条件。随后，数字水准仪的诞生使水准测量自动记录、自动传输、存储和处理数据成为现实。

20 世纪 80 年代以后，随着计算机、IT 技术的飞速发展，测绘生产开始摆脱模拟测绘仪器，大量采用计算机设备，测绘产品也从模拟测绘阶段的纸质地图变成了数字化测绘产品，如典型4D测绘产品(DEM数字高程模型、DOM数字正射影像、DLG数字线划图、DRG数字栅格图),并利用数据库来管理这些测绘产品。以上这些先进测量仪器的生产和应用,使测量工作向着自动化、数字化、内外业一体化方向发展,从而减轻了劳动强度,提高了工作效率,并且使野外工作大大减少,同时大大改善了测绘工作艰苦的环境。

1.2.2　信息化测绘是测绘发展的新阶段

20世纪80年代,全球定位系统(GPS)问世,并用于测量工作。GPS在短时间内可以进行空间点的三维定位,而且不受局部气象条件的影响、无须通视、不需要建立高标等优点,引起了测绘工作的极大变革。全球定位系统原是美国为军事服务的导航系统,之后被用于民用。随后,俄罗斯研制了GLONASS定位系统,欧洲拥有GALILEO,中国首创北斗全球定位系统(COMPASS),这四大系统发展至今统称为GNSS系统,它的建成突破了天、空、地一体化全球对地观测,给全球统一空间基准动态维持、大范围无控定位、泛在资源信息深度萃取、北斗智慧导航、全球化学填图、岩溶环境监测、海洋与气候数值模拟、问题驱动时空信息知识服务等关键技术的解决提供了全新的视角。与此同时,地理信息系统技术及遥感技术进一步发展。在数字化与网络化时代,大地测量、工程测量向全球导航定位技术和卫星重力测量发展,摄影测量向空、天、地、海遥感发展,地图学与地理信息工程学融合,进而形成了3S(GNSS、RS、GIS)集成技术。以3S的集成为标志,传统测绘学逐步完成了到地球空间信息学的过渡和提升。

数字化测绘与信息化测绘是测绘技术中的两个方面。信息化测绘是传统测绘向地球空间信息学提升的过程中,在我国测绘地理信息发生深刻转型发展的条件下提出的,其含义:以数字化测绘为基本前提,利用现代先进的信息技术进行测绘设备以及仪器的创新,在网络系统所提供的安全环境保障下,在全社会范围内以企业、事业单位、政府部门乃至个体用户为主要对象,以综合性服务为主要工作内容,为使用者提供各项测绘信息服务的测绘工作模式。

数字化测绘能够及时利用通信技术实现信息资料的实时交流,信息化测绘就是利用这一特征实现测绘信息的共享,以便进行后期的存储、加工、计算、绘图等一系列工作。数字化测绘与信息化测绘都是建立在测绘理论的基础上的,两者有相同的标准。信息化测绘是将测绘结果以信息资料的方式在网络环境中实现实时传递,并将后续存储、加工、计算、绘图等工作在网络环境中进行,以统一的标准实现测绘信息的有序、规范交流。信息化测绘能够使数字化测绘更具科学性、合理性和时效性。信息化测绘立足于数字化测绘的基础上,通过理论和技术的升级进行测绘设备、仪器的更新,对现代社会的发展起到了积极的推动作用。信息化测绘是在网络化环境中为社会和用户提供完整、全面、科学的信息服务,其中包括地理位置、空间信息、功能模块等方面的服务。

1.2.3　3S集成为信息化测绘开辟新思路

卫星导航定位系统(GNSS)、遥感(RS)和地理信息系统(GIS)是目前对地观测系统中空间信息获取、存储管理、更新、分析和应用的三大支撑技术(3S)。在这种集成应用中,GNSS主要用于实时、快速地提供目标,包括各类传感器和运载平台(车、船、飞机、卫星等）的空间位置；RS用于实时或准实时提供目标及其环境的语义或非语义信息，发现地球表面上的各种变化，及时地对GIS进行数据更新；GIS则是对多种来源的时空数据进行综合处理、集成管理、动态存取，作为新的集成系统的基础平台，并为智能化数据采集提供地学知识。

这种集成主要有以下几种研究思路：一是GNSS与RS的集成，即将GNSS动态相位差分技术用于航空航天摄影测量进行无地面空中三角测量，又称为GNSS摄影测量。它虽不是实时的，但经后期处理可达到米至厘米级精度。二是GIS与RS的集成，其包括3个主要的技术过程：多传感器、多分辨率、多时相遥感数据融合；利用RS数据和GIS数据快速发现空间对象的变化，同时，对GIS数据库进行快速更新；从GIS数据中发现知识用以辅助遥感数据处理。三是涉及车辆定位与自动导航，其主要是在GNSS与GIS的支持下，为控制人员或当事人提供实时的车辆位置和导航信息，减少路途时间。此外，还包括道路信息和其他环境信息的采集。四是涉及以空间定位技术、遥感技术和地理信息系统技术为基础的集成数据库技术，其主要指GNSS数据、RS数据和GIS数据的一体化存储与管理，也包括利用遥感数据制作导航数字影像地图以及基于数据集成的3D可视化模型。五是涉及车载GNSS、GIS与CCD（包括其他测绘传感器）集成系统，其中GIS系统安装在车内，GNSS为CCD摄像机提供外方位元素，影像处理可求出点、线、面地面目标的实时参数。

移动测量系统（Mobile Mapping System，MMS）代表着当今世界尖端的测绘科技，它是在行驶的汽车、火车、飞机、轮船等任何移动载体上装配全球定位系统（GPS）、摄影测量系统（CCD）、惯性导航系统（INS）和超远距离激光扫描仪（LIDAR）等先进的传感器和设备，在载体的高速行进之中，所有系统均在同一个时间脉冲控制下进行实时工作，可以实现在快速行驶过程中采集地理信息、公共信息和城市实景影像，并同步存储在系统计算机中，经专门软件编辑处理，同步拼接成360°全景影像，可将整个城市的实景影像以实景三维地图的真实形态在互联网上呈现出来，形成多种专题5D数据成果。

1.2.4 “互联网＋”测绘空间信息智能服务特征

21世纪以来，人类进入大数据时代，测绘科学进入了地球空间信息服务新时代。地球空间信息学是测绘遥感科学与信息科学技术的交叉、渗透与融合，它作为地球信息科学的一个重要分支学科，可为地球科学问题的研究提供空间信息框架、数学基础和信息处理的技术方法；同时，它又通过多平台、多尺度、多分辨率及多时相的空、天、地对地观测、感知和认知手段来改善和提高人们观察地球的能力，为人们全面精确判断与决策提供大量可靠的时空信息。

“互联网＋”的兴起为各行各业（包括卫星）对地观测与导航提供了无所不在的大众化、普及化、实时化和智能化服务的有利条件。地球空间信息学的数据获取手段已经从传统的专用传感器，如遥感、通信、导航卫星、航空飞行器、地面测量设备等扩展到物联网中上亿个无所不在的非专用传感器，如智能手机、城市视频监控摄像头等，大大地提高了地球空间信息学的数据获取能力。这将对测绘空间信息智能服务提出新的要求，使之具有新的时代特征：无所不在、多维动态、互联网＋网络化、全自动与实时化、从感知到认知、众包与自发地理信息、面向服务。

1. 无所不在

在大数据时代，地球空间信息学的数据获取将从空、天、地专用传感器扩展到物联网中上亿个无所不在的非专用传感器。例如，智能手机，它就是一个具有通信、导航、定位、摄影、摄像和传输功能的时空数据传感器；城市中具有空间位置的上千万个视频传感器，它能提供PB和EB级连续图像。这些传感器将显著提高地球空间信息学的数据获取能力。在大数据时代，地球空间信息学的应用也是无所不在的，它已从专业用户扩大到全球大众用户。

2. 多维动态

大数据时代无所不在的传感器网以日、时、分、秒甚至毫秒计产生时空数据，使得人们能以前所未有的速度获得多维动态数据来描述和研究地球上的各种实体和人类活动。智慧城市需要从室外到室内、从地上到地下的真三维高精度建模，基于时空动态数据的感知、分析、认知和变化检测，在人类社会可持续发展中将发挥越来越大的作用。通过这些研究，地球空间信息服务将对模式识别和人工智能做出更大的贡献。

3. 互联网＋网络化

在越来越强大的天地一体化网络通信技术和云计算技术支持下，地球空间信息服务的空、天、地专用传感器将完全融入"智慧地球"的物联网中，形成互联网＋空间信息系统，将地球空间信息服务从专业应用向大众化应用扩展。原先分散的、各自独立进行的数据处理、信息提取和知识发现等将在网络上由云计算为用户完成。

4. 全自动与实时化

在网络化、大数据和云计算的支持下，地球空间信息服务可利用模式识别和人工智能的新成果来全自动和实时地满足军民应急响应用户和诸如飞机与汽车自动驾驶等实时用户的要求。

5. 从感知到认知

长期以来，地球空间信息服务具有较强的测量、定位、目标感知能力，但是缺乏认知能力。在大数据时代，通过对时空大数据的数据处理、分析、融合和挖掘，可以大大地提高空间认知能力。

6. 众包与自发地理信息

在大数据时代，基于无所不在的非专用时空数据传感器（如智能手机）和互联网云计算技术，通过网上众包方式，将会产生大量的自发地理信息（VUI）来丰富时空信息资源，形成人人都是地球空间信息员的新局面。

7. 面向服务

地球空间信息服务面向经济建设、国防建设和大众民生应用需求。它需要从理解用户的自然语言入手，搜索可用来回答用户需求的数据，优选提取信息和知识的工具，形成合理的数据流与服务链，通过网络通信的聚焦服务方式，将有用的信息和知识及时送达给用户。从这个意义上看，地球空间信息服务的最高标准是在规定的时间将所需位置上的正确数据、信息、知识送到需要的人手上。面向任务的地球空间信息聚焦服务，将长期以来数据导引的产品制作和分发模式转变成需求导引的聚焦服务模式，从而实现服务代替产品，以适应大数据时代的需求。

1.3 我国测绘事业的发展

我国测绘的发展可分成传统测绘和现代测绘两大阶段。改革开放前,在计划经济体制下,我国创立和发展了完整的传统测绘体系;改革开放以后,我国传统测绘在世界新技术革命浪潮推动和我国建立市场经济体制要求下,沿着两个根本性转变的道路向现代测绘转化。其中,改革开放以后至21世纪初,我国传统测绘体系完成了向数字化测绘体系转化和过渡;从21世纪开始至今,我国测绘进入由数字化测绘向信息化、智能化测绘升级跨越的新阶段。

1.3.1 传统测绘体系的完善

我国1956年成立了中华人民共和国测绘局(以下简称“国家测绘局”),建立了测绘研究机构,组建了专门培养测绘人才的院校,目前有测绘工程专业的院校100多所;测绘专业硕士、博士的培养学校也有近100所。各业务部门也纷纷成立测绘机构和科研机构,党和国家对测绘工作给予了很大的关怀和重视。

20世纪80年代,测绘体系进入恢复与调整时期。在测绘工作方面,1982年完成全国一、二等天文大地网布测和平差,建成国家平面控制网,建立了1980国家大地坐标系统——西安坐标系。1984年建成国家一等水准网。1988年建成总里程13.6万km的国家二等水准网,并建立了1985国家高程系统。1984—1985年建成1985国家重力基本网,测量密度和精度大幅提高。1998年开始布设新一代国家重力网,建成了2000国家重力基本网,卫星大地测量突飞猛进。1979—1989年是大规模开展多普勒卫星定位测量阶段。1988年,国家测绘局利用多普勒卫星定位技术开展了南沙群岛定位网与全国天文大地网之间的联测工作。同年,中国大陆架GPS卫星定位网开始布设。这是我国首次应用GPS于大地测量,填补了我国卫星大地测量定位的空白。随着GPS全球定位系统已经广泛应用,全国GPS大地控制网外业已完成,并完成了大地网和水准网的整体平差;完成了国家基本图的测绘工作;多次进行了珠穆朗玛峰测量和南极长城站的地理位置、高程的测量。

在工程建设方面取得显著成绩,如完成长江大桥、葛洲坝水电站、宝山钢铁厂、三峡水利枢纽、正负电子对撞机和同步辐射加速器、核电站等大型和特殊工程的测量工作。20世纪90年代后,又完成了大型工程和特殊工程建设的测量工作,如36 km的杭州湾跨海大桥,山西42.6 km的引黄工程隧洞,大伙房水库85.5 km工程隧洞及上海悬浮铁路、北京中国大剧院等特殊工程的施工测量。除此之外,还建立了中国大陆现今地壳水平、垂直运动速度场,出版发行了地图1600多种,发行量超过11亿册。

在测绘仪器制造方面,从无到有,发展迅速,已生产了多种不同等级、不同型号的电磁波测距仪、全站仪、测深仪及GPS接收机,测量仪器系列的生产已经基本配套。地理信息系统(GIS)已引起各部门的重视,并且已经着手建立各行业的GIS系统,数字中国、数字城市等数字工程已开始建立,并取得了显著成绩,测绘工作已经为建立这些系统提供了海量的基础数据。

1.3.2　数字化测绘体系的构建

20世纪90年代，我国的测绘模式升级为数字化测绘模式。解析法测图仪是世界上首先将测量成果实现数字化的仪器。先后出现了自动化测绘仪器，如GPS、全站仪、数字水准仪等。引进并开发了数字测绘所需的软件或系统。以“3S(GNSS、RS、GIS)”为代表的测绘新技术、新方法被广泛应用。GPS定位取代了传统的大地测量地面定位，高分辨率遥感影像资料大大加快了地理信息的获取与更新速度，数字摄影测量和地理信息系统技术改变了传统的地图测制手段，实现了地理信息获取、处理、服务和应用全过程的数字化，使测绘技术形态和产品形式都发生了很大的变化。并在随后一段时间内，数字化测绘技术发展迅速，进一步提高了测绘的工作效率。

为适应数字测绘的发展，我国不断完善大地基准、高程和重力基准，初步建成了动态、高精度、多功能的基准体系。建成2000国家大地基准和2000国家重力基准，各级地方也建立了适应测绘现代化要求的区域性测绘基准，初步形成了我国新一代测绘基准体系。实施了国家第二期一等水准网复测，使1985国家高程系统的精度和现势性进一步提高。对1985重力基本网增测及对国家重力基本点复测。建成由818个点组成的国家高精度GPS A、B级网，实现了三维地心坐标的全国覆盖，精度比1985国家大地控制网提高2个量级。

1995年，国家决定在全国范围内对基础测绘实行分级管理，这是一个具有重要意义的事件。1997年，基础测绘正式列入国家国民经济和社会发展年度计划，为测绘事业长期稳定的发展奠定了基础，基础测绘经费投入逐年增长。地形图更新速度加快了。1990—1997年，国家测绘局系统共完成1∶5万地形图更新测图6184幅；1990—1998年，国家测绘局共完成1∶1万地形图更新测图38070幅。1994年，国家基础地理信息系统全国1∶100万地形数据库、1∶100万地名数据库和1∶100万数字高程模型库、1∶400万地形数据库和实验性重力数据库通过专家鉴定。为进一步满足我国在解决资源、环境、人口、防灾减灾、可持续发展等重大问题的需求，国家测绘局1993年启动1∶25万数据库建库工程，1996年4月开始全面建库。1∶25万数据库成为中国国家空间数据基础设施的重要组成部分，1998年11月通过国家验收和专家鉴定。全国1∶25万数据库覆盖整个国土范围，可以实现在全国范围对居民地及地名、县级以上(含县级)行政境界、国家级干线公路、铁路、5级以上(含5级)河流及大型湖泊等逐个实体地进行快速查询检索，为国民经济信息化提供了数字化空间信息平台。

1.3.3　信息化测绘的发展

1. 国家现代测绘基准体系逐渐建成

2000年后是我国测绘业从后台大步走上前台的变革时期。2002年，2000国家重力基本网项目完成，建成了新一代重力基本网。2003年，2000国家GPS大地控制网通过验收，我国建立了新一代地心坐标系统。2004年8月，测绘队员在北极黄河站建立了我国第一个北极GPS卫星常年跟踪站。2004年11月，投资近2.6亿元的国家基础测绘设施项目通过竣工验收。数据库建设取得重大进展。2003年，推出新版1∶100万比例尺数据库。2006年，建成国家基础地理信息系统1∶5万数据库，并开始实施数据库更新，更新后的信息现势性整体提升20～30年。2008年7月，正式启用2000国家大地坐标系。2009年，成立国家测绘局卫星测绘应用中心，我国首颗高分辨率民用立体测绘卫星资源三号卫星发射成功并得到广泛应用。我国开展了高分辨率航空摄影试点工作，采用多种方式调动了航空摄影企业的积极性，影像获取的体制机制不断优化，完成大量国家基础航空摄影。航空航天遥感影像陆续覆盖全国，逐步建成国家航空航天遥感影像数据库。

2012 年 6 月，国家现代测绘基准体系基础设施建设一期工程启动，建成国家卫星导航定位基准站网和最高等级的大地基准框架，布设了卫星大地控制网，观测了 12.2 万 km 一等水准路线，国家高程控制处理平台、产品播发平台等组成的全国卫星导航定位基准服务系统，可提供分米级、厘米级实时导航定位服务和毫米级事后定位服务。目前，三维、动态、地心、几何基准与物理基准相统一的现代测绘基准体系初步建成，测绘基准体系的成果精度和数据现势性全面提升，从此步入世界先进行列。

基础地理信息资源得到极大丰富。国家西部测图工程竣工，首次实现 1：50000 基础地理信息对陆地国土的全覆盖，标志着数字中国地理空间框架初步建成。国家 1：50000、1：250000 基础地理信息数据库持续更新，基础地理信息资源现势性全面加强；1：10000 基础地理信息覆盖陆地国土 58%；1：2000 基础地理信息基本覆盖了全国城镇地区，基本形成了以国家级1：250000、1：50000，省级1：10000，市县级1：2000、1：1000、1：500数据为核心的多要素、多尺度、多时态基础地理信息资源体系。国家 1：50000、省级 1：10000 基础地理信息数据广泛应用于政府决策、电子政务、国防建设等领域，在玉树地震、舟曲泥石流、云南鲁甸地震、四川雅安地震等应急救灾中，利用基础地理信息数据库成果制作提供了逾万幅专题地图。

工程建成了覆盖全国、分布合理、密度均匀、利于长期保存的现代测绘基础设施，初步构建了高精度、三维、动态、陆海统一、几何基准与物理基准一体的国家现代测绘基准体系，产出了一批精度高、现势性强的测绘基准成果。为构建数字中国地理空间框架、全面建设“一张图、一个网、一个平台”奠定了基础。

2. 测绘行业的重新定位

测绘地理信息行业是一个跨学科领域，同时也是一个有着广泛应用的基础性行业。随着测绘地理信息技术与大数据、移动互联、智能处理和云计算等高新技术的融合不断加快，测绘数据的获取方式、测绘信息的处理技术和测绘产品的提供形态已经发生了大变革，逐步由信息化测绘升级为智能测绘，进入了“测绘 4.0”时代。2018 年，我国组建中华人民共和国自然资源部，测绘地理信息单位重新定位新兴业务的需求，即通过自身的技术方案（数据＋平台＋服务）去解决其他行业问题或其他领域相关的地理信息业务，实现跨界服务。一方面，通过技术的创新，将大量的野外工作转变为室内工作，降低工作的辛苦程度；另一方面，扩大行业规模，使测绘地理信息能够真正广泛应用，释放其内涵价值，实现测绘地理信息价值的挖掘。

“十二五”期间，全国测绘地理信息部门开展了农村基础地图测制、区域地图编制、实用专题地图制作、县域基础地理信息平台建设、涉农地理信息服务系统开发工作，实现数据库动态更新常态化，推出了大量适农惠农地理信息产品，农村地区测绘成果短缺的问题得到缓解，一县一图、一乡一图、一村一图化顺利推进，为新农村建设规划、农村基础设施建设、自然生态保护、土地资源管理、农村信息化建设提供了有力保障。此外，极地测绘、海岛（礁）测绘

也取得了非常大的成绩。海岛(礁)测绘工程一期工程建立了陆海一致的高精度海岛(礁)测绘基准体系,查明了海岛(礁)的数量、位置及分布,完成了6000余个重点海岛测图,建立了海岛(礁)基础地理信息数据库和应用系统。工程还完成了190万km^2覆盖近海海域航天影像获取和6万km^2重点近海海域航空影像获取,丰富了海岛(礁)测绘影像数据资料,为摸清我国海岛(礁)数量及位置,准确掌握海岛(礁)基础地理信息提供了支撑。

统筹建成2200多个站组成的全国卫星导航定位基准站网,基本形成全国卫星导航定位基准服务系统。实现我国陆地国土1∶5万基础地理信息全部覆盖和重点要素年度更新、全要素每5年更新,基本完成省级1∶1万基础地理信息数据库建设。"资源三号"卫星影像全球有效覆盖达7112万km^2,后续卫星研建进展顺利。"天地图"实现30个省级节点、205个市(县)级节点与国家级主节点服务聚合,形成网络化地理信息服务合力。333个地级城市和476个县级城市数字城市建设全面铺开。全国智慧城市试点取得阶段性成果。完成了第一次全国地理国情普查,初步构建起支撑常态化地理国情监测的生产组织、技术装备、人才队伍等体系。信息化测绘基础设施更加健全,形成了天空地一体化的数据获取能力。测绘科技创新能力稳步提升,机载雷达测图系统、大规模集群化遥感数据处理系统、无人飞行器航摄系统等方面建设取得重要突破,研制的30 m分辨率全球地表覆盖数据产品在国际上产生重要影响。

"十三五"期间,国家测绘局加快推进传统基础测绘转型,完善新型基础测绘体系,推进新型基础测绘建设。全国全面启用2000国家大地坐标系,统筹建成2500个以上站点规模的全国卫星导航定位基准站网,完善陆海统一空间定位基准框架,构建覆盖全国陆域与沿海的现代测绘基准体系;获取多源多尺度影像数据,更新和优化国家基本比例尺地图、影像图和数字化产品,丰富基础地理信息数据;创新空间大数据发布和空间分析核心技术提升,加强网络基础设施建设,完善"天地图",依托国家电子政务内外网资源,构建国家、省、市3级互联互通的测绘地理信息传输网络,实现全国地级市持续更新、互联、互通及共享应用,提供互联网地理信息服务推动测绘地理信息服务转型升级;统一地理信息数据标准,测绘技术装备体系更加成熟。

信息化测绘是继传统手工测绘向数字化测绘转变之后又一大转变,是测绘学科经历数字化测绘阶段后,实现的一次新跨越,是我国测绘技术发展道路上里程碑式的进步,代表了我国测绘在现代化建设中的发展方向。与传统的数字化测绘相比,信息化测绘不仅具有数字化测绘的全部特征,而且更具有自身闪亮点。在技术体系上,信息化测绘仍旧以数字化测绘技术为基础,其功能与数字化测绘无根本区别。但是,为适应于综合服务的要求,信息化测绘在信息服务方面必须高层次发展。在数据获取上,信息化测绘实现了从"静态"到"动态"的过渡,即将信息获取和数据库建设由静态生产转变为实时更新、动态监测,这就实现了对地理信息的全程性管理。在网络建设上,实现了局域的扩展,由"局域"到"广域",要保证信息化测绘,必须依靠广域专网。测绘基准体系以及基础地理信息数据库等基础设施的使用,由专业使用扩展到社会公用,这就有力推动了服务对象的社会化。服务对象的社会化,即信息化测绘主体由系统内部扩展到社会各个领域。在信息法制建设方面,以相关的法律法规、运行机制及标准体系等制度性保障,有效地实现了法制化管理,促进了信息共享。

1.4 智能化测绘的涵义与应用

1.4.1 智能化测绘的涵义及研究热点

从大爆炸开始，宇宙经过漫长的演化，诞生了地球，产生了人类大脑，开始了人文文化的进程。人文文化经过 300 万～400 万年的演化，产生了电脑，开始了数字文化的进程。数字文化经过 50 年的发展，诞生了数字测绘。物联网、大数据、云计算、5G 技术、智能终端引领 21 世纪的智能化测绘。

从技术的角度看，智能化测绘是以知识和算法为核心要素，构建以知识为引导、算法为基础的混合型智能计算范式，实现测绘感知、认知、表达及行为计算，即针对传统测绘算法、模型难以解决的高维、非线性空间求解问题，在知识工程、深度学习、逻辑推理、群体智能、知识图谱等技术的支持下，对人类测绘活动中形成的自然智能进行挖掘提取、描述与表达，并与数字化的算法、模型相融合，构建混合型智能计算范式，实现测绘的感知、认知、表达及行为计算，产出数据、信息及知识产品。

人工智能引领信息化测绘朝着智能化、普适化方向发展。为此，测绘界先后提出了对地观测大脑、泛测绘、顾及三元空间的智慧城市 GIS 框架等新概念，为智能测绘研讨奠定了基础。有专家指出，智能化测绘发展面临的基本问题主要有测绘自然智能的解析与建模、混合型测绘智能计算算法构建与实现、赋能测绘生产的机制与路径等。构建智能测绘体系，必须聚集智能化测绘的基本问题，开展前沿性的研究探索，构建具有内在逻辑和结构的智能化测绘知识体系，促进知识和应用的融通。

目前的智能化测绘研究热点包括时空数据按需搜索与协作服务系统、综合 PNT 服务系统、卫星在轨数据处理系统、天空地综合智能摄影测量系统、云端遥感影像智能解译系统、智能地理信息系统、空间型知识服务系统等，而诸如此类的众多单项智能化业务系统的有效集成，可望形成面向全行业的智能化测绘技术体系。

1.4.2 智能化测绘的应用

测绘技术是采集、处理和应用时空信息数据的主要手段，我国北斗卫星导航系统有三大功能，也就是导航、定位和授时。传统逻辑模式下，时间和空间是 2 个体系，而北斗综合了空间和时间信息，也就是时间空间一体化技术，而且定位、导航和授时的精度更高，实现时间、空间、位置的协同，实现万物互联的一个先决条件。随着信息化和智能化测绘时代的到来，我们已经可以实现动态获取、实时感知，这些正是实现智慧交通和万物互联的数字基础。

1. 在日常生活中的应用

当前流行的POI模式的位置服务(Location Based Service，LBS)，也就是信息点服务，其核心实际上是一种将线下资源结合地理信息之后，整合上线的过程。把存放有信息的位置点，标记在地图上。当用户走到这附近的时候，根据距离远近，查阅附近的信息。

人们的日常出行、旅游、物流、外卖等，都用到了基于地图的服务，同时借助测绘的技术

或者导航地图的产品来提供自身的服务。例如，滴滴打车，它实现的是网约车服务，但是用到了电子地图、定位、路径规划等测绘技术。这种跨界实际上是拓展了地理信息服务的范围，延展了地理信息数据和技术的价值。

2. 在军事上的应用

战略的部署、战役的指挥、目标定位，地形地貌侦察、军事目标跟踪监视、飞行器定位武器制导、打击效果侦察、战场仿真、作战指挥等方面，对时空信息的采集、处理、更新提出了极高的要求。例如，任意比例尺、分辨率和精确度的三维场景地图可以成倍提高我军的战场应变能力，可以更方便清晰地掌握敌我双方军力、武器、后勤部署的动态及瞬态变化。

在现代战争中，战前构建战区及其周围地区的军事动态地理信息系统、战时战场侦察、信息的更新、军事指挥与调度、武器精确制导及战后的军事打击效果评估等均离不开精确的导航系统。国际主流导航系统中，美国的GPS精度在10 m左右，欧洲伽利略也是10 m左右，而中国的北斗将定位精度提高到5 m级，通过地基增强，北斗所覆盖的区域可提供厘米级精度位置服务。而且北斗独有的短报文双向通信功能可与移动通信网连成一体，大大拓宽了应用空间。此外，与美国GPS相比，北斗的频率更多，这也为北斗的军事应用提供了更多保障。

3. 在科学研究上的应用

“北斗＋5G”的融合，在实现通信、导航、遥感一体化的进程中，可以在地震预测预报、灾情监测、海底资源探测等科学研究中精准感知，有效传递信息。地震是有预兆的，震前必然有地壳形变，而大地测量可以发现这些前兆。在地震活动带布设水平和高程监测网，通过对这些网的重复水准测量、距离测量、角度测量、重力测量和GPS定位测量资料进行分析和比对，可以了解地壳水平形变和垂直形变的大小及趋势，实现在地质学领域对地震震前、震后、同震的地壳形变和破裂过程分析，为地震预测提供形变信息。

习　题

1-1　现代测绘学研究的内容是什么？

1-2　测绘学科包含哪几个子学科？每个子学科的基本概念是什么？

1-3　什么是LBS？

1-4　现代测绘学中有哪些新技术？这些新技术对测绘学科发展有何影响？

1-5　试述数字化测绘与信息化测绘的涵义。

1-6　测绘学在国民经济和社会发展中有什么样的地位和作用？

1-7　请查资料，谈谈智能测绘的时代背景及测绘地理信息在生活中的应用。

第2章　地球空间信息数学基础

2.1　地球空间参考

地球空间信息的数学基础是地球空间信息进行定位、量算、转换和分析的基准。地球空间参考主要解决地球的空间定位与数学描述问题。

2.1.1　地球形状和大小

自古以来人类对地球的形状和大小就很关心，对它的研究从来没有停止过。研究地球的大小和形状是通过测量工作进行的。

地球是太阳系中的一颗行星，它围绕着太阳旋转，又绕着自己的旋转轴旋转。地球的自转和公转形成了椭球状的地球形体。其赤道半径大、极半径小。地球的自然表面极其复杂，有高山、丘陵；有盆地、平原和海洋；有高于海平面 8848.86 m 的珠穆朗玛峰；有低于海平面 11022 m 的马里亚纳海沟。虽然地形起伏很大，但是由于地球半径较大，约 6371 km，地面高低变化幅度相对于地球半径只有 1/300，从宏观上看，仍然可以将地球看作圆滑椭球体。地球自然表面大部分是海洋，占地球表面积 71%，陆地仅占 29%，所以人们设想将静止的海水面向大陆延伸，形成的闭合曲面来代替地球表面。

地球有引力，地球上每个质点都受到地球引力的作用。地球的自转又产生离心力，每个质点又受到离心力的作用。因此，地球上每个质点都受到这两个力的作用，这两个力的合力称为重力(见图 2-1)。地球表面的水面，每个水分子都会受到重力作用。当水面静止时，说明每个水分子的重力位相等。静止的水面称为水准面，水准面上重力位处处相等，所以水准面是等位面，水准面上的任何一点均与重力方向正交。水准面有无穷多个，并且互不相交，其中与静止的平均海水面相重合的闭合水准面称为大地水准面。大地水准面同水准面一样，也是等位面，该面上的任何一点均与重力方向正交。大地水准面所包含的形体称为大地体。研究地球形状和大小就是研究大地水准面的形状和大地体大小。

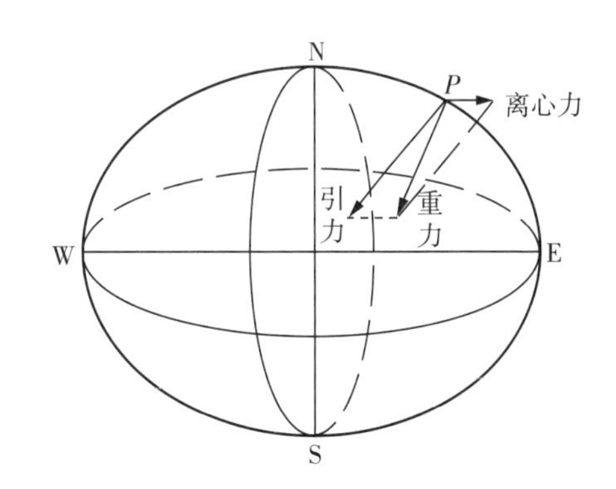

图 2-1　地球重力

重力方向线又称为铅垂线。铅垂线是测

量工作的基准线。测量仪器上都配有垂球，以便用它表示垂线方向。测量仪器上也都装有水准器[见图 2-2(a)]。在地球重力作用下，水准气泡居中时，水准管圆弧法线方向和重力方向一致。利用水准器可以整置仪器的竖轴，使之通过地面点 A 的垂线方向[见图 2-2(b)]。测量上统一以大地水准面为野外测量基准面。

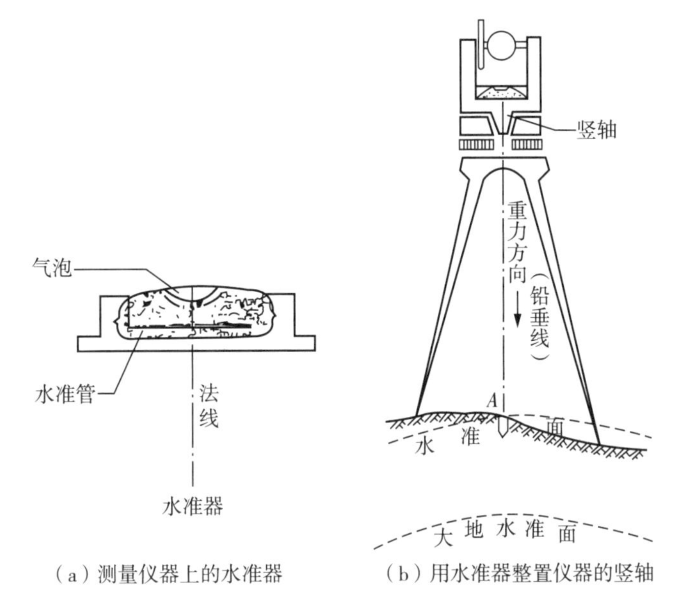

(a) 测量仪器上的水准器　(b) 用水准器整置仪器的竖轴

图 2-2　水准器

大地水准面与地球表面相比，可算是个光滑的曲面(见图 2-3)。但是由于地球表面起伏和地球内部物质分布不均匀，重力的大小和方向会产生不规则的变化。如图 2-4 所示，重力方向指向高密度矿体，离开低密度矿体。地球重力场的变化，造成与重力方向正交的大地水准面会有微小的起伏变化。大地水准面是个不规则的曲面，是个物理面。它与地球内部物质构造密切相关。因此，大地水准面又是研究地球重力场和地球内部构造的重要依据。

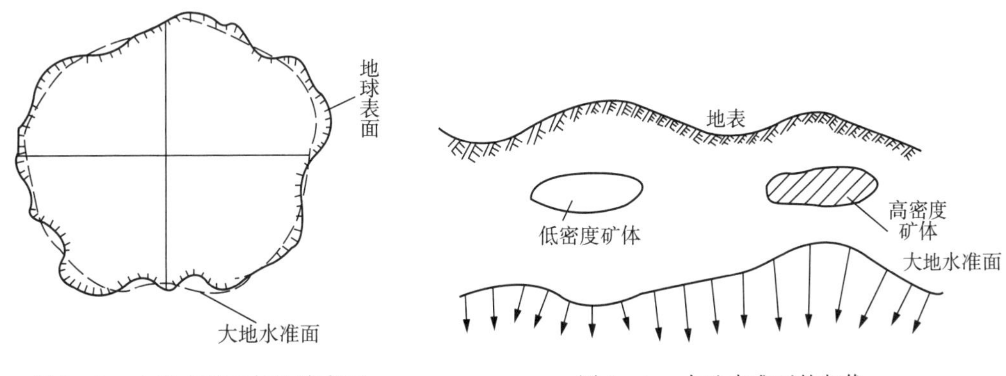

图 2-3　大地水准面与地球表面　　图 2-4　大地水准面的起伏

大地水准面不规则的起伏使大地体并不是规则的几何球体，其表面不是数学曲面。在这样一个非常复杂的曲面上无法进行测量数据的处理，为此需要寻找一个与大地体极为接近的数学球体代替大地体。由于地球形状非常接近一个旋转椭球，所以测量中选择可用数学公式严格描述的旋转椭球代替大地体(见图 2-5)。椭球参数为 a、b 和 α，其关系为

$$\alpha = \frac{a-b}{a} \tag{2-1}$$

式中，a 为长半轴；b 为短半轴；α 为扁率。

若 $\alpha=0$，椭球则成了圆球。旋转椭球面是个数学面，在直角坐标系 x、y、z 中旋转。椭球标准方程为

$$\frac{x^2}{a^2} + \frac{y^2}{a^2} + \frac{z^2}{b^2} = 1 \tag{2-2}$$

测量中用旋转椭球面代替大地水准面作为测量计算和制图的基准面。

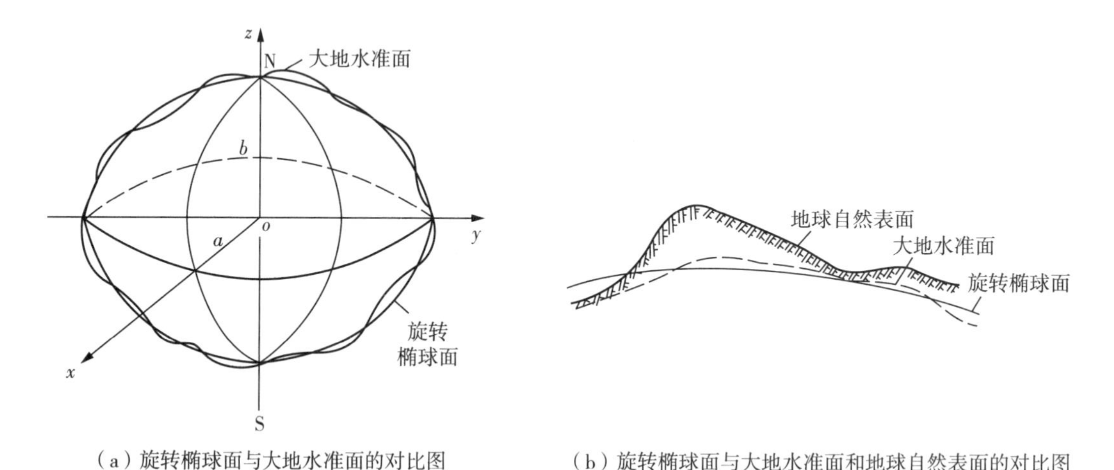

(a) 旋转椭球面与大地水准面的对比图　(b) 旋转椭球面与大地水准面和地球自然表面的对比图

图 2-5　旋转椭球面

2.1.2　地球椭球

1. 地球模型的两次抽象

地球是一个近似球体，其自然表面是一个极其复杂的不规则曲面。为了深入研究地理空间，确定地球形状与大小，有必要建立地球表面的几何模型。根据大地测量学的研究成果，对真实地球及地面进行了两步抽象。将真实地球抽象为大地体，将地面的自然表面抽象为大地水准面，这是物理抽象。尽管大地水准面比起实际的固体地球表面要平滑得多，但实际上由于地质条件等因素的影响，大地水准面存在局部的不规则起伏，并不是一个严格的数学曲面，而大地体非常接近旋转椭球，旋转椭球面是一个规则的数学曲面，为方便数学计算，进一步将地球抽象为旋转椭球体，将地面抽象为旋转椭球体面，这是数学抽象。

2. 椭球定位

地球椭球并不是一个任意的旋转椭球体，只有与水准椭球一致起来的旋转椭球才能用作地球椭球。地球椭球的确定涉及非常复杂的大地测量学内容。在经典大地测量学中，研究地球形状基本上采用的是几何方法，提供的是几何参数(长半径 a、短半径 b、扁率 α 等)。

各国大地测量学者一直设法利用弧度测量、三角测量和地壳均衡补偿理论等推求地球椭球体的大小，求定椭球体元素。过去由于受到技术条件限制，只能用个别国家或局部地区的大地测量资料推求椭球体元素，因此有局限性，只能作为地球形状和大小的参考，故称为参考椭球。参考椭球体确定后，还必须确定椭球体与大地体的相关位置，使椭球体与大地体间达到最好扣合，这一工作称为椭球定位。最简单的是单点定位（见图 2－6），在地面选择 P 点，将 P 点沿垂线投影到大地水准面 P' 点，然后使椭球在 P' 与大地体相切，这时过 P' 的法线与过 P' 点垂线重合，椭球体与大地体的关系就确定了，切点 P' 为大地原点。参考椭球与局部大地水准面密合，它是局部地区大地测量计算的基准面。随着人造卫星技术和空间技术的发展，在现代大地测量学中，研究地球形状，不但考虑地球的几何形态，还顾及地球的物理特性，提供的地球椭球既有几何参数又有物理参数，并且所确定的地球形状参数的精度非常高：几何参数长半径 a；物理参数引力常数和地球质量乘积 GM；地球重力场二阶带球谐系数 J_2；地球自转角速度 ω_e。

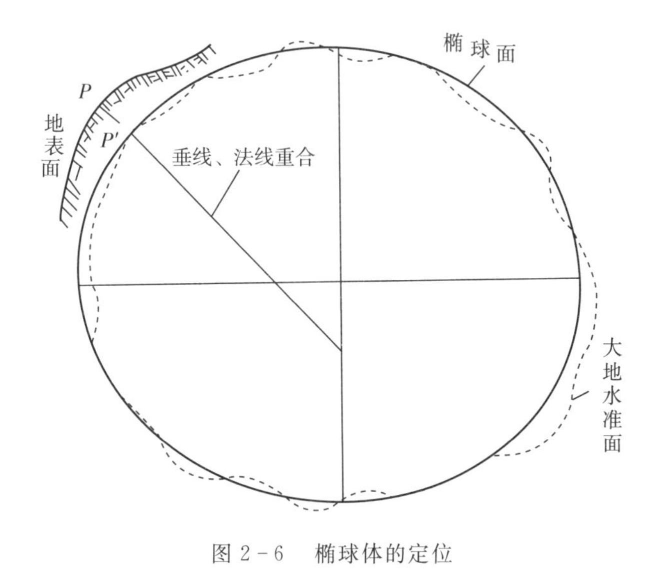

图 2－6　椭球体的定位

据此可推算出与大地体密合得最好的地球椭球，这样的椭球称为总地球椭球。总地球椭球有以下性质：

（1）和地球大地体体积相等、质量相等。

（2）椭球中心和地球质心重合。

（3）椭球短轴和地球地轴重合。

（4）椭球和全球大地水准面差距 N 的平方和最小。

表 2－1 为部分著名的地球椭球参数。

表 2－1　部分著名的地球椭球参数

参数推算者	长半轴 a/m	短半轴 b/m	扁率 α	推算年代和国家
德兰布尔	6375653	6356564	1 : 334	1800 年法国
白塞尔	6377397	6356079	1 : 299.2	1841 年德国

（续表）

参数推算者	长半轴 a/m	短半轴 b/m	扁率 α	推算年代和国家
克拉克	6378249	6356515	1∶293.5	1880 年英国
海福特	6378388	6356912	1∶297.0	1909 年美国
克拉索夫斯基	6378245	6356863	1∶298.3	1940 年苏联
IUGG－75	6378140	6356755.3	1∶298.257	1979 年国际大地测量与地球物理联合会
WGS－84	6378137	6356752.3142	1∶298.257223563	1984 年美国

我国在中华人民共和国成立前采用海福特椭球，中华人民共和国成立后一直采用克拉索夫斯基椭球，大地原点在苏联普尔科夫（现俄罗斯境内）。20 世纪 80 年代，我国采用了 IUGG 推荐的总地球椭球，大地原点选在位于我国中部的陕西省泾阳县永乐镇。

地球的扁率很小，接近圆球，因此在精度要求不高的情况下，可以视椭球为圆球，其半径采用平均曲率半径，即

$$R = \frac{1}{3}(a + a + b) \approx 6371(\text{km}) \tag{2-3}$$

2.2 地面点位的确定

地球表面高低起伏，固定物体种类繁多，但将其分类，可分为地物和地貌 2 类。测量上将地面上人造或天然固定物体称为地物，如房屋、道路、河流、湖泊等；将地面高低起伏形态称为地貌。地物和地貌统称为地形。地形有多种多样，变化是复杂的。如何将它们测量并绘制到图纸上，这就需要在地物的平面位置和地貌的轮廓线上选择一些能表现其特征的点，即特征点。例如，房屋的位置是由一些特征点形成的折线组成[见图 2－7(a)]。一条河流，虽然边线不规则，但仍可以将弯曲部分看成由许多短直线组成[见图 2－7(b)]。只要测定特征点的三维坐标，投影到平面上，将这些点用直线、曲线连接即可得到地物的平面位置图。对于地貌虽然其形态复杂，仍可用地面坡度变化点[见图 2－7(c) 中 1、2、3……]所组成的线段表示。线段内坡度认为是一致的，测定这些坡度变化点的三维坐标，即可将地貌描绘下来。因此，测绘工作基本任务就是确定地面点的位置。

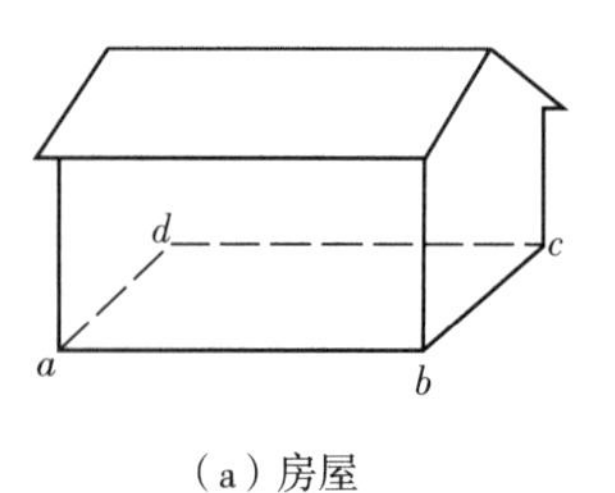

（a）房屋

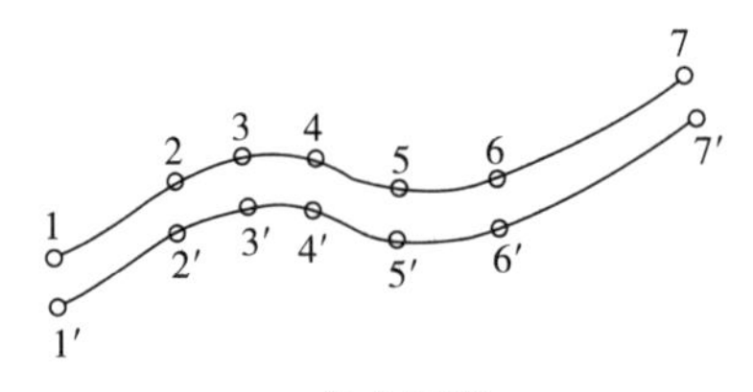

（b）河流

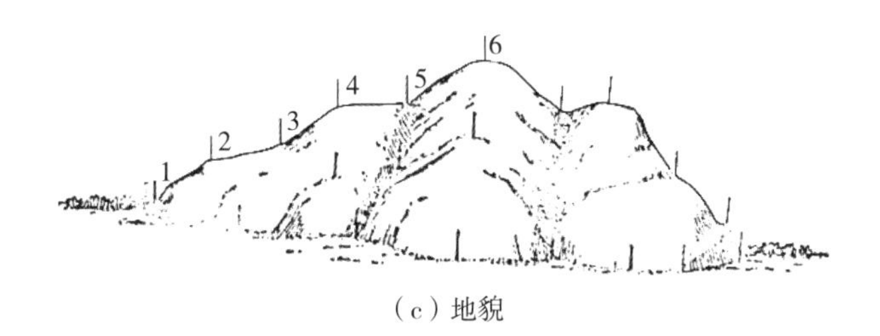

（c）地貌

图 2－7　特征点的确定

地面点空间位置一般采用3个量表示。其中2个量是地面点沿着投影线（铅垂线或法线）在投影面（大地水准面、椭球面或平面）上的坐标；第 3 个量是点沿着投影线到投影面的距离（高度），如图 2－8 所示。地面点 A、B 沿基准线投影到基准面上为 a、b，可以得到在投影面坐标系中的坐标。沿基准线量出高度 H_A、H_B，这样地面点空间位置即确定下来。

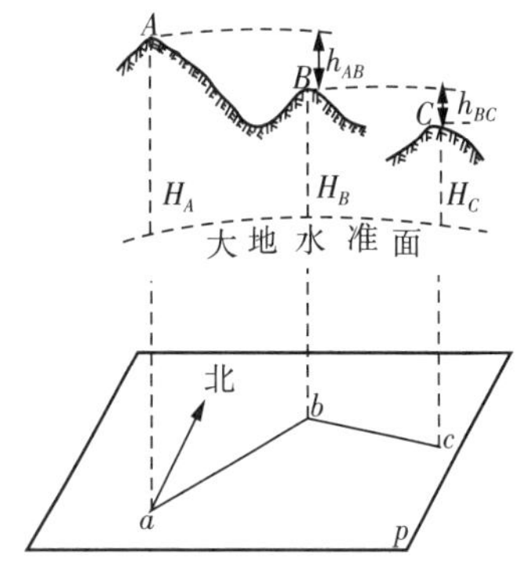

图 2－8　地面点空间位置的确定

地面点空间坐标和选用的椭球及坐标系统有关。测量上常用坐标系有天文坐标系、大地坐标系、高斯平面直角坐标系、独立平面直角坐标系等。

2.3　坐标系统

2.3.1　坐标系统的分类及基本参数

坐标系和基准构成了完整的坐标系统。在大地测量中，基准是指用以描述地球形状的参考椭球的参数，如参考椭球的大小、定位及定向，单位长度定义的地理空间坐标系统提供了确定空间位置的参照基准。一般情况，根据表达方式的不同，地理空间坐标系统通常分为球面坐标系统和平面坐标系统（见图 2－9）。平面坐标系统也常被称为投影坐标系统。

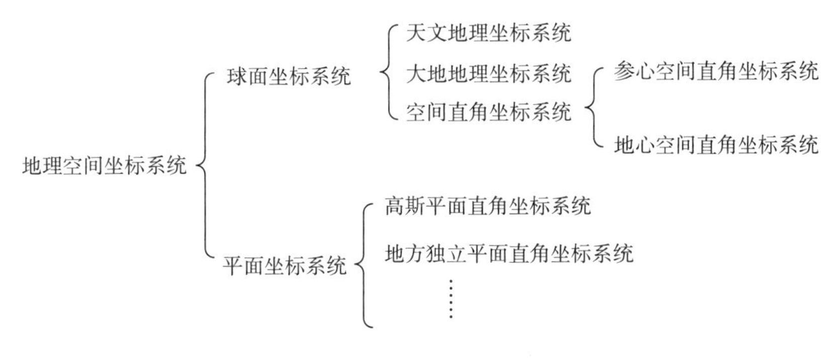

图 2－9　地理空间坐标系统分类

地理空间坐标系统的建立必须依托于一定的地球表面几何模型。如果是平面坐标系，还必须指定地面点位的地理坐标(B,L)与地图上相对应的平面直角坐标(X,Y)之间一一对应的函数关系。换句话说，每一个地理空间坐标系统都有一组与之对应的基本参数。对于球面坐标系统，主要包括一个地球椭球和一个大地基准面。大地基准面规定了地球椭球与大地体的位置关系。平面坐标系统是按照球面坐标与平面坐标之间的映射关系，把球面坐标转绘到平面。因此，一个平面坐标系统，除了包含与之对应的球面坐标系统的基本参数外，还必须指定一个投影规则，即球面坐标与平面坐标之间的映射关系。不同国家和地区，不同时期，即便对于相同的地理空间坐标系统(如大地地理坐标系)，由于具体坐标系统基本参数规定的不同，同一空间点的坐标值有所不同。此时，如果要对其进行一些空间分析，则需要进行坐标变换的处理。

2.3.2 球面坐标系统建立

在经典的大地测量中，常用地理坐标和空间直角坐标的概念描述地面点的位置。根据建立坐标系统采用椭球的不同，地理坐标又分为天文地理坐标系和大地地理坐标系。前者是以大地体为依据，后者是以地球椭球为依据。空间直角坐标系分为参心空间直角坐标系和地心空间直角坐标系，前者以参考椭球中心为坐标原点，后者以地球质心为坐标原点。

1. 天文地理坐标系

天文地理坐标系是以垂线和大地水准面为基准线和基准面，过地面点与地轴的平面为子午面，该子午面与格林尼治子午面(又称首子午面)间的两面角为经度λ，过P点的铅垂线与赤道面交角为纬度φ。由于地球离心力作用，过P点垂线不一定通过地球中心，如图2-10所示。

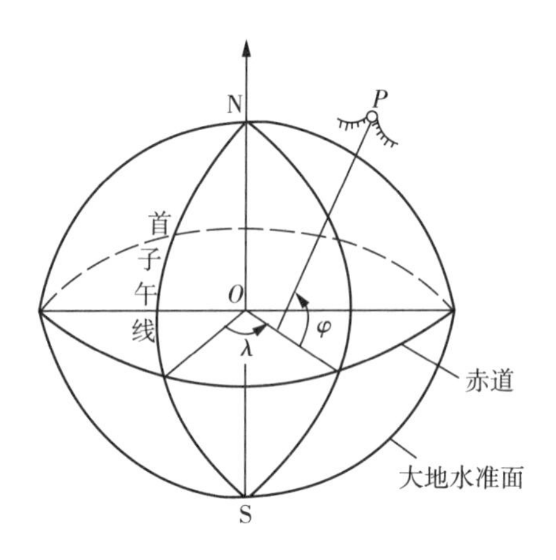

图2-10　天文地理坐标系

地面上任意一点都可以通过天文测量得到天文地理坐标系，所测结果是以大地水准面为基准面，铅垂线为基准线。由于天文测量受环境条件限制，定位速度慢，定位精度不高(测角精度0.5″，相当于10 m的精度)。天文地理坐标系之间推算困难，所以在工程测量中使用较少，常用于导弹发射和作为天文大地网或独立工程控制网的定向。

2. 大地地理坐标系

大地地理坐标系是以大地经度L、大地纬度B和大地高H表示地面点空间位置。大地地理坐标系以法线和椭球面为基准线和基准面。如图2-11所示，地面点P沿着法线投影到椭球面上为P'。P'与椭球短轴构成子午面和起始大地子午面，即与首子午面间两面角为大地经度L。过P点法线与赤道面交角为大地纬度B，过P点沿法线到椭球面的高程称为大地高，用$H_{大}$表示。

大地地理坐标系是根据大地原点坐标(大地原点坐标采用该点天文经、纬度)，再按大地测量所测得数据推算而得。天文地理坐标系和大地地理坐标系选用的基准线、基准面不同，所以同一点的天文地理坐标系与大地地理坐标系不一样。

采用不同的椭球，大地地理坐标系也不一样。以参考椭球建立的坐标系为参考坐标系，以总地球椭球且坐标原点在地球质心建立的坐标系为地心坐标系。

3. 空间直角坐标系

空间直角坐标系分为参心空间直角坐标系和地心空间直角坐标系。参心空间直角坐标系是在参考椭球上建立的三维直角坐标系 $O-XYZ$（见图 2-12）。参心空间直角坐标系的原点位于椭球的中心，Z 轴与椭球的短轴重合，X 轴位于起始大地子午面与赤道面的交线上，Y 轴与 XZ 平面正交，$O-XYZ$ 构成右手坐标系。在建立参心空间直角坐标系时，由于观测范围的限制，不同的国家或地区要求所确定的参考椭球面与局部大地水准面的密合程度不同。参考椭球不是唯一的，所以参心空间直角坐标系也不是唯一的。地心空间直角坐标系的定义：原点 O 与地球质心重合，Z 轴指向地球北极，X 轴指向格林尼治平均子午面与地球赤道的交点，Y 轴垂直于 XOZ 平面构成右手坐标系。地球自转轴相对地球体的位置并不是固定的，地极点在地球表面上的位置是随时间而变化的。因此，在具体建立时，根据选取的实际地极的不同，地心空间直角坐标系的实际定义也不相同。

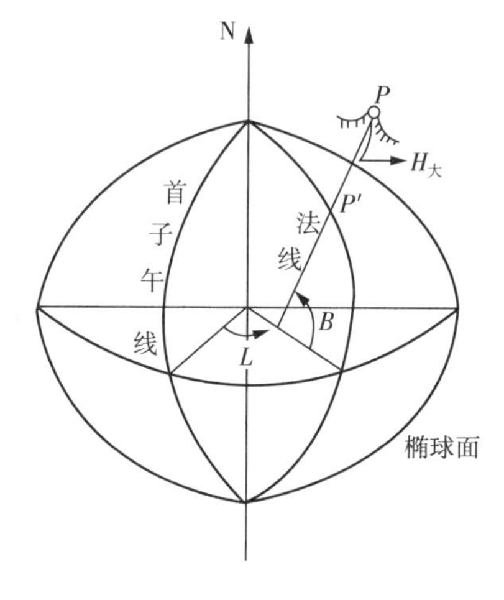

图 2-11　大地地理坐标系

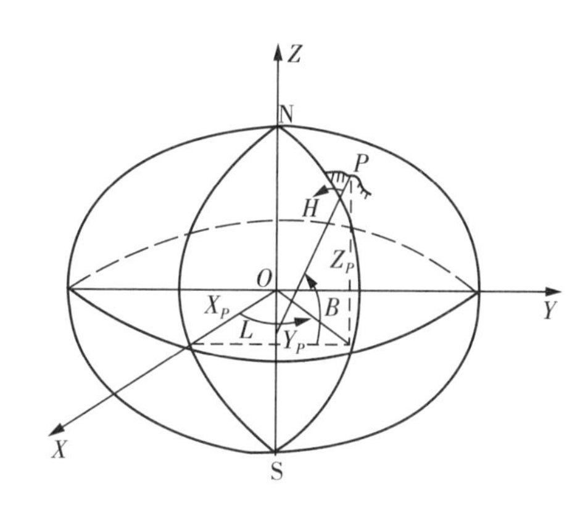

图 2-12　参心空间直角坐标系

2.3.3　我国目前常用坐标系

1. 1954 北京坐标系

中华人民共和国成立初期采用克拉索夫斯基椭球建立的坐标系是参考坐标系。由于大地原点在苏联，是利用我国东北边境呼玛、吉拉林、东宁 3 个基线网与苏联大地网联测后的坐标作为我国天文大地网起算数据，然后通过天文大地网坐标计算，推算出北京名义上的原点坐标，故命名为 1954 北京坐标系。中华人民共和国成立以来，用这个坐标系进行了大量测绘工作，其在我国经济建设和国防建设中发挥重要作用。但是这个坐标系存在一些问题：

(1) 参考椭球长半轴偏大，比地球总椭球大了 100 多米。

(2) 椭球基准轴定向不明确。

(3) 椭球面与我国境内大地水准面不太吻合，东部高程异常可达＋68 m。西部新疆地区高程异常小，有的地方为零。

(4) 点位精度不高。

2.1980 西安坐标系

为了更好地适应经济建设、国防建设和地球科学研究的需要，克服 1954 北京坐标系的问题，充分发挥原有天文大地网潜在精度的优势，20 世纪 70 年代末，我国对原天文大地网重新进行平差。

该坐标系选用 IUGG－75 地球椭球，大地原点选在陕西省泾阳县永乐镇，这一点上椭球面与我国境内大地水准面相切，大地水准面垂线和该点参考椭球面法线重合。平差后其全国大地水准面与椭球面差距在 ±20 m 之内，边长精度 1/50 万。

3. 新 1954 北京坐标系

由于 1954 北京坐标系与 1980 西安坐标系的椭球参数和定位均不相同，大地控制点在 2 个坐标系中的坐标存在较大差异，甚至超过 100 m，这将造成测量成果换算的不便和地形图图廓以及方格网线位置的变化。但是 1954 北京坐标系已使用多年，全国测量成果很多，换算工作量相当繁重，为了过渡，就建立了新 1954 北京坐标系。

新 1954 北京坐标系是通过将 1980 西安坐标系的 3 个定位参数平移至克拉索夫斯基椭球中心，长半径与扁率仍采用原来的克拉索夫斯基椭球的几何参数，而定位与 1980 西安坐标系相同(大地原点相同)，定向也与 1980 西安坐标系的椭球相同。因此，新 1954 北京坐标系的精度与 1980 西安坐标系的精度相同，而坐标值与 1954 北京坐标系的坐标值接近。

4.2000 国家大地坐标系(CGCS2000)

2000 国家大地坐标系的原点为包括海洋和大气的整个地球的质量中心。2000 国家大地坐标系的 Z 轴由原点指向历元 2000.0 的地球参考极的方向，该历元的指向由国际时间局给定的历元为 1984.0 的初始指向推算，定向的时间演化保证相对于地壳不产生残余的全球旋转，X 轴由原点指向格林尼治参考子午线与地球赤道面(历元 2000.0) 的交点，Y 轴与 Z 轴、X 轴构成右手正交坐标系。采用广义相对论意义下的尺度。

2000 国家大地坐标系采用的地球椭球参数：长半轴为 $a = 6378137$ m，扁率为 $f = 1/298.257222101$，地心引力常数为 $GM = 3.986004418 \times 10^{14}\ \mathrm{m^3 s^{-2}}$，自转角速度为 $\omega = 7.292115 \times 10^{-5}\ \mathrm{rad\ s^{-1}}$，我国北斗卫星导航定位系统采用的是 2000 国家大地坐标系。

5. WGS－84 坐标系

WGS－84 坐标系是世界大地坐标系统，其坐标原点在地心，采用 WGS－84 椭球(见表 2－1)。利用 GNSS 卫星定位系统得到的地面点位置，是 WGS－84 坐标系。

2.3.4 坐标系的转换

1. 大地地理坐标系和空间直角坐标系的转换

地面上同一点大地地理坐标系和空间直角坐标系之间可以进行坐标转换。

设地面点 P 大地地理坐标为 B、L、H，空间直角坐标为 X_P、Y_P、Z_P，这两种坐标的换算关系为

$$\begin{cases} X_P = (N + H)\cos B \cos L \\ Y_P = (N + H)\cos B \sin L \\ Z_P = [N(1 - e^2) + H]\sin B \end{cases} \tag{2-4}$$

式中，

$$N=\frac{a}{\sqrt{1-e^2\sin^2 B}}$$

$$e^2=\frac{a^2-b^2}{a^2}$$

其中，e 为第一偏心率。

由空间直角坐标系转换成大地地理坐标系，通常采用下式：

$$\begin{cases}B=\arctan\left[\tan\varphi\left(1+\frac{ae^2}{z}\frac{\sin B}{W}\right)\right]\\ L=\arctan\left(\frac{y}{x}\right)\\ H=\frac{R\cos\varphi}{\cos B}-N\end{cases}\tag{2-5}$$

$$\begin{cases}W=\sqrt{1-e^2\sin^2 B}\\ \varphi=\arctan\left[\frac{z}{\sqrt{x^2+y^2}}\right]\\ R=\sqrt{X^2+Y^2+Z^2}\end{cases}\tag{2-6}$$

用上式计算大地纬度时，先对式右端的 B 设定近似值 B_0，用逐次趋近法求 B 值，直至两次求得的 B 值之差小于限差。

2. 大地坐标系之间的坐标转换

地心空间直角坐标系和参心空间直角坐标系之间，及参心坐标系之间的坐标转换可采用布尔莎七参数模型转换：

$$\begin{bmatrix}X\\Y\\Z\end{bmatrix}_2=\begin{bmatrix}X\\Y\\Z\end{bmatrix}_1+\begin{bmatrix}\Delta X_0\\\Delta Y_0\\\Delta Z_0\end{bmatrix}+\begin{bmatrix}m & \varepsilon_Z & -\varepsilon_Y\\ \varepsilon_Z & m & \varepsilon_X\\ \varepsilon_Z & -\varepsilon_X & m\end{bmatrix}\begin{bmatrix}X\\Y\\Z\end{bmatrix}_1$$

式中，ΔX_0，ΔY_0，ΔZ_0 为平移参数；ε_X，ε_Y，ε_Z 为旋转参数；m 为尺度比参数。

2.3.5 平面坐标系

1. 高斯投影和高斯平面直角坐标系

大地坐标系是大地测量基本坐标系，它对于大地问题解算、研究地球形状和大小、编制地图都十分有用。但是将它直接用于地形图测绘，用于工程建设（如规划、设计、施工）则很不方便。若将球面上大地坐标按一定数学法则归算到平面上，在平面上进行数据运算比在椭球面上方便得多。将球面上图形、数据转到平面上的方法，就是地图投影。地图投影需建立以下两个方程：

$$\begin{cases} x = F_1(X、Y、Z) \text{ 或 } x = F_1(L、B) \\ y = F_2(X、Y、Z) \end{cases} \tag{2-7}$$

式中，X、Y、Z或L、B是椭球面上某点空间三维坐标（大地坐标）；x、y为该点投影到平面上直角坐标系坐标。

旋转椭球面是一个不可直接展开的曲面，其变形是不可避免的，但变形的大小是可以控制的，故将椭球面上的元素按一定条件投影到平面上称为地图投影。地图投影有等角投影、等面积投影和任意投影等。

等角投影又称为正形投影，经过投影后，原椭球面上的微分图形与平面上图形保持相似，这种投影在地形图制作上被广泛采用。正形投影有两个基本条件：一是保角性，即投影后角度大小不变；二是伸长的固定性，即长度投影后会产生变形，但是在一点各个方向上的微分线段，投影后变形比为一个常数，即

$$m = \frac{\mathrm{d}s}{\mathrm{d}S} = K$$

高斯投影是横切椭圆柱正形投影。这种投影不但满足正形条件，还满足高斯条件，即中央子午线投影后是一条直线，并且长度不变。这样的投影可以想象成用一个椭圆柱套在地球椭球体外，与地球南、北极相切[见图 2-13(a)]，并与椭球体某一子午线相切（此子午线称为中央子午线），椭圆柱中心轴通过椭球体赤道面及椭球中心，将中央子午线两侧一定经度（如 3°、1.5°）范围内的椭球面上的点、线按正形条件投影到椭圆柱面上，如旋转椭圆体面上点 M 投影到椭圆柱上 m 点，然后将椭圆柱面沿着通过南、北极的母线展开成平面，即高斯投影平面。在此平面上，中央子午线和赤道的投影都是直线，并且正交，其他子午线和纬线都是曲线，中央子午线长度不变形，离开中央子午线越远变形越大，并凹向中央子午线，各纬圈投影后凸向赤道。将中央子午线与赤道的交点经投影后，定为坐标原点 o；中央子午线投影为纵坐标轴，即 x 轴；赤道投影为横坐标轴，即 y 轴，从而构成高斯平面直角坐标系。如图 2-13(b) 所示，距中央子午线距离愈大，其投影误差则愈大，当大到超过测图、施工精度时，则不允许。为此，长度变形要限制在一定的测图精度允许范围内。控制的方法是将投影区域限制在靠近中央子午线两侧狭长地带，即分带投影法。投影宽度是以 2 条中央子午线间的经差 l 来划分，有六度带、三度带等。显然分带越多、各带包含范围越小、长度变形也越小。分

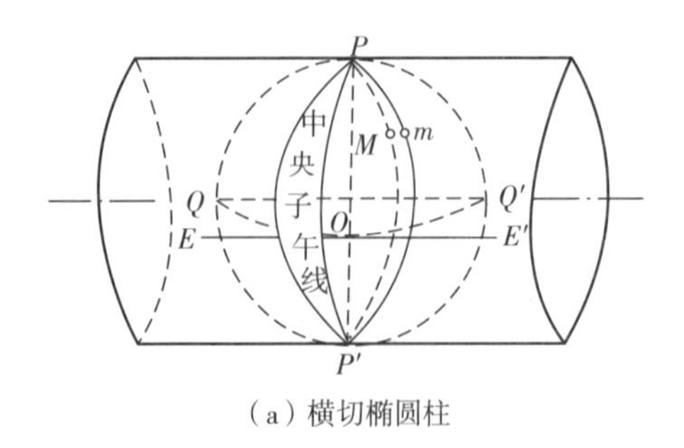

（a）横切椭圆柱

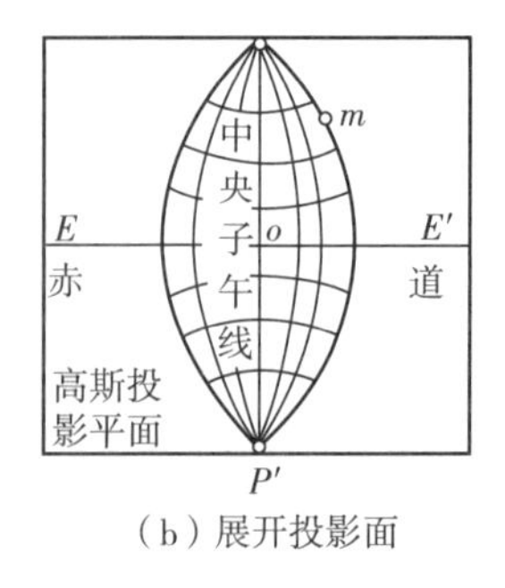

（b）展开投影面

图 2-13　高斯投影

带投影后各投影带有自己的坐标轴和原点，从而形成各自独立的坐标系。这样在相邻两带的点分别属于两个不同的坐标系时，在工程中往往要化成同一坐标系，这就要进行相邻带之间的坐标换算，称为坐标换带。为了减少换带计算，分带不宜过多。

六度带可以满足 1：25000 万以上中、小比例尺测图精度要求。六度带是从格林尼治子午线起，自西向东每隔 6° 为一带，共分成 60 个带，编号为 1～60（见图 2-14）。其中央子午线经度 L_O 为 3°、9°、15°…… 可用下式计算：

$$L_O = 6°N - 3°$$

式中，N 为带号。

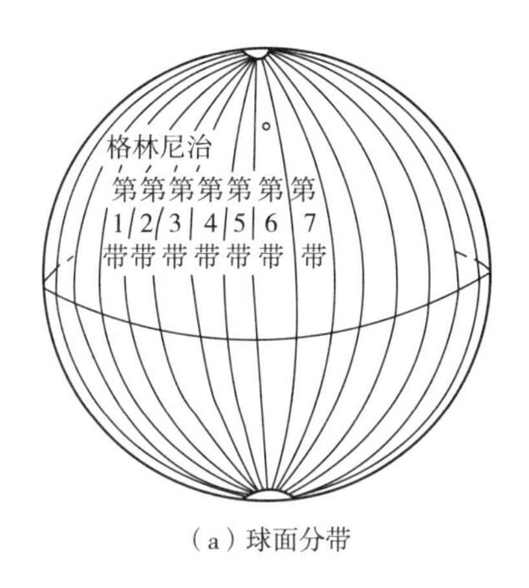

（a）球面分带

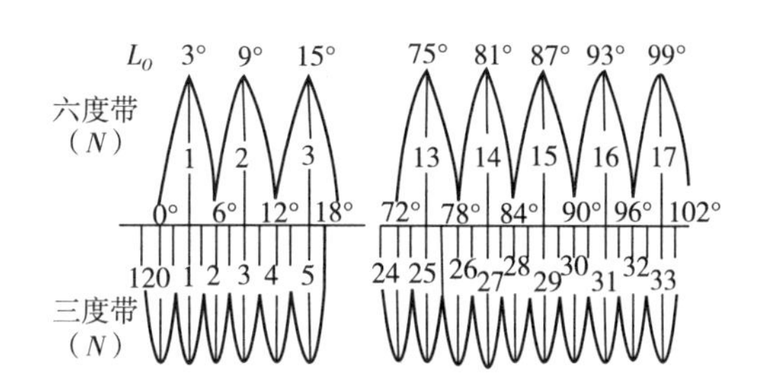

（b）展开各带

图 2-14　六度带、三度带分带

已知某点大地经度 L，可按下式计算该点带号：

$$N = \frac{L}{6} \text{取整数} + 1$$

三度带是在六度带基础上划分的，每隔 3° 为一带，其中央子午线在奇数带时与六度带中央子午线重合，全球共分 120 带。其中央子午线经度为

$$L'_O = 3°n$$

式中，n 为三度带带号。

我国幅员辽阔，南从北纬 4°，北至北纬 54°，西从东经 74°，东到东经 135°。中央子午线从 75° 起共计 11 个 6° 带，21 个 3° 带。由于我国领土全部位于赤道以北，因此 x 值都为正值，而 y 值有正、有负（见图 2-15）。为使 y 坐标为正，将坐标纵轴西移 500 km，并在坐标前冠以带号，如 m 点的坐标：

$$x_m = 4346216.985 \text{ m}$$

$$y_m = 19634527.165 \text{ m}$$

上式，y_m 坐标最前面 19，表示第 19 带。

将大地坐标 B、L 按高斯投影方法计算高斯直角坐标 x、y 称为高斯投影正算。

高斯平面直角坐标系与数学上的笛卡尔平面坐标系有以下几点不同：

(1) 高斯平面直角坐标系中纵坐标为 x，正向指北，横轴为 y，正向指东。而笛卡尔平面坐标系中纵坐标为 y，横坐标为 x，正好相反。

(2) 表示直线方向的方位角定义不同。高斯平面直角坐标系是以纵坐标 x 的北端起算，顺时针到直线的角度。而笛卡尔平面坐标系是以横轴 x 东端起算，逆时针计算。

(3) 坐标象限不同。高斯平面直角坐标系以北东为第一象限，顺时针划分 4 个象限，笛卡尔平面坐标系也是从北东为第一象限，逆时针划分 4 个象限（见图 2-16）。

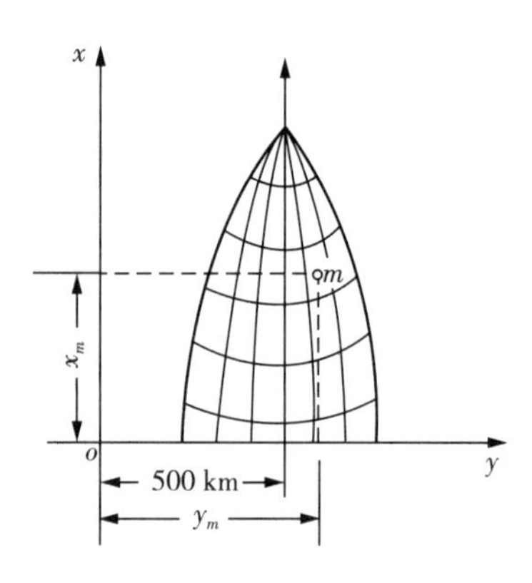

图 2-15　高斯平面直角坐标系的建立

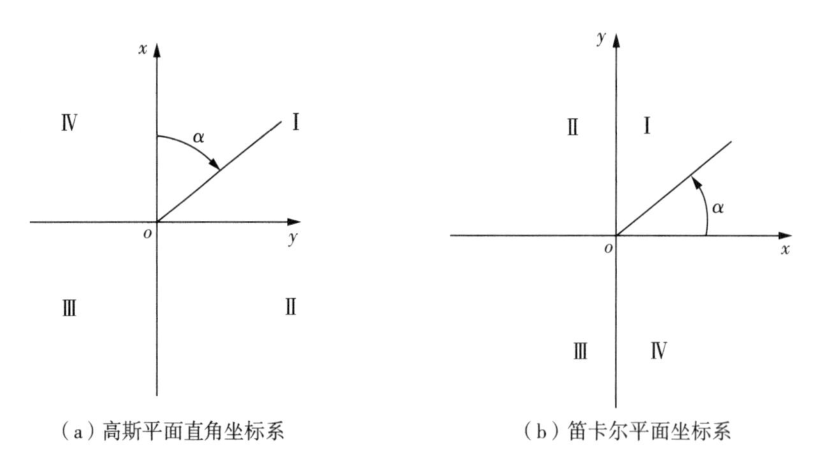

(a) 高斯平面直角坐标系　(b) 笛卡尔平面坐标系

图 2-16　两个坐标系的比较

上述规定的目的是定向方便，能将数学中的公式直接用到测量计算中。

2. 平面独立坐标系

为了满足城市测量和工程应用的需要和减少高程归化与投影变形的影响，任意选定投影面和投影中央子午线建立的坐标系为独立坐标系。

根据覆盖范围和用途的不同，可采用以下几种方法：

(1) 把中央子午线移到城市或建设区的中央，地区的平均高程为归化高程，这种方法适用于中小城市。

(2) 利用高程归化改正和投影变形相互抵消的特点，选定投影面和中央子午线，使变形最小，这种方法适用于大城市。

(3) 仅移动中央子午线，归化高程面仍选用国家坐标系参考椭球面，这种方法适用于工程建设。

当测量区域较小时（如半径小于 10 km），可以用测区中心点的切平面代替椭球面作为基准面。在切平面上建立独立平面直角坐标系，以该地区真子午线或磁子午线为 x 轴，向北为正。为了避免坐标出现负值，将坐标原点选在测区西南角。地面点沿垂线投影到这个平面上，这种方法适用于附近没有国家控制点的地面区。

2.4　高程基准

2.4.1　地面点的高程

高程是表示地球上一点至参考基准面的距离。从测绘学的角度来讨论，所谓高程是对某一具有特定性质的参考面而言。参考面不同，同一点高程的意义和数值都不同。例如，正常高是以大地水准面为参考面，即从地面点沿铅垂线到大地水准面的距离也称为绝对高程或海拔，记为 H。某点到任意水准面的距离称为相对高程或假定高程，用 H' 表示。地面上两点间高程差称为高差，用 h 表示（见图 2-17）。

$$h_{AB} = H_B - H_A = H'_B - H'_A$$

正常高是以大地水准面为参考面，而大地高则是以地球椭球面为参考面。这种相对于不同性质的参考面所定义的高程体系称为高程系统。高程起算基准面和相对于这个基准面的水准原点（基点）高程，就构成了高程基准。高程基准是推算国家统一高程控制网中所有水准高程的起算依据，它包括 1 个水准基面和 1 个永久性水准原点。

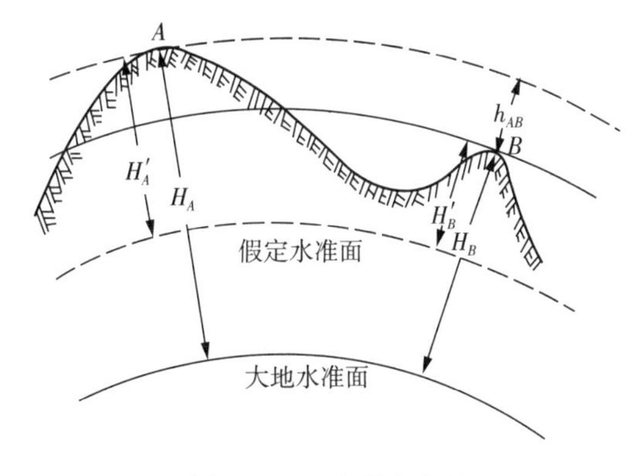

图 2-17　高程和高差

近几十年的研究表明，平均海面并不是真正的重力等位面，它相对于大地水准面存在着起伏。由于高程基准观测地点及观测时间的影响，随着科学技术的不断进步和时间的推移会提出新的问题，不可避免在必要时建立新的基准。

2.4.2　我国主要高程基准

（1）1956 年黄海高程系。其以青岛大港验潮站的长期观测资料推算出的黄海平均海水面作为中国的水准基面，即零高程面。中国水准原点建立在青岛验潮站附近。用精密水准测量测定水准原点相对于黄海平均海面的高差，即水准原点的高程 72.289 m，作为全国高程控制网的起算高程。

（2）1985 国家高程基准面。其为青岛大港验潮站 1952—1979 年验潮资料确定的黄海平均海面，与 1956 黄海高程基准相比相差 29 mm。这一高程基准面与青岛大港验潮站所处的黄海平均海水面重合，由此测得青岛水准原点高程为 72.260 m，也称为 1985 国家高程基准，并从 1985 年 1 月 1 日起执行新的高程基准。

我国陆地水准测量的高程起算面不是真正意义上的大地水准面。要将这一基准面归化到大地水准面，必须扣掉青岛大港验潮站海面地形高度。初步研究表明，青岛大港验潮站平均海水面高出全球平均海水面 0.1 m，比采用卫星测高确定的全球大地水准面高(0.26 ± 0.05)m。除此之外，我国以前曾经使用过多个高程基准，如大连高程基准、大沽高程基准、废黄河高程基准、坎门高程基准、罗星塔高程基准等。现在在我国的一些地区，还同时采用其他高程系统，如长江流域习惯采用吴淞高程基准，珠江地区习惯采用珠江高程基准等。

2.5 用水平面代替水准面的限度

在普通测量中，由于测区小，或工程对测量精度要求较低时，为简化一些复杂的投影计算，可将椭球面视作球面，有时可视为平面，即用平面代替大地水准面，直接把地面点沿铅垂线投影到平面上，以确定其位置。不过以平面代替水准面有一定限度，只要投影后产生的误差不超过测量和制图要求的限差即可取用。下面讨论水平面代替水准面对距离、水平角和高程的影响。

2.5.1 对距离的影响

如图 2-18 所示，在测区中部选一点 A，沿铅垂线投影到水准面 P 上，过 a 点作切平面 P'。地面上 A、B 投影到水准面上弧长为 D，在水平面上距离为 D'，则有

$$\begin{aligned} D &= R \cdot \theta \\ D' &= R \cdot \tan\theta \end{aligned} \qquad (2-8)$$

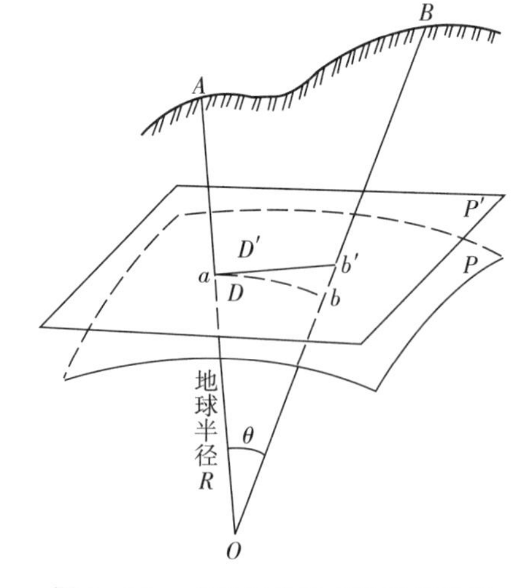

图 2-18 水平面代替水准面的限度

以水平长度 D' 代替球面上弧长 D 产生的误差为

$$\Delta D = D' - D = R(\tan\theta - \theta) \qquad (2-9)$$

将 $\tan\theta$ 按级数展开，并略去高次项，得

$$\tan\theta = \theta + \frac{1}{3}\theta^3 + \cdots \qquad (2-10)$$

将式(2-10)代入式(2-9)并考虑 $\theta = \frac{D}{R}$ 得

$$\Delta D = R\left[\theta + \frac{\theta^3}{3} + \cdots - \theta\right] = R\frac{\theta^3}{3} = \frac{D^3}{3R^2} \qquad (2-11)$$

两端除以 D，得相对误差

$$\frac{\Delta D}{D} = \frac{1}{3}\left(\frac{D}{R}\right)^2 \qquad (2-12)$$

地球半径 $R=6371$ km，将不同 D 值代入，可计算出水平面代替水准面的距离误差和相对误差（见表 2-2）。

表 2-2　水平面代替水准面对距离的影响

距离 D/km	距离误差 ΔD/cm	相对误差
1	0.00	—
5	0.10	1/5000000
10	0.82	1/1217700
15	2.77	1/541516

由表 2-2 可知，当距离为 10 km 时，以水平面代替曲面所产生的距离误差为 0.82 cm，相对误差为 1/1217700，这样小的误差，在地面上进行精密测距时也是允许的。所以，在半径为 10 km 范围内，面积为 320 km^2 之内，以水平面代替水准面所产生的距离误差，可忽略不计。

2.5.2　对水平角的影响

由球面三角可知，球面上三角形内角之和比平面上相应三角形内角之和多出球面角超 ε，如图 2-19 所示。其值可用多边形面积求得，即

$$\varepsilon=\frac{P}{R^2}\rho \tag{2-13}$$

式中，P 为球面多边形面积；R 为地球半径；$\rho=260265''$。

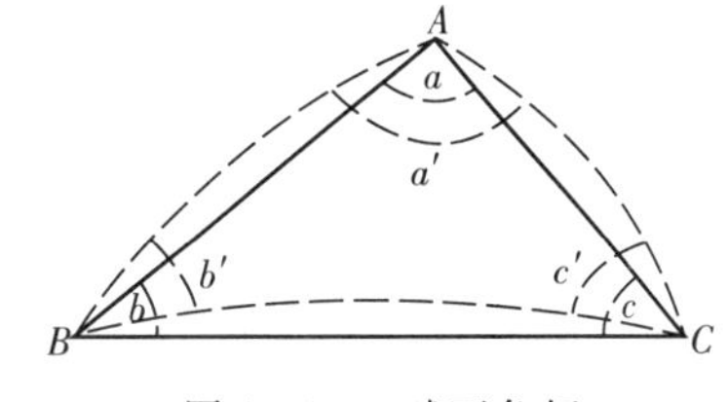

图 2-19　球面角超

以不同球面面积代入式(2-13)，求出球面角超（见表 2-3）。

由表 2-3 可知，当测区范围在 100 km^2 时，用水平面代替水准面时，对角度影响仅为 0.51″，在普通测量工作中可以忽略不计。

表 2-3　水平面代替水准面对角度的影响

球面面积 /km^2	ε/″
10	0.05
50	0.25
100	0.51
500	2.54

2.5.3　对高程的影响

由图 2-18 可知，$b'b$ 为水平面代替水准面对高程产生的误差，令其为 Δh，也称为地球曲率对高程的影响，则有

$$(R+\Delta h)^2=R^2+D'^2$$

$$2R\Delta h^2+\Delta h^2=D'^2$$

$$\Delta h=\frac{D'^2}{2R+\Delta h}$$

上式中，用 D 代替 D'，而 Δh 相比于 $2R$ 很小，可略去不计，则

$$\Delta h=\frac{D^2}{2R} \tag{2-14}$$

以不同距离 D 代入上式，则得高程误差(见表 2-4)。

表 2-4　水平面代替水准面的高程误差

D/m	10	50	100	200	500	1000
Δh/mm	0.0	0.2	0.8	3.1	19.6	78.5

由表 2-4 可知，用水平面代替水准面时，200 m 对高程影响就有 3.1 mm。所以，地球曲率对高程影响很大。在高程测量中，即使距离很短也应顾及地球曲率的影响。

2.6　测量工作的基本概念

测绘科学研究内容很多，其应用领域很广泛，总的来说凡是需要确定物体(静态或动态)三维空间坐标的工作都需要依靠测绘技术。为了使测量工作有条不紊的进行，保证测量成果的质量，实测时必须遵循一定的原则、规程和规范。

2.6.1　测量工作的原则

测量工作应遵循两个原则，一是由整体到局部、由控制到碎部，二是步步检核。

第 1 项原则是针对总体工作。在测绘工作中要先进行总体布置，然后再分阶段、分区、分期实施。在实施过程中要先布设平面和高程控制网，确定控制点平面坐标和高程，建立全国、全测区统一坐标系。在此基础上再进行细部测绘和具体结构物的施工测量。只有这样，才能保证全国各单位、各部门地形图具有统一的坐标系统和高程系统；减少测量误差积累，保证成果质量，使测量成果全国共享；有利于分幅进行测量，加快测量速度。

第 2 项原则是针对测绘具体工作。测绘工作的每一个过程，每一项成果都必须检核。在保证前期工作无误条件下，方可进行后续工作，否则会造成后续工作困难，甚至全部返工。只有这样，才能保证测绘成果的可靠性。

2.6.2　地形图测绘

为了保证全国各地区测绘的地形图能有统一坐标系，并能减少控制测量误差积累，国家测绘局在全国范围内建立了能覆盖全国的平面控制网和高程控制网。

在测绘地形图时，一般要在测区范围内布设测图控制网及测图用的图根控制点。这些控制网应与国家控制网联测，使测区控制网与国家控制网坐标系统一致。图根控制点还应便于安置仪器进行测图。如图 2-20 所示，$A \sim F$ 为图根控制点，A 点只能测山前的地形图，山后要用 C、D 和 E 等点测量。地物、地貌特征点也称为碎部点，地形图碎部测量大多采用极坐标法。如图 2-21 所示，设地面上有 3 个点 A、B 和 C，其中 A 和 B 为已知点，现要测定 C 点平面坐标和高程。将仪器架在 B 点，测定水平角 β，量测 BC 距离 D_{BC} 和高差 h_{BC}，即可得到 C 点平面位置和高程。

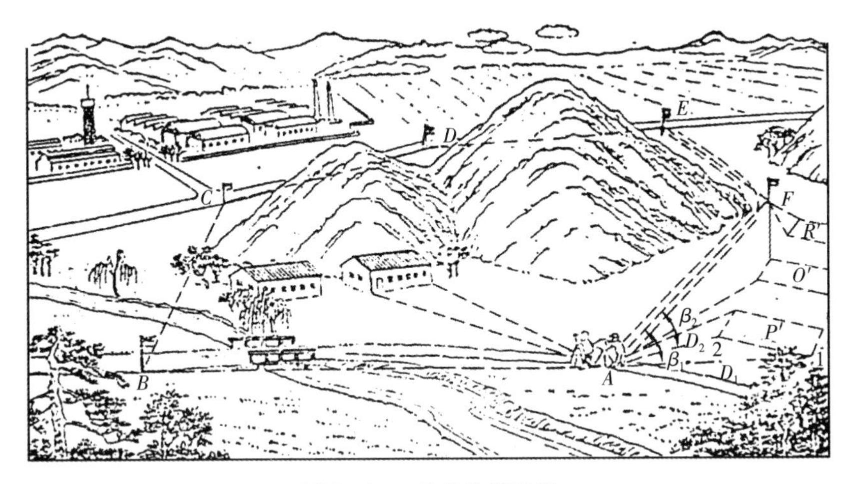

图 2-20　地物地貌实景

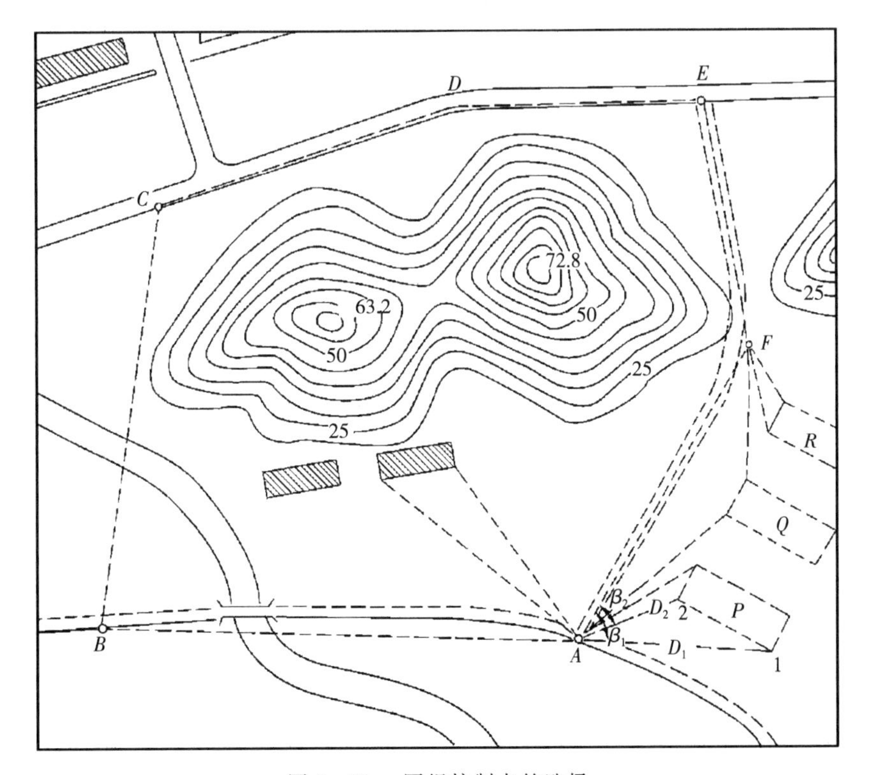

图 2-21　图根控制点的选择

习　题

2-1　何谓大地水准面，它在测量工作中起何作用？

2-2　何谓旋转椭球体，它有何作用？

2-3　参考椭球和地球总椭球有何区别？

2-4　测量上常用坐标系有几种？各有何特点？不同坐标系间坐标如何转换？

2-5　2000 国家大地坐标系与 1980 西安坐标系有何不同？

2-6　地心空间直角坐标系和参心空间直角坐标系有何异同？

2-7　何谓高斯投影？有何特点？

2-8　北京某点的大地经度为 $116°20'$，试计算它所在 $6°$ 带和 $3°$ 带带号及中央子午线经度。

2-9　什么叫作绝对高程？什么叫作相对高程？两点间的高差值如何计算？

2-10　什么是测量上的基准线与基准面？在实际测量中如何利用基准线和基准面？

2-11　测量工作的原则是什么？哪些是测量的基本工作？

第3章　水准测量

测量地面上各点高程的工作称为高程测量。根据所使用仪器和施测方法的不同，高程测量分为几何水准测量、三角高程测量、物理高程测量和GPS高程测量等。物理高程测量又分为气压高程测量和液体静力水准测量。几何水准测量是测量地面点高程最主要的方法。

3.1　水准测量原理

水准测量的实质是测量地面上两点之间的高差，它是利用水准仪所提供的一条水平视线来实现的。如图3-1所示，已知地面A点高程H_A，欲求B点高程。首先需测定A、B两点间的高差h_{AB}。安置水准仪于A、B之间，并在A、B两点上分别竖立水准尺。根据仪器的水平视线，按测量的前进方向(把已知高程点A作为后视，待求点B作为前视)，先后在两尺上读取读数，得到后视读数a和前视读数b，则B点对A点的高差为

$$h_{AB}=a-b \tag{3-1}$$

高差有正负号之分，当$a>b$时，$h_{AB}>0$，说明B点比A点高；反之，B点低于A点。若已知A点高程为H_A，则未知点B的高程H_B为

$$H_B=H_A+h_{AB}=H_A+(a-b) \tag{3-2}$$

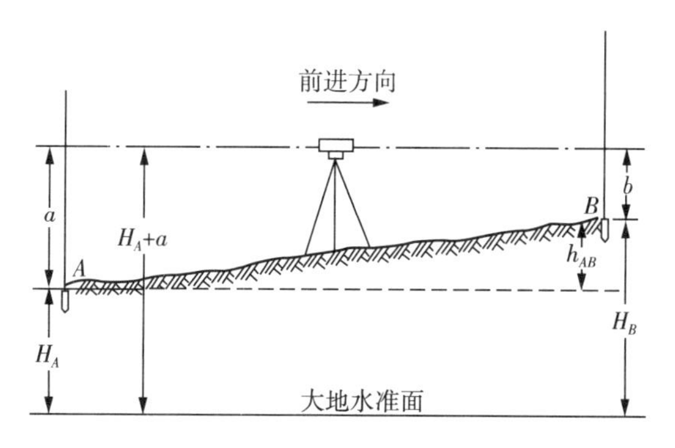

图3-1　水准测量

上述直接利用实测高差h_{AB}计算B点高程的方法称为高差法。在实际工作中，有时要求安置一次仪器测出若干个前视点待定高程，以提高工作效率，此时可采用仪高法，即通过水准仪的视线高H_i，计算待定点B的高程H_B，公式如下：

$$
\begin{aligned}
H_{i} &= H_{A} + a \\
H_{B} &= H_{i} - b
\end{aligned}
\tag{3-3}
$$

3.2 水准仪及其使用

水准仪按精度可分为DS05、DS1、DS3和DS10，其中D、S分别为“大地测量”和“水准仪”汉语拼音的第1个字母，数字表示精度，即每公里往返测高差中数的中误差，单位为mm，DS05和DS1水准仪精度较高，称精密水准仪。若按其构造可分为微倾式水准仪、自动安平水准仪和数字水准仪等。水准测量时还需要配套的工具有水准尺和尺垫。

3.2.1 DS3微倾式水准仪及其使用

1. DS3微倾式水准仪的构造

水准仪的主要作用是为测量高差提供一条水平视线。它主要由望远镜、水准器和基座组成。图3-2是国产DS3微倾式水准仪，这是测量工作中最常用的水准仪。

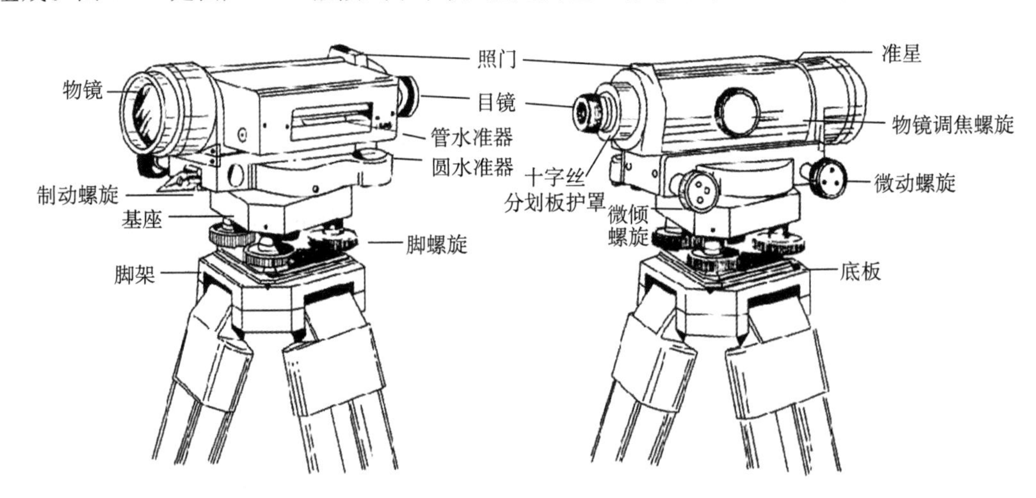

图3-2 国产DS3微倾式水准仪

(1) 望远镜。望远镜由物镜、目镜、调焦透镜和十字丝分划板组成，如图3-3(a)所示。物镜和目镜一般采用复合透镜组，调焦镜为凹透镜，位于物镜和目镜之间。望远镜的对光通过旋转调焦螺旋使调焦镜在望远镜筒内平移来实现。望远镜的成像原理如图3-3(b)所示。如图3-3(c)所示，十字丝分划板上竖直的一条长线称为竖丝，与之垂直的长线称为横丝或中丝，用来瞄准目标和读取读数。在中丝的上下对称刻的2条与中丝平行的短横线称为视距丝，用于测定距离。

物镜光心与十字丝交点的连线称为视准轴。在实际使用时，视准轴应保持水平，照准远处水准尺；调节目镜调焦螺旋可使十字丝清晰放大；旋转物镜调焦螺旋可使水准尺成像在十字丝分划板平面上，并与之同时放大(一般DS3级水准仪望远镜的放大率为28倍)，最后用十字丝中丝截取水准尺读数。

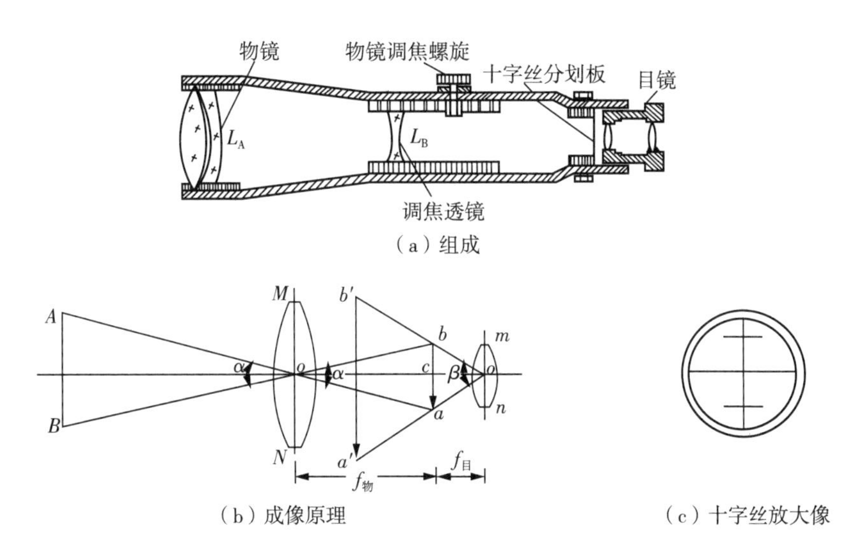

（a）组成

（b）成像原理　　　（c）十字丝放大像

图 3-3　望远镜的组成、成像原理及十字丝放大像

(2) 水准器。水准器是一种整平装置，水准器有管水准器和圆水准器两种。管水准器用来指示视准轴是否水平，圆水准器用来指示仪器竖轴是否竖直。管水准器又称为水准管，是一个内装液体并留有气泡的密封玻璃管。其纵向内壁磨成圆弧形，外表面刻有2 mm间隔的分划线，2 mm所对的圆心角τ称为水准管分划值，通过分划线的对称中心（水准管零点）作水准管圆弧的纵切线称为水准管轴，如图3-4所示。圆心角表达示为

$$\tau=\frac{2}{R}\rho \qquad (3-4)$$

式中，τ为2 mm所对的圆心角，单位″；$\rho=206265''$；R为水准管圆弧半径，单位 mm。

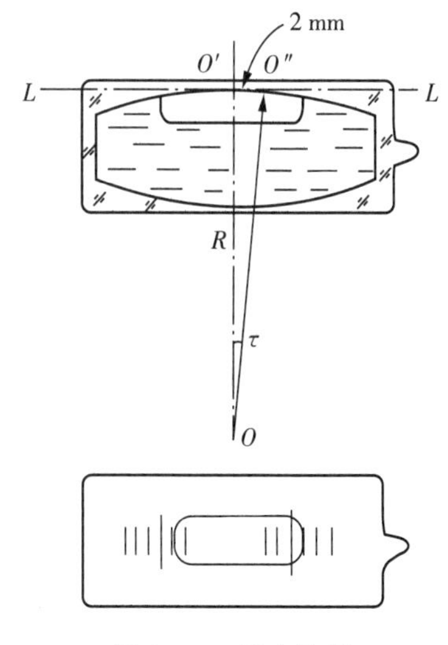

图 3-4　管水准器

水准管圆弧半径越大，分划值就越小，则水准管灵敏度就越高，也就是仪器置平的精度越高。DS3 水准仪的水准管分划值要求不大于20″/2 mm。

为了提高水准管气泡居中的精度，DS3 微倾式水准仪多采用符合水准管系统，通过符合棱镜的反射作用，使气泡两端的影像反映在望远镜旁的符合气泡观察窗中。由符合气泡观察窗看气泡两端的半像吻合与否，来判断气泡是否居中，如图3-5所示。若两半气泡像吻合，说明气泡居中。此时水准管轴应处于水平位置。

因管水准器灵敏度较高，且用于调节气泡居中的微倾螺旋范围有限，在使用时先使仪器的旋转轴（竖轴）处于竖直状态。因此，水准仪上还装有1个圆水准器（见图3-6），其顶面的内壁

被磨成球面，刻有圆分划圈。通过分划圈的中心（零点）作球面的法线则为圆水准器轴。圆水准器分划值约为 8′。当气泡居中时，圆水准器轴竖直，则仪器竖轴亦处于竖直位置。

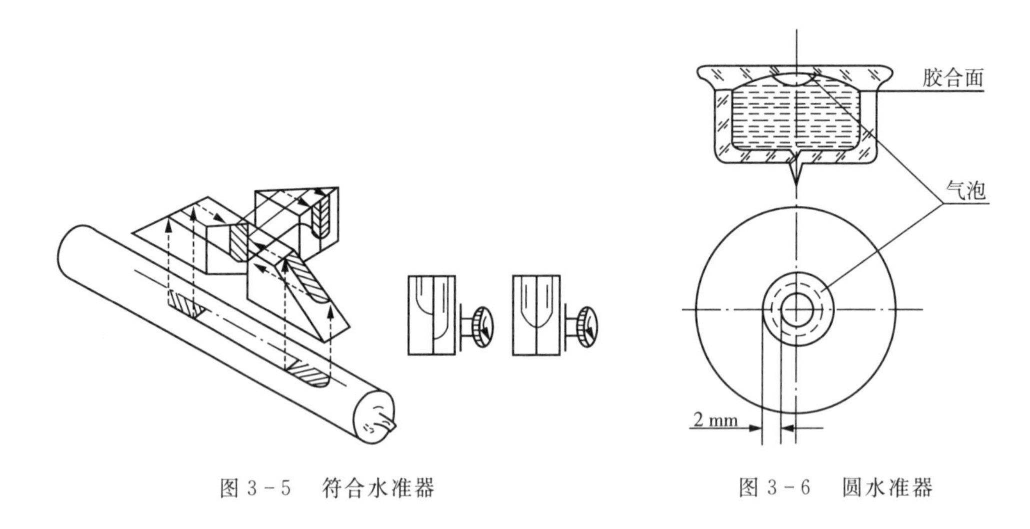

图 3－5　符合水准器　　　　图 3－6　圆水准器

（3）基座。基座用于支承仪器的上部并通过连接螺旋使仪器与三脚架相连。调节基座上的 3 个脚螺旋可使圆水准器气泡居中。由上述主要部件可知，微倾式水准仪 4 条主要轴线，即视准轴 CC、水准管轴 LL、圆水器轴 $L'L'$ 和仪器竖轴 VV，如图 3－7 所示。

水准仪之所以能提供一条水平视线，取决于仪器本身的构造特点，主要表现在轴线间应满足的几何条件：① 圆水准器轴平行于竖轴；② 十字丝横丝垂直于竖轴；③ 水准管轴平行于视准轴。

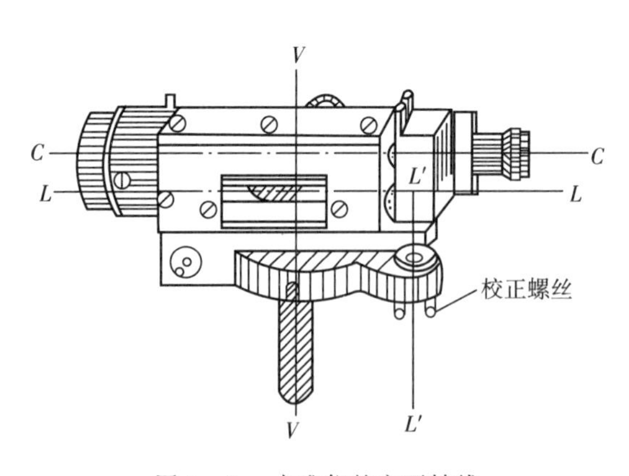

图 3－7　水准仪的主要轴线

视线的水平，由调节微倾螺旋使水准管气泡居中来实现，所以第 3 个条件 $LL \parallel CC$ 是主条件。由图 3－1 可知，若水准仪的主条件不满足，必将给观测数据带来误差，但该项误差的大小与观测距离成正比，这在误差理论中称为系统误差。若观测时保持前后视距离相等，则可消除该项误差对所测高差的影响。为了保证能够用微倾螺旋使管水准器气泡居中，并加快精确整平的过程，先要使圆水准器气泡居中，保证仪器竖轴 VV 竖直（粗平）。而第 3 个条件的满足，则可以保证当竖轴竖直时，十字丝横丝水平，以提高读数的精度和速度。

2. *水准尺和尺垫*

水准尺是水准测量的主要工具，有单面尺和双面尺两种。单面水准尺仅有黑白相间的分划，尺底为零，由下向上注有 dm（分米）和 m（米）的数字，最小分划单位为 cm（厘米）。塔尺[见图3－8(a)]和折尺[见图 3－8(b)]就属于单面水准尺。双面水准尺有两面分划[见图

3－8(c)]，正面是黑白分划，反面是红白分划，其长度有 2 m 和 3 m 两种，且两根尺为一对。两根尺的黑白分划均与单面尺相同，尺底为零；而红面尺尺底则从某一常数开始，即其中一根尺子的尺底读数为 4.687 m，另一根尺为 4.787 m。除水准尺外，尺垫[见图 3－8(d)]也是水准测量的工具之一。一般用生铁铸成三角形，中央有一突起的半球体，其顶点用来竖立水准尺和标示转点。

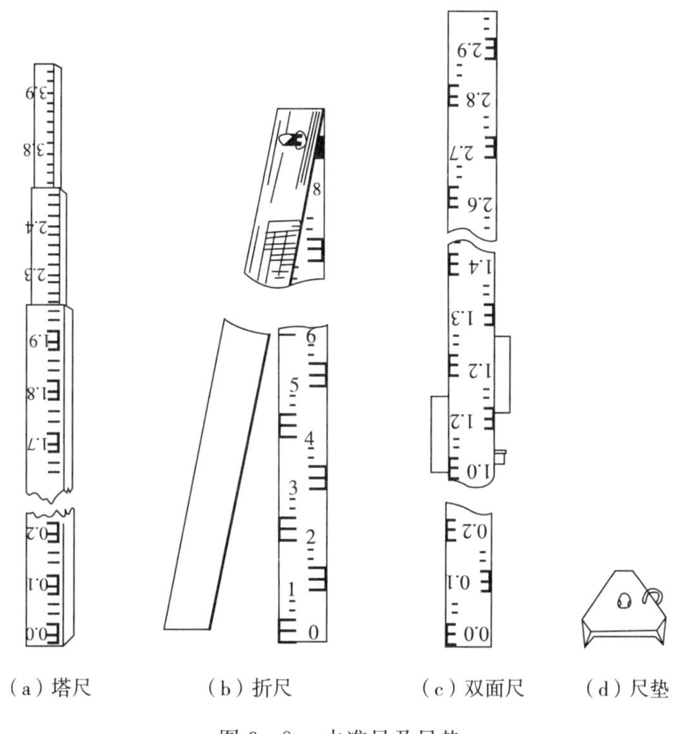

(a) 塔尺　(b) 折尺　(c) 双面尺　(d) 尺垫

图 3－8　水准尺及尺垫

3. 水准仪的使用

为测定 A、B 两点之间的高差，首先在 A、B 之间安置水准仪。撑开三脚架，使架头大致水平，高度适中，稳固地架设在地面上；用连接螺旋将水准仪固连在脚架上，再按下述 4 个步骤进行操作：

(1) 粗平。粗平的目的是借助圆水准器气泡居中使仪器竖轴竖直。转动基座上 3 个脚螺旋使圆水准器气泡居中。整平时，气泡移动方向始终与左手大拇指的运动方向一致(见图 3－9)。

(2) 瞄准。先将望远镜对向明亮的背景，转动目镜调焦螺旋使十字丝清晰；松开制动螺旋，转动望远镜，利用镜上照门和准星照准标尺；拧紧制动螺旋，转动物镜调焦螺旋，看清水准尺；利用水平微动螺旋，使十字丝竖丝瞄准尺边缘或中央，同时观测者的眼睛在目镜端上下微动，检查十字丝横丝与物像是否存在相对移动的现象，这种现象被称为视差。如有视差则应消除，即继续按以上调焦方法仔细对光，直至水准尺正好成像在十字丝分划板平面上，两者同时清晰且无相对移动的现象。

(3) 精平。注视符合气泡观察窗，转动微倾螺旋，使水准管气泡两端的半像吻合。此时，水准管轴水平，水准仪的视准轴亦精确水平。

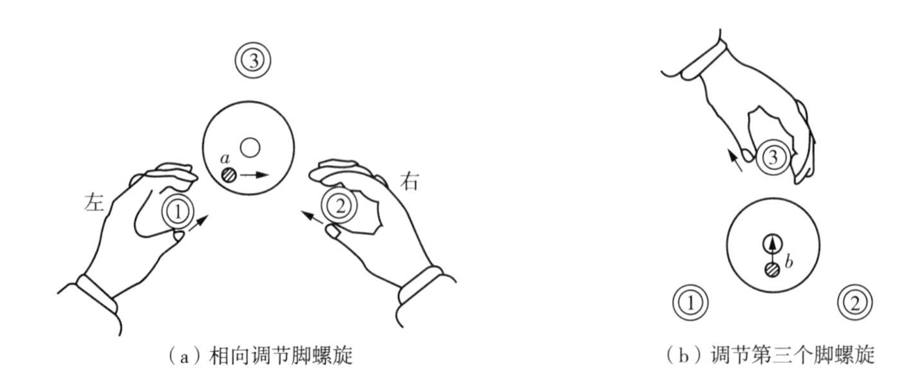

（a）相向调节脚螺旋　（b）调节第三个脚螺旋

图 3-9　粗平时的操作

(4) 读数。水准管气泡居中后，用十字丝横丝（中丝）在水准尺 A 上读数。因水准仪多为倒像望远镜，因此读数时应由上而下进行。如图 3-10(a) 所示，后视黑面读数 $a=0.825$ m。然后，重复上述步骤(2)～步骤(4)，精确瞄准并读取前视标尺 B 的黑面读数 $b=1.273$ m，如图 3-10(b) 所示。则 A、B 两点间的高差为

$$h_{AB}=0.825-1.273=-0.448(\mathrm{m})$$

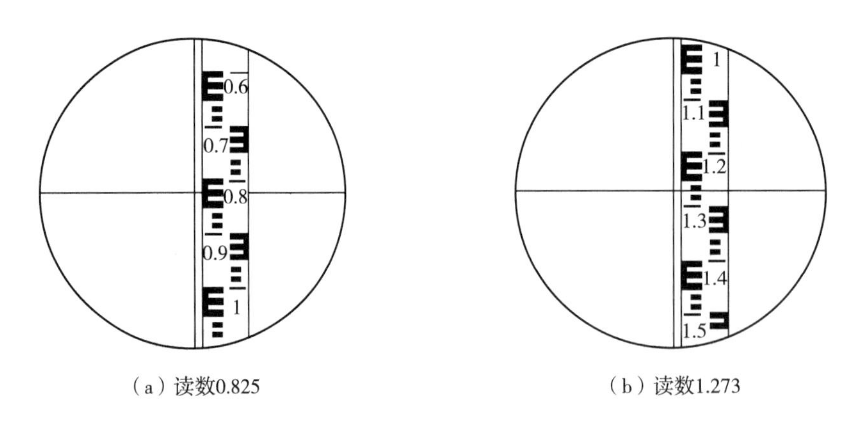

（a）读数0.825　（b）读数1.273

图 3-10　水准尺的读数方法

水准测量时，若使用红面尺读数，则所得高差应为

$$h_{AB}=\text{红面后视读数}-\text{红面前视读数}\pm 0.100\ \mathrm{m}$$

在使用水准仪时切记，每次读数前，必须使管水准器气泡居中，以保证视线水平，并要求尽量使前、后视距离相等，这不仅可消除水准管轴 LL 不平行于视准轴 CC 的误差影响，还可以消除或削弱地球曲率和大气折光等系统误差对测量结果的影响。

3.2.2　精密水准仪及其使用

精密水准仪主要用于高等级高程控制测量和精密工程测量中，如国家一等和二等精密水准测量、高层建筑物沉降观测、大型精密设备安装等。

1. 精密水准仪的构造

我国将精度等级为DS05、DS1的水准仪称为精密水准仪。瑞士莱卡N3精密水准仪如图3-11所示，该仪器每公里往返测高差中数的中误差为±0.3 mm。精密水准仪的构造与DS3水准仪基本相同，也是由望远镜、水准器和基座三大部分组成。其主要区别在于：水准管分划值较小，一般设计为10″/2 mm；望远镜亮度高，放大率较大，不小于40倍；仪器整体结构稳定，受温度变化的影响小；为了提高读数精度，精密水准仪上还设有光学测微器读数系统等。

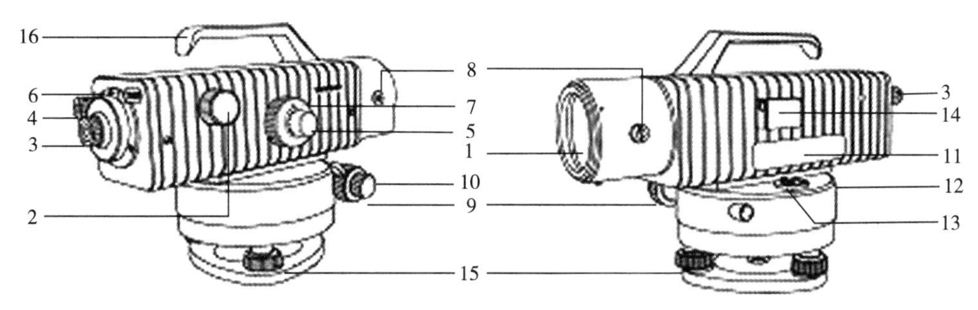

1— 物镜；2— 物镜调焦螺旋；3— 目镜；4— 测微尺与水准管气泡观察窗；5— 微倾螺旋；6— 微倾螺旋行程指示窗；7— 平板玻璃测微螺旋；8— 平板玻璃旋转轴；9— 制动螺旋；10— 微动螺旋；11— 管水准器照明窗口；12— 圆水准器；13— 圆水准器校正螺旋；14— 圆水准器观察装置；15— 脚螺旋；16— 手柄。

图3-11　瑞士莱卡N3精密水准仪

图3-12是光学测微器读数系统的工作原理。光学测微器读数系统由平行玻璃板 P、传动杆、测微轮、测微分划尺等部件组成。安装在望远镜物镜前的平行玻璃板，其旋转轴 A 与望远镜的视准轴成正交。平行玻璃板通过传动杆与测微轮相连。测微分划尺上有100个分划通过光路放大正与水准尺上1个分划(1 cm或5 mm)相对应，所以测微时能直接读到0.1 mm(或0.05 mm)。水准测量时，若平行玻璃板与视准轴正交，则视线是一条水平线，对准水准标尺 B 处，如图3-12所示，读数为148 cm $+a$。此时，通过转动测微轮带动传动杆，使平行玻璃板绕 A 轴俯仰一个小角，则视线经平行玻璃板折射而产生上下平移。当视线下移对准水准尺上148 cm分划时，在测微分划尺上正好可读出视线平移的高度 a 值。

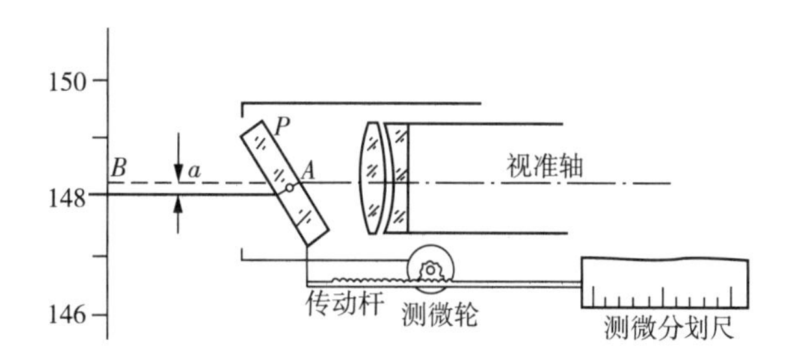

图3-12　光学测微器读数系统的工作原理

2. 精密水准尺

精密水准仪必须配有精密水准尺。精密水准尺通常在木质尺身的槽内，安有一根因瓦合金带，在带上刻有分划，数字注记在木尺上。根据不同的刻划注记方法，精密水准尺分为基辅分划尺和奇偶分划尺两种。

(1) 基辅分划尺。图3-13(a)是瑞士莱卡N3水准仪使用的基辅分划尺，其分划值为1 cm。水准尺全长约3.2 m，因瓦合金带尺上有两排分划，右边一排数字注记0～300 cm，称为基本分划；左边一排数字注记300～600 cm，称为辅助分划。在尺子的同一高度上，基本分划和辅助分划的读数相差一个常数 $K(K=3.01550\ \mathrm{m})$,称为基辅差。

(2) 奇偶分划尺。如图 3-13(b) 所示为蔡司公司生产的 Ni004 水准仪和国产靖江 DS1 水准仪配套使用的精密水准尺,其分划值为 0.5 cm。因瓦合金带上两排刻划中左边一排为奇数值,右边一排为偶数值,故称为奇偶分划尺。在木质尺身的右边注记为米数,左边注记为分米数。小三角形表示在半分米处,长三角形表示分米的起始线。因该尺 1 cm 分划的实际间隔仅为 5 mm,即尺面值为实际长度的 2 倍,所以用此水准尺观测时,高差的计算值须除以 2 才是实际高差值。

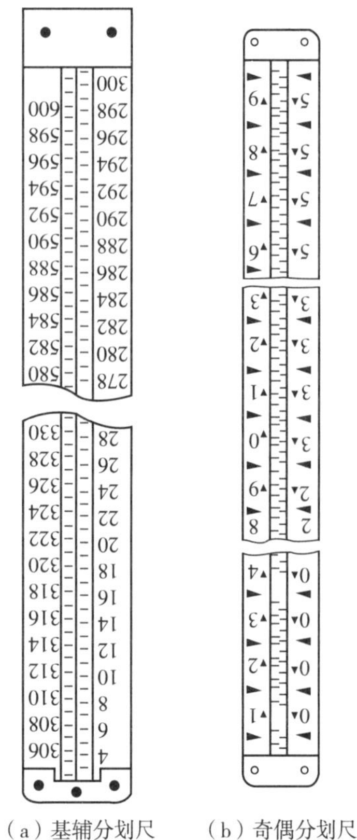

(a) 基辅分划尺　　(b) 奇偶分划尺

图 3-13　精密水准尺

3. 精密水准仪的使用

精密水准仪的使用方法与一般水准仪基本相同,其操作同样分为 4 个步骤,即粗略整平、瞄准标尺、精确整平和读数。不同之处是需用光学测微器测出不足一个分划的数值,即在仪器精确整平(旋转微倾螺旋,使目镜视场左面符合水准气泡的 2 个半像吻合)后,十字丝横丝往往不恰好对准水准尺上某一整分划线,此时需要转动测微轮使视线上、下平移,让十字丝的楔形丝正好夹住 1 条(仅能夹住 1 条)整分划线。

图 3-14(a) 是瑞士莱卡 N3 水准仪的视场图,楔形丝夹住的基本分划读数为 1.48 m,测微尺的读数为 6.5 mm,所以全读数为 $1.48+0.00650=1.48650\ \mathrm{m}$。图 3-14(b) 是靖江 DS1 水准仪的视场图,被夹住的分划线读数为 1.97 m,测微尺的读数为 1.50 mm,所以全读数为 1.97150 m,注意,该尺的实际读数还应除以 2,即为 0.98575 m。

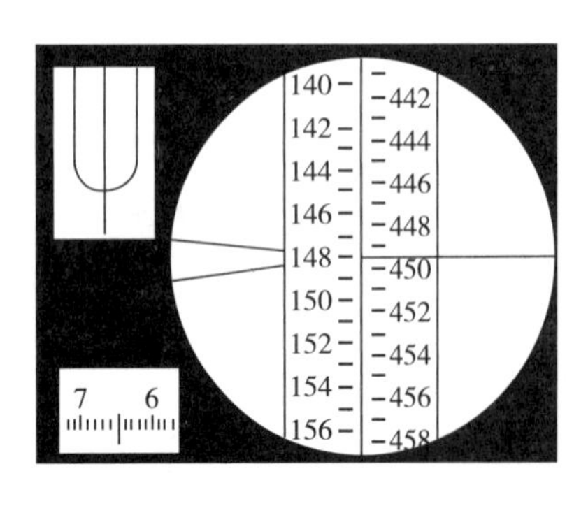

(a) 读数 1.48650

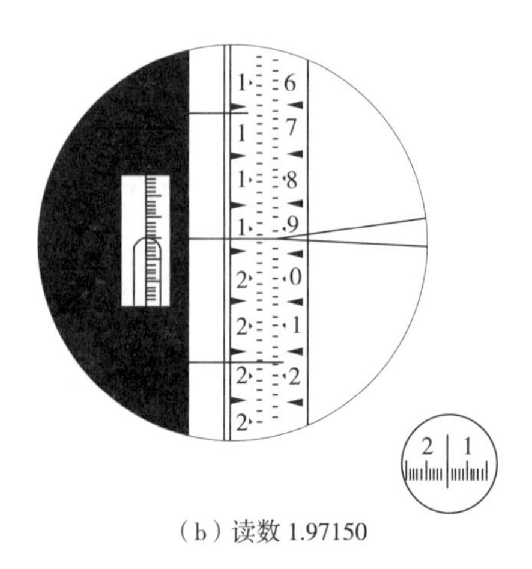

(b) 读数 1.97150

图 3-14　测微器的读数方法

3.3 自动安平水准仪

自动安平水准仪的特点是没有管水准器和微倾螺旋。在粗略整平之后,即在圆水准气泡居中的条件下,利用仪器内部的自动安平补偿器,就能获得视线水平时的正确读数,省略了精平过程,从而提高了观测速度和整平精度。水准仪内置自动安平补偿器的种类很多,常用的是采用吊挂光学棱镜的方法,借助重力的作用达到视线自动补偿的目的。图3-15是自动安平水准仪的结构示意图,其补偿器由一套安装在调焦透镜和十字丝划板之间的棱镜组组成。其中,屋脊棱镜固定在望远镜筒内,下方用交叉的金属丝吊挂着2个直角棱镜,悬挂的棱镜在重力的作用下,能与望远镜做相对的偏转。棱镜下方还设置了空气阻尼器,以保证悬挂的棱镜尽快地停止摆动。

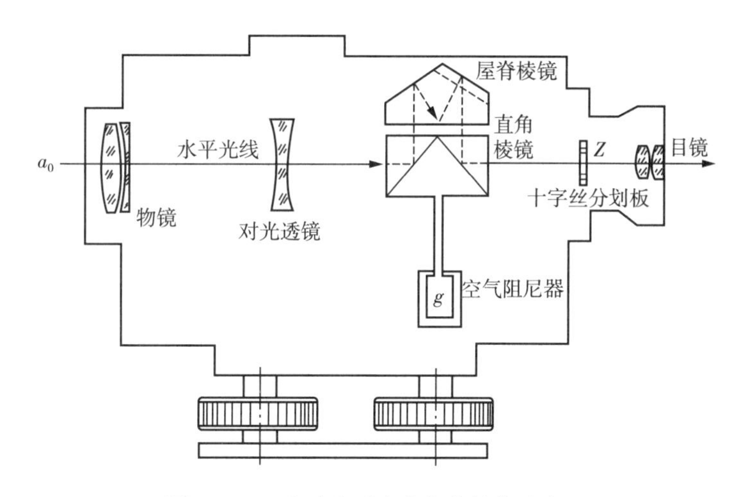

图3-15 自动安平水准仪的结构示意图

当仪器处于水平状态,视准轴水平时[见图3-16(a)],水准尺上读数 a_0 随着水平视线进入望远镜,通过补偿器到达十字丝中心 Z,则读得视线水平时的读数 a_0。如图3-16(b)所示,当望远镜视准轴倾斜了一个小角 α 时,由水准尺上的 a_0 点过物镜光心 o 所形成的水平线,将不再通过十字丝中心 Z,而在距离 Z 点为 l 的 A 处,且

$$l = f\tan\alpha \tag{3-5}$$

式中,f 为物镜的等效焦距。

若在距离十字丝中心 d 处,安装一个自动补偿器 K,使水平视线偏转 β 角,以通过十字丝中心 Z,则

$$l = d\tan\beta \tag{3-6}$$

故有

$$f\tan\alpha = d\tan\beta \tag{3-7}$$

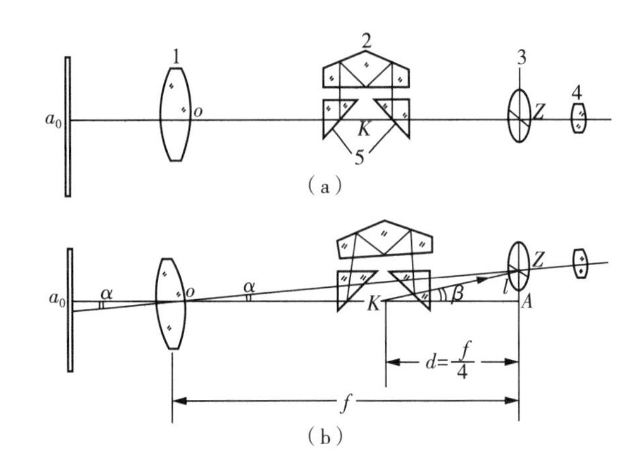

1— 物镜；2— 屋脊棱镜；3— 十字丝平面；4— 目镜；5— 直角棱镜。

图 3 - 16　自动安平水准仪的补偿原理

由此可见，当满足式(3 - 7) 的条件时，尽管视准轴有微小的倾斜，但十字丝中心 Z 仍能读出视线水平时的读数 a_0，从而达到补偿的目的。自动安平水准仪中的自动补偿棱镜组就是按此原理设计安装的。由于受仪器体积的限制，视线的自动补偿就有一定的幅度要求，因此，在使用自动安平水准仪时，必须首先粗平仪器，使圆水准器气泡居中。

3.4　数字水准仪

数字水准仪是一种新型的智能化水准仪，又称为电子水准仪。它最大的特点是用 CCD 传感器代替肉眼对条码水准标尺读数，从而实现水准测量观测自动化。1987 年以来，世界上不少厂家生产了数字水准仪，但是各厂家使用的编码原理和解码方法各有不同，突出了各自的特点。例如，徕卡 NA 系列采用相关法，蔡司(天宝)DiNi 系列和索佳 SDL 系列都使用几何法，拓普康 DL 系列采用相位法。现在，数字水准仪已发展到第二代产品，这种仪器已能达到一二等水准测量的精度要求。

3.4.1　数字水准仪的测量原理

如图 3 - 17 所示，数字水准仪的构造主要由物镜系统、补偿器、目镜系统、CCD 传感器、数据处理系统和必要的机械系统组成。配套使用的是按一定规则编码的条码水准尺，它的反面是普通的水准尺刻划，因此也可进行普通水准测量。在进行数字水准测量时，先瞄准条形码的专用水准尺，该水准尺编码的影像通过一个分光镜，其中一路光(有的是红外光) 的影像便成像在 CCD 传感器上，由机内数据处理系统进行处理后，便可确定水准仪的视线高度和水准尺距水准仪竖轴的距离。测量时，视线自动安平补偿器和物像的调焦均由仪器内置的电子设备自动监控完成。所测数据可在仪器显示屏上显示，并存储在 PCMCIA 卡上；亦可通过标准 RS - 232C 接口向计算机或相关数据采集器中传输。

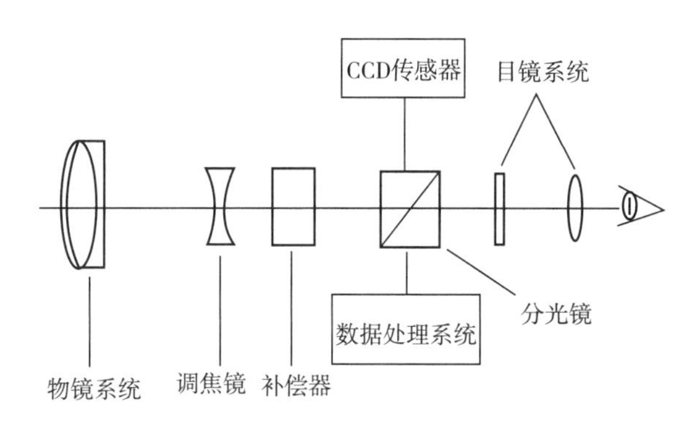

图 3-17　数字水准仪的构造和原理

条码水准尺一种是铟瓦带尺，其长度多为 1 m、2 m 和 3 m，正面刻有条码，反面无刻划；另一种是用玻璃钢或铝合金制成的双面尺，正面为条码分划，反面为区格数字分化，其长度多为 4 m 和 5 m 的多节尺。条码分划根据编码的不同也有所区别，徕卡公司使用伪随机码（二进制条码），蔡司公司使用双相位的规则码（四进制和十六进制条码），拓普康公司使用周期循环码，索佳公司使用双向随机码。这些条码尺都是用黑、白（黄）相间条码刻划，在尺上任一区段的图像都不重复，便于 CCD 传感器获取影像后，能精确识别视线高度和水准尺到水准仪的距离。

3.4.2　数字水准仪的读数原理

图 3-18 是德国蔡司（天宝）生产的 DiNi12 数字水准仪。该仪器高程测量的精度（每公里往返测高差中数的中误差）为 0.3 mm，测距精度为$D\times 0.001$ m，测程为 1.5～100 m，测量时间为 3 s，补偿精度为 0.2″，补偿工作范围为 15′，它是一种精密数字水准仪。该仪器可通过键盘面板和有关操作程序进行测量，并能显示测量成果和仪器系统的状态。图 3-19 是德国蔡司（天宝）生产的 DiNi12 数字水准尺。

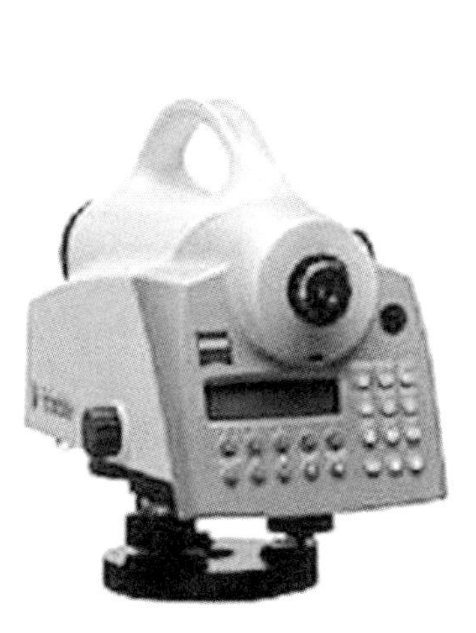

图 3-18　DiNi12 数字水准仪

图 3-19　DiNi12 数字水准尺

1. DiNi12 数字水准尺的编码及读数

条码尺由 10 mm 宽的黑(B)、黄(Y) 基本码元组成,2 个码元相加最大为 20 mm,为 1 个条码,以此组成 4 种条码,即 $B_{10}B_{10}$,$B_{10}Y_{10}$,$Y_{10}B_{10}$,$Y_{10}Y_{10}$,依次给予 1、2、3、4 的数字编码,称为四进制码,是用黑、黄两个基本码元组成条码尺,3 m 的条码尺需要 150 个条码刻划。这种四进制码适用于视距大于 5 m 的情况。当视距小于 5 m 时,则在四进制编码的基础上细化为十六进制编码。

图 3-20 是该尺的一部分,尺上条码图像、数字编码和标尺位置一一对应。若 CCD 传感器获取了尺上一段图像,根据该图像的编码与数据处理系统中事先存储的图像编码和位置,即可确定该图像每个条码在尺上对应的粗值。例如,[1,4,1,4,1,4,2,1] 的读数为标尺位置 [026,028,030,032,034,036,038,040]。这种确定尺上条码位置的方法为粗读数。

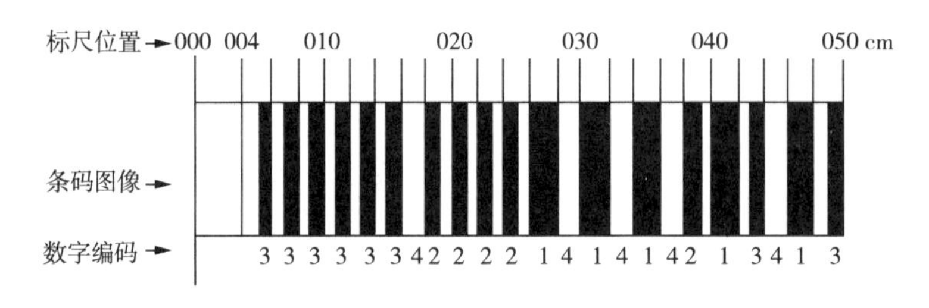

图 3-20　条码图像、数字编码和标尺位置

2. 精读数 —— 视线高度的测定

图 3-21 是用数字水准仪瞄准数码标尺的示意图,当粗读数确定了条码的读数后,G_i 为一个条码的起始边界,G_{i+1} 为该条码的结束边界和下一条码的起始边界。它们在 CCD 传感器上的影像分别为 b_i 和 b_{i+1},代表该条码上下边界线到视准轴的距离,由 CCD 传感器上的像素个数表示。已知一个条码宽度 $G_{i+1}-G_i=20$ mm,由此便可用相似三角形的原理计算垂直放大率 k 为

$$k=\frac{G_{i+1}-G_i}{b_i-b_{i+1}} \tag{3-8}$$

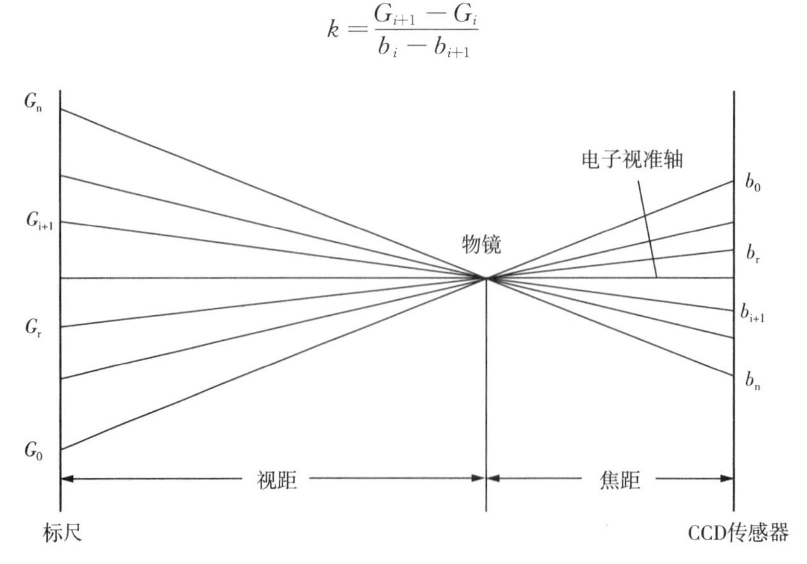

图 3-21　用数字水准仪瞄准数码标尺的示意图

于是视线高的精读数为

$$\begin{cases} h_i = G_i + kb_i \\ h_{i+1} = G_{i+1} - kb_{i+1} \end{cases} \tag{3-9}$$

并规定在CCD传感器上视准轴之上 b_i 为正值,反之为负值。为了提高测量的精度,蔡司系列的数字水准仪用视准轴上、下各15 cm的范围,取 n 个条码计算 k 值和视线高度:

$$k = \frac{\sum_{i=0}^{n}(G_{i+1} - G_i)}{\sum_{i=0}^{n}(b_i - b_{i+1})} \tag{3-10}$$

$$h = \frac{1}{n}\sum_{i=0}^{n}(G_i + kb_i) \tag{3-11}$$

3. 视距的测定

如图3-22所示,望远镜的等效物镜距条码水准尺为 s;距仪器竖轴为 e;仪器竖轴距CCD传感器面的距离为 c_0;AB 为视场内条码尺的长度;ab 为 AB 的影像长度;D 为从条码尺到仪器竖轴的距离;α 为望远镜的电子视场角;$\frac{AB}{ab}$ 为垂直放大率 k。

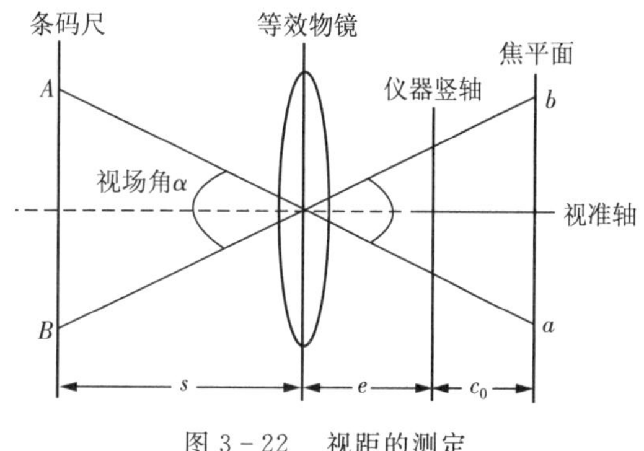

图3-22　视距的测定

由图3-22可知,

$$\frac{s}{AB} = \frac{e + c_0}{ab}$$

$$D = s + e$$

则

$$D = \frac{AB}{ab}c_0 + \left(\frac{AB}{ab} + 1\right)e \tag{3-12}$$

只要确定了等效焦距 e 就可确定视距 D,e 是由仪器本身确定的。

综上所述,DiNi12数字水准仪采用几何法读数,先确定每个条码的粗读数,然后再用光学成像原理确定每个条码的精读数,将粗读数和精读数组合得到视线高和视距。所有这些工作都是由数据处理系统自动完成的。

3.4.3　数字水准仪的特点

数字水准仪是光电、图像和计算机技术于一体的新型水准仪,它有如下特点:

(1) 无须人的肉眼读数,避免了人为误差。

(2) 自动读数、显示、存储、传输,速度快,效率高。

(3) 使用多个条码计算视线高和视距,精度高,数据可靠。

(4) 自动改正测量误差。

3.5 水准测量方法

3.5.1 水准测量的外业实施

1. 水准点

水准测量工作主要是依据已知高程点来引测其他待定点的高程。事先埋设标志在地面上,用水准测量方法建立的高程控制点称为水准点,常以 BM 表示。水准点的高程是由测绘部门采用国家统一高程系统,依据国家等级水准测量规范的要求测定的。

根据水准点的等级要求和不同用途,水准点可分为永久性和临时性两种。永久性的国家等级水准点一般用钢筋混凝土制成,并深埋到地面冻结线以下;或直接刻制在不受破坏的基岩上,其具体埋制方法参见有关规范。土木建筑工地上的临时性水准点可制成一般混凝土桩或上顶边长约 5 cm 的方木桩,埋入地下,桩顶应嵌入有圆球表面的铁钉以标示点位,如图 3-23 所示。有些水准点也可设置在稳定的墙脚上,称为墙上水准点,如图 3-24 所示。

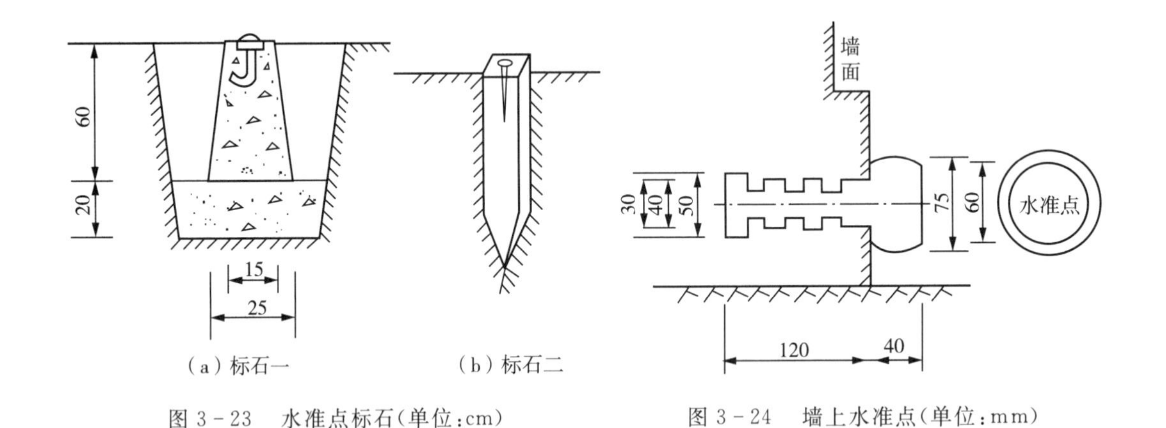

图 3-23 水准点标石(单位:cm)　　图 3-24 墙上水准点(单位:mm)

2. 待定点高程的测量和计算检核

当欲测高程的 B 点距水准点 A 较远或高差很大时,就需要连续多次地安置水准仪,逐站测出 A、B 两点之间的高差。每站之间的立尺点,仅起高程传递作用,称为转点,用 TP 表示,通常用尺垫作为标志。安置仪器的位置称为测站。如图 3-25 所示,A、B 间设 3 个转点,共有 4 个测站。

显然,在每一个测站便可测得一个高差,即

$$h_i = a_i - b_i \tag{3-13}$$

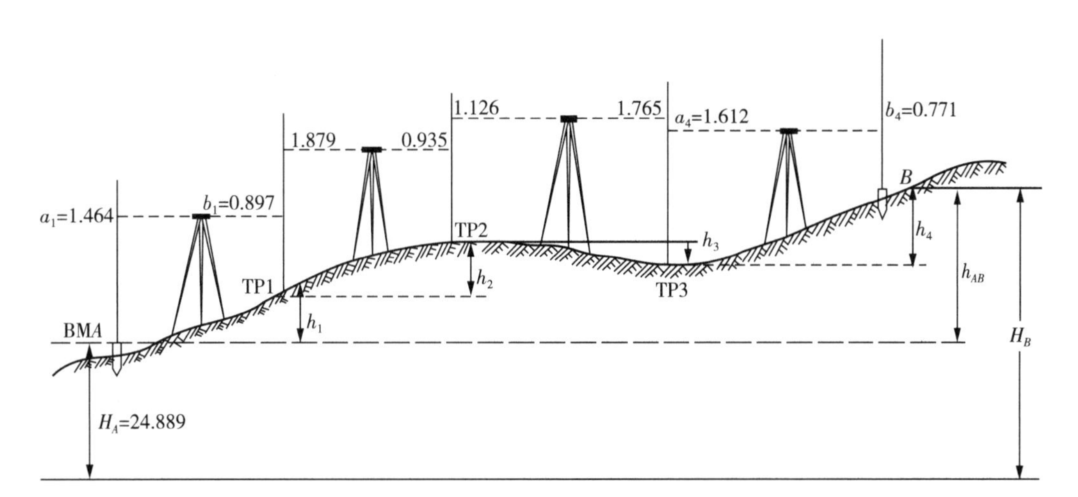

图 3-25　水准测量方法(单位:m)

将各站高差相加,得

$$h_{AB}=\sum h_i=\sum a-\sum b \tag{3-14}$$

则 B 点的高程为

$$H_B=H_A+\sum h_i \tag{3-15}$$

实际工作时,需把野外测量数据记录在表格中,再进行计算。计算时需进行计算检核:$\sum h_i=\sum a-\sum b$ 则说明各测站高差计算正确;$H_B-H_A=\sum h_i$ 则说明待定点 B 的高程计算也是正确的。

3. 测站检核

计算检核无法判定各测站高差测量的正确性,若某测站高差由于某种原因而测错则由此计算的待定点高程也不正确。因此,对每一测站的高差都必须采取措施进行检核测量,这种检核称为测站检核。常用的测站检核方法有双面尺法和双仪高法。

(1) 双面尺法。将水准仪安置在两立尺点之间,高度不变。分别读取后视 A 点、前视 B 点水准尺的黑面和红面读数各 1 次,测得两次高差,以检核测站成果的正确性。表 3-1 是利用双面尺法进行水准测量的记录、计算算例,用黑面读数,则高差为

$$h_B=a_B-b_B$$

若用红面读数,则高差为

$$h_R=a_R-b_R$$

因两根水准尺底部的红面刻划读数分别为 4.687 m 和 4.787 m,故所算得的高差应 ±0.100 m 之后,再与黑面高差进行比较,即

$$\Delta h=h_{B黑}-(h_R\pm 0.100\ \text{m}) \tag{3-16}$$

若为四等水准，$\Delta h \leqslant 5$ mm时，可取其平均值作为该测站的观测高差。否则，需要检查原因，重新观测。若测站数为偶数，则由红、黑面分别计算的总高差应相等。

表 3-1　普通水准测量记录

日期　　　　　　　　仪器　　　　　　　　观测

天气　　　　　　　　地点　　　　　　　　记录

测站	测点	后视读数	前视读数	高差 /m	平均高差 /m	高程 /m	备注
1	BMA	2512 7200				55.352	
	B		0964 5754	+1.548 +1.446	+1.547		
2	B	1563 6348					
	C		1387 6076	+0.176 +0.272	+0.174		
3	C	1350 6035					
	D		2100 6886	−0.750 −0.851	−0.750		注意： 本例题是闭合水准测量成果，存在高差闭合差，需进行闭合差的测量，其调整方法见水准测量内业计算
4	D	0932 5720					
	E		2024 6712	−1.092 −0.992	−1.092		
5	E	0876 5566					
	BMA		0772 5560	+0.104 +0.006	+0.105	55.352	
计算检核	$\sum$	7.233 30.869	7.247 30.988	−0.014 −0.119	−0.016		
	黑面 $\sum a - \sum b = \sum h_{黑} = -0.014$ 红面 $\sum a - \sum b = \sum h_{红} = -0.119$ 平均高差之和 $\sum h = (\sum h_{黑} + \sum h_{红} + 0.100)/2 = -0.016$						

(2) 双仪高法。双仪高法是在同一测站上用不同的仪器高度测得两次高差，以相互比较进行检核，即测得第1次高差后，改变仪器高度10 cm以上，重新安置水准仪，再测一次高差。两次所测高差之差不超过容许值(等外水准为6 mm)，则认为符合要求，取其平均值作为最后结果。否则，必须重测。

3.5.2　水准路线测量的成果检核

由于受到自然条件(如温度、风力和大气折光等)及尺垫和仪器下沉引起的误差、尺子倾斜和估读误差、仪器本身的误差等影响，成果精度必然降低。这些误差在一个测站上反映并不明显，但随着测站数的增多，误差积累，可能会超过规定的限差，也有可能发生转点尺垫被移动造成高程传递的错误。因此，用上述方法所测 B 点高程，尽管进行了测站检核和计算检核，也不能说明其高程精度符合要求。为此，可以拟定某种水准路线，获得一定的条件以检核成果的正确性。水准路线检核的方法有如下几种。

1. 闭合水准路线

如图 3-26(a) 所示，从水准点 BMA 出发，沿环线逐站进行水准测量，经过各高程待定点，最后返回 BMA 点，称为闭合水准路线。此时，各测站高差之和的理论值应等于零，因此可用 $\sum h=0$ 作为闭合水准路线的检核条件。若不等于零，则产生高差闭合差。高差闭合差为高差的观测值与其理论值之差，用 f_h 表示，即 $f_h=\sum h_i$。其可用来衡量水准测量的野外观测精度，其值不应超过允许值，否则，就不符合要求。

2. 附合水准路线

图 3-26(b) 所示为附合水准路线，即从一水准点 BMA 出发，沿各待定高程点逐站进行水准测量，最后附合到另一水准点 BMB 上。显然，附合水准路线的检核条件为 $\sum h_i=H_B-H_A$。若等号两边不相等，则附合水准路线的高差闭合差 f_h 为 $f_h=\sum h_i-(H_B-H_A)$，f_h 应不超过允许值。

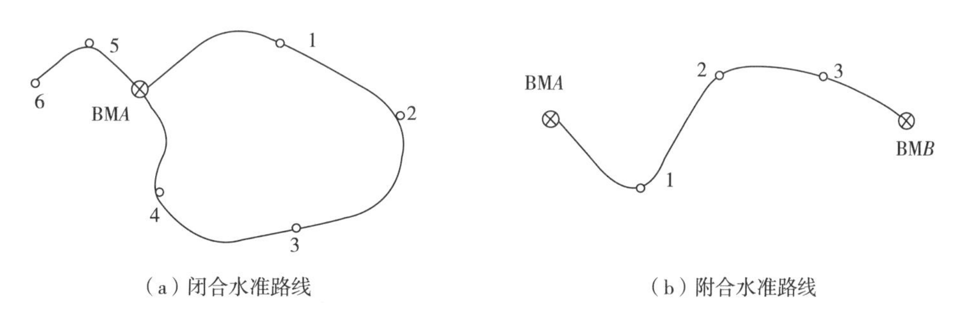

(a) 闭合水准路线　　(b) 附合水准路线

图 3-26　水准路线

3. 支水准路线

若从一水准点出发，既没有附合到另一水准点，也没有闭合到原来的水准点，就称其为支水准路线，如图 3-26(a) 中的 5 和 6 两点。必须对支水准路线进行往返观测，以资检核。

4. 结点水准网

闭合不准路线、附合水准路线和支水准路线统称为单一水准路线。若测区范围较大，或待求高程点较多时，可由若干条单一水准路线相互连接构成如图 3-27 所示的形状，即称为水准网。单一水准路线相互连接的点称为结点。图 3-27(a) 中有 3 个水准点，仅有 1 个结点，称为单结点附合水准网；图 3-27(b) 中有多个结点，但只有 1 个水准点，这类水准网称为独立水准网。关于水准网的计算和精度评定方法，可参阅有关测量专业书籍。

3.5.3　水准测量的内业计算

通过对外业原始记录、测站检核和高差计算数据的严格检查，并经水准线路的检核，外业测量成果已满足了有关规范的精度要求，但高差闭合差 f_h 仍存在。所以，在计算各待求

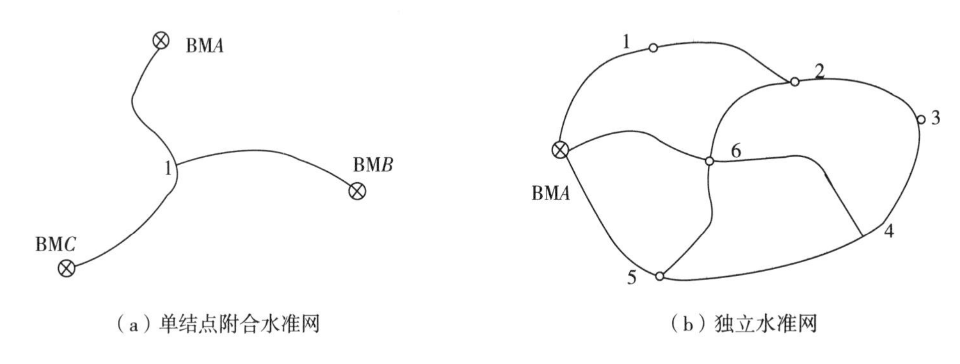

（a）单结点附合水准网　　（b）独立水准网

图 3-27　结点水准网

点高程时，必须先按一定的原则把高差闭合差分配到各实测高差中去，确保经改正后的高差严格满足检核条件，再用改正后的高差值计算各待求点高程。上述工作称为水准测量内业。

高差闭合差的容许值视水准测量的精度等级而定。对于等外水准测量而言，高差闭合差的容许值 f_{hR} 规定为

$$\begin{cases} 山地\ f_{hR}=\pm 12\sqrt{n}\ \text{mm} \\ 平地\ f_{hR}=\pm 40\sqrt{L}\ \text{mm} \end{cases} \tag{3-17}$$

式中，L 为水准路线长度，单位 km；N 为测站数。

国家四等水准测量高差闭合差的容许值为

$$\begin{cases} 山地\ f_{hR}=\pm 6\sqrt{n}\ \text{mm} \\ 平地\ f_{hR}=\pm 20\sqrt{L}\ \text{mm} \end{cases} \tag{3-18}$$

下面以附合水准路线为例，介绍水准测量内业计算的方法步骤。野外观测成果如图 3-28 所示，A、B 为两个水准点，其高程分别为 H_A 和 H_B。1、2、3 点为待求点，整条水准路线分成 4 个测段。计算时，先将检查无误的野外观测成果（各测段的测站数 n_i 和高差值 h_i）及已知数据填入表 3-2 中。然后，按以下 3 个步骤进行计算。

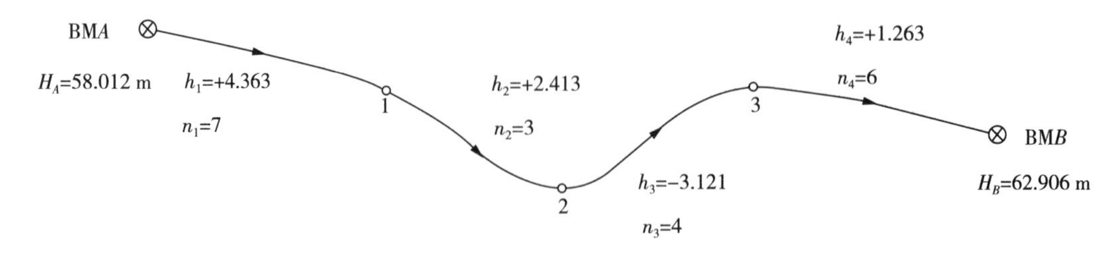

图 3-28　附合水准测量（单位：m）

表3-2 水准测量内业计算

点号	测站数 n_i	观测高差/m	改正数/mm	改正后高差/m	高程/m	备注
BMA					58.012	
	7	+4.363	-8	4.355		
1					62.367	
	3	+2.413	-4	2.409		
2					64.776	
	4	-3.121	-5	-3.126		
3					61.650	
	6	+1.263	-7	+1.256		
BMB					62.906	
$\sum$	20	4.918	-24	+4.894		
辅助计算	$f_h=+24\ \text{mm}\quad n=20$ $f_{h容}=\pm12\sqrt{n}=\pm12\sqrt{20}\approx\pm53(\text{mm})$					

1. 高差闭合差的计算

高差闭合差为

$$f_h=\sum h_i-(H_B-H_A)$$

$$=4.918-(62.906-58.012)=+0.024(\text{m})$$

假设是山地等外水准测量,故

$$f_{h\text{R}}=\pm12\sqrt{n}=\pm12\sqrt{20}(\text{mm})\approx\pm53(\text{mm})$$

$f_h=+24\ \text{mm}$,$|f_h|<|f_{h\text{R}}|$,故野外观测成果符合精度要求。

2. 高差闭合差的调整

因为在同一条水准路线上,可以认为观测条件是相同的,则各测站产生误差的机会相等,故闭合差的调整可按与测站数成正比的分配原则进行。但要注意,改正数的符号与闭合差的符号相反。如本例中,总测站数 $\sum n_i=20$,则每一测站的改正数为

$$\frac{-f_h}{\sum n_i}=-\frac{24}{20}=-1.2(\text{mm})$$

各测段的改正数 v_i 为

$$v_i=-\frac{f_h}{\sum n_i} \tag{3-19}$$

将计算结果填入表3-2中第5栏。改正数的总和 $\sum v_i$ 应与闭合差 f_h 的绝对值相等,符号相反。各测段实测高差加改正数,便得到改正后的高差 h_i,且 $\sum h_i=H_B-H_A$,否则说明计算有误。

3. 待定点高程的计算

根据检核过的改正后高差 h_i,由起始点 A 开始,逐点推算出各点的高程,列入表3-2第7栏中。例如,

$$H_1 = H_A + h_1 = 58.012 + 4.355 = 62.367(\mathrm{m})$$

$$H_2 = H_1 + h_2 = 62.367 + 2.049 = 64.776(\mathrm{m})$$

$$H_3 = H_2 + h_3 = 64.776 - 3.126 = 61.650(\mathrm{m})$$

$$H_B = H_3 + h_4 = 61.650 + 1.256 = 62.906(\mathrm{m})$$

最后，算得的 B 点高程应与已知的高程 H_B 相等，否则说明高程计算有误。

闭合水准路线的计算与附合水准路线计算的区别，仅是闭合差的计算方法不同。因为闭合水准路线高差代数和的理论值应等于零，即 $\sum h = 0$，故因测量误差而产生的高差闭合差就等于 $\sum h_i$。至于闭合水准路线高差闭合差的调整方法、容许值的大小，均与附合路线相同。读者可对表 3-1 的测量成果进行闭合差调整，并计算各点高程。

3.6 水准仪的检验与校正

由于水准仪的种类不同、精度不同，水准仪的检验与校正要求也不尽相同。普通微倾式水准仪一般要进行圆水准器的检验与校正、十字丝的检验与校正和管水准器（I 角）的检验与校正等；精密水准仪还要增加交叉误差的检验、符合水准器的检验、光学测微器的检验等；对于自动安平水准仪还要进行补偿性能、自动安平精度的测定和视准轴正确性的检验；对于数字水准仪，除上述必要的检验外，还要进行电子视准轴 I 角的检验等。本节以普通微倾式水准仪的检验与校正为主，简述自动安平水准仪和数字水准仪的必要检验项目。

3.6.1 微倾式水准仪的检验与校正

微倾式水准仪的轴线之间应满足的 3 项几何条件，在 3.2 节中已经介绍，这些条件在仪器出厂时已经过检验与校正而得到满足。但仪器长期使用和搬运过程中可能出现的震动、碰撞等原因，使各轴线之间的关系发生变化，若不及时检验校正，将会影响测量成果的质量。所以，在进行正式水准测量工作之前，应先对微倾式水准仪进行严格的检验和认真的校正。

1. 圆水准器的检验与校正

（1）检验。检验目的是保证圆水准器轴 $L'L'$ 平行于仪器竖轴 VV。首先用脚螺旋使圆水准器气泡居中，此时圆水准器轴 $L'L'$ 处于竖直位置。如图 3-29(a) 所示，若仪器竖轴 VV 与 $L'L'$ 不平行，且交角为 α 角，则竖轴与竖直位置偏差 α 角。将仪器绕竖轴 VV 旋转 180°，如图 3-29(b) 所示，此时位于竖轴左边的圆水准器轴 $L'L'$ 不但不竖直，而且与铅垂线的交角为 2α，显然气泡不居中。说明仪器不满足 $L'L' /\!/ VV$ 的几何条件，需要校正。

（2）校正。首先稍松位于圆水准器下面中间部位的固紧螺丝，然后调整其周围的 3 个校正螺丝，使气泡向居中位置移动偏离量的一半，如图 3-30(a) 所示。此时，圆水准器轴与竖轴平行。然后再用脚螺旋整平，使圆水准器气泡居中，竖轴 VV 就与圆水准器轴 $L'L'$ 同时处于竖直位置，如图 3-30(b) 所示。校正工作一般需反复进行，直至仪器旋转到任何位置时圆水准器气泡均居中，最后应注意旋紧固紧螺丝。

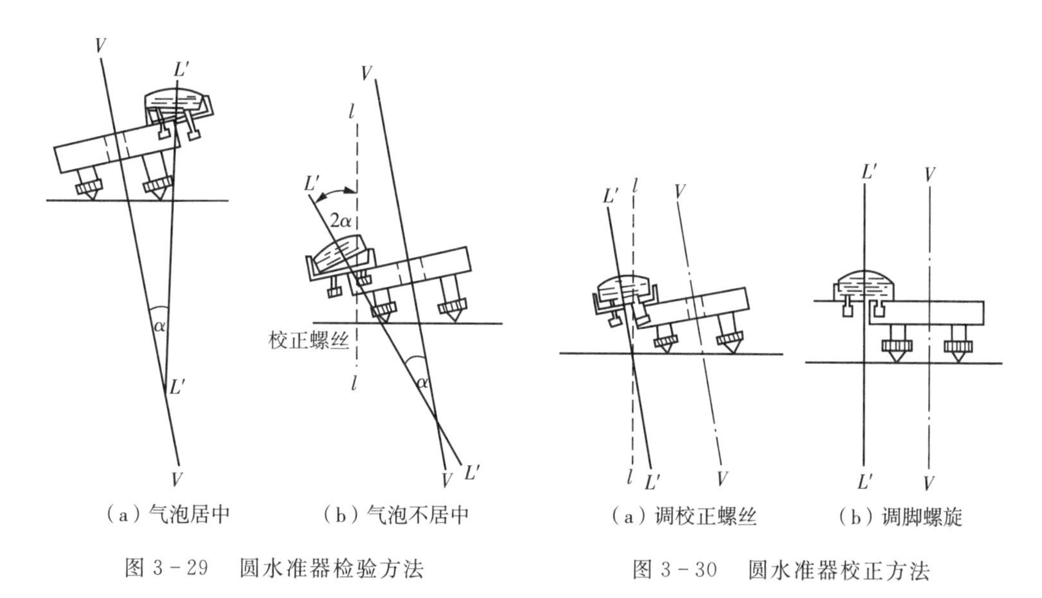

图 3-29　圆水准器检验方法

图 3-30　圆水准器校正方法

2. 十字丝的检验与校正

(1) 检验。检验的目的是保证十字丝横丝垂直于仪器竖轴 VV。首先安置仪器，用十字丝横丝对准一个明显的点状目标 P，如图 3-31(a) 所示。然后固定制动螺旋，转动水平微动螺旋。如果目标点 P 沿横丝移动，如图 3-31(b) 所示，则说明横丝垂直于竖轴 VV，不需要校正。否则，如图 3-31(c) 和图 3-31(d) 所示，则需要校正。

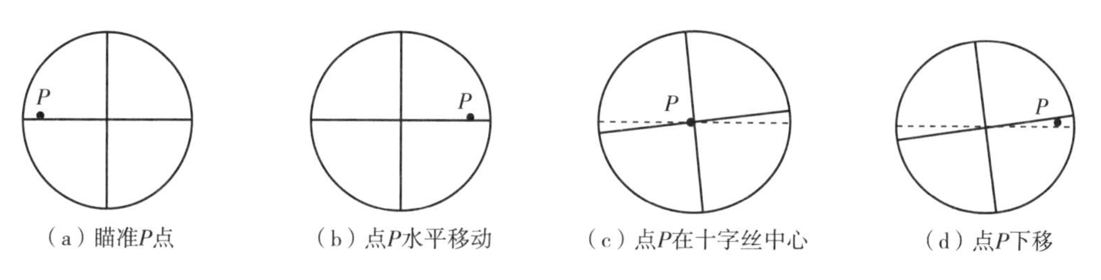

图 3-31　十字丝验校方法

(2) 校正。校正方法因十字丝分划板装置的形式不同而异。多数仪器可直接用螺丝刀松开分划板座相邻 2 颗固定螺丝，转动分划板座，改正偏离量的一半，即满足条件。有的仪器必须卸下目镜处的外罩，再用螺丝刀松开分划板座的固定螺丝，拨正分划板座即可，反复检校，直至满足条件。

3. 管水准器的检验与校正

(1) 检验。检验的目的是保证望远镜视准轴 CC 平行于水准管轴 LL。检验场地的安排如图 3-32 所示，在 S_1 处安置水准仪，从仪器向两侧各量约 40 m，定出等距离的 A、B 两点，打木桩或放置尺垫标志。

第 1 步，在 S_1 处精确测定 A、B 两点的高差 h_{AB}，并进行测站检核，若两次测出的高差之

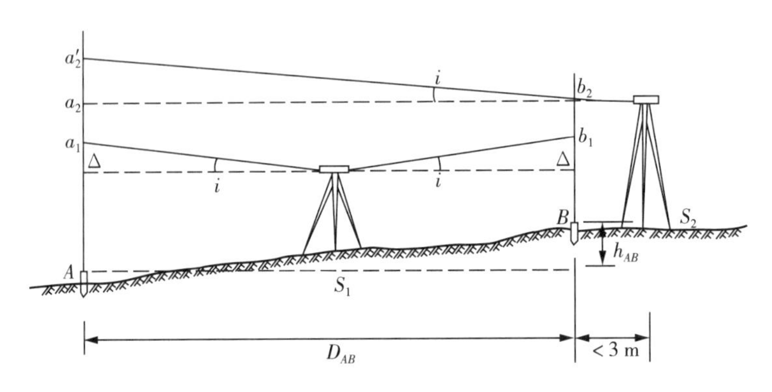

图 3-32　水准仪 i 角的检校方法

差不超过 3 mm，则取其平均值 h_{AB} 作为最后结果。距离相等，两轴不平行的误差 Δh 可在高差计算中消除，故所得高差值不受视准轴误差的影响。

第 2 步，安置仪器于 B 点附近的 S_2 处，离 B 点约 3 m，精平后读得 B 点水准尺上的读数为 b_2，因仪器离 B 点很近，两轴不平行引起的读数误差可忽略不计。故根据 b_2 和 A、B 两点的正确高差 h_{AB} 算出 A 点尺上应有的读数

$$a_2 = b_2 + h_{AB} \tag{3-20}$$

第 3 步，瞄准 A 点水准尺，读出水平视线读数 a_2'，如果 a_2' 与 a_2 相等，则说明两轴平行。否则存在 i 角，其值为

$$i = \frac{\Delta h}{D_{AB}}\rho \tag{3-21}$$

式中，$\Delta h = a_2' - a_2$；$\rho = 206265''$。

对于 DS3 级微倾水准仪，i 角值不得大于 20″，如果超限，则需要校正。

(2) 校正。转动微倾螺旋使中丝对准 A 点尺上正确读数 a_2，此时视准轴处于水平位置，但管水准气泡必然偏离中心。为了使水准管轴也处于水平位置，达到视准轴平行于水准管轴的目的，可用拨针稍松水准管一端的左右两颗校正螺丝，再拨动上、下两个校正螺丝，使气泡的两个半像符合。校正完毕再旋紧 4 颗螺丝。这项检验校正要反复进行，直至 i 角误差小于 20″。

3.6.2　自动安平水准仪的检验与校正

自动安平水准仪除进行圆水准器、十字丝的检验与校正外，还需进行视准轴位置正确性的检验、补偿性能的测定、精度的测定等。

1. 视准轴位置正确性的检验

视准轴位置正确性检验的目的是检验视准轴与水平面的夹角（i 角）小于限值，一、二等水准测量不大于 15″，三、四等水准测量不大于 20″。但是，自动安平水准仪的 i 角是通过物镜光心的水平光线与经过补偿后的准水平视线之间的夹角。它的大小不但与十字丝的位置有关，还与补偿器的位置有关。其检验方法如下：

(1) 如图 3-33 所示，在地面上任选一直线段两端点分别为 1、2，量出 20.6 m 三段，定出 A、B，在 A、B 两点固定尺台和放置水准尺。先在 1 点安置仪器，仔细地整平仪器，然后分别在 A、B 两点的标尺上照准黑面中丝读数 4 次，取中数分别为 a_1、b_1，则 A、B 间高差为

$$h = a_1 - b_1$$

(2) 将仪器移至 2 点，经仔细整平，然后分别照准 A、B 两点的标尺黑面中丝读数 4 次，取中数分别为 a_2、b_2，则测得 A、B 间的高差为

$$h' = a_2 - b_2$$

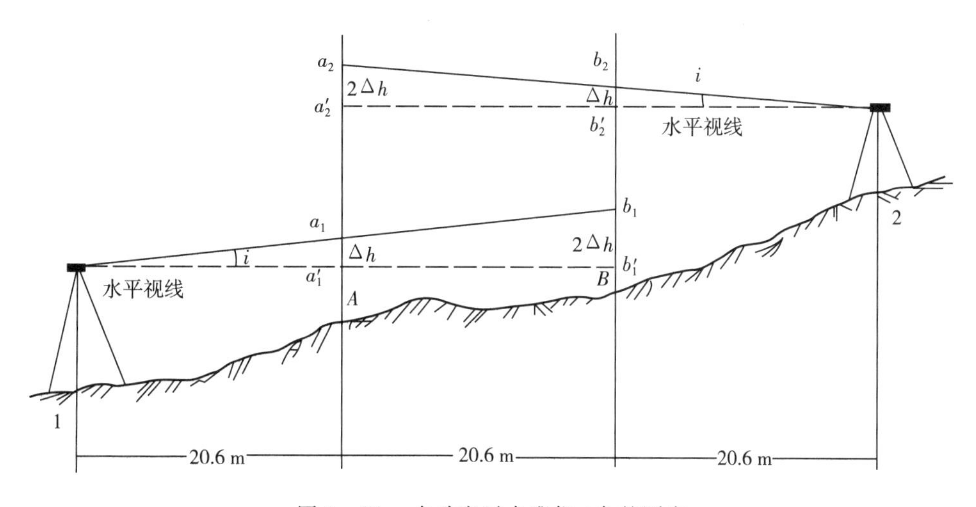

图 3-33　自动安平水准仪 i 角的测定

由图 3-33 可以看出，由两次测得的高差可算出 Δh 为

$$h' - h = (a_2 - b_2) - (a_1 - b_1) = 2\Delta h \tag{3-22}$$

$$\Delta h = \frac{1}{2}[(a_2 - b_2) - (a_1 - b_1)]$$

而 $\Delta h = \frac{i \cdot d}{\rho}$，$d = 20.6$ m，则

$$i = \frac{\Delta h \cdot \rho}{d} = \frac{\Delta h \cdot 206000''}{20600} = 10 \cdot \Delta h (\Delta h \text{ 以 mm 计}) \tag{3-23}$$

如果 i 角超限，则送修理部门进行校正。

2. 补偿性能的测定

补偿性能的测定只对用于一、二等水准测量的仪器进行，DS3 以下的仪器不做此检验。

在平坦地面上量一段 41.2 m 的距离，两端 A、B 以桩钉之，并立标尺。在中点安置仪器，使其两脚螺旋与 AB 方向线垂直。

(1) 交替在 A、B 尺上各读数 10 次，取其中数计算高差，得

$$h = a - b$$

(2) 用 AB 方向上的脚螺旋使仪器向 A 尺倾斜一个正 α 角(一般为 $8'$)。仍然交替在 A、B 尺上各读数 10 次,取其中数计算高差,得

$$h_{+\alpha}=a_{+\alpha}-b_{+\alpha}$$

同理,用 AB 方向上的脚螺旋使仪器向 B 尺倾斜一个负 α 角(一般为 $8'$)。仍然交替在 A、B 尺上各读数 10 次,取其中数计算高差,得

$$h_{-\alpha}=a_{-\alpha}-b_{-\alpha}$$

重新整平仪器后,用另外两个脚螺旋各向两侧倾斜 $\pm\beta$(一般为 $8'$) 各 10 次,由平均读数得高差为

$$h_{+\beta}=a_{+\beta}-b_{+\beta}$$

$$h_{-\beta}=a_{-\beta}-b_{-\beta}$$

(3) 所得倾斜的 4 个高差与仪器整平时的高差求差,得

$$\begin{aligned}\Delta h_{+\alpha}&=h_{+\alpha}-h\\ \Delta h_{-\alpha}&=h_{-\alpha}-h\\ \Delta h_{+\beta}&=h_{+\beta}-h\\ \Delta h_{-\beta}&=h_{-\beta}-h\end{aligned}\tag{3-24}$$

(4) 计算补偿误差 $\Delta\alpha$ 为

$$\begin{aligned}\Delta\alpha_1&=\frac{\Delta h_{+\alpha}\cdot\rho}{41.2\times\alpha}\\ \Delta\alpha_2&=\frac{\Delta h_{-\alpha}\cdot\rho}{41.2\times\alpha}\\ \Delta\alpha_3&=\frac{\Delta h_{+\beta}\cdot\rho}{41.2\times\beta}\\ \Delta\alpha_4&=\frac{\Delta h_{-\beta}\cdot\rho}{41.2\times\beta}\end{aligned}\tag{3-25}$$

式中,α、β 一般为 $8'$;41.2 为 A、B 之间的距离,单位 m;$\Delta\alpha$ 不应大于 $0.2''$;$\rho=206265''$。

3. 精度的测定

在平坦地面上量出 30 m 的直线,A、B 两端桩定之,一端安仪器,一端立尺,安置仪器时使两个脚螺旋垂直 AB 方向。在 3 种不同的气温下进行观测,每一种气温观测 2 个测回,每个测回读数 15 次。

(1) 对准误差的测定。在同一种温度下,仪器严格整平并稳定后,精确照准标尺转动测微器读数;每次都要旋进旋出测微器读数,一测回读数 15 次。由一测回 15 次读数的中数求最或是误差 v,6 个测绘的结果求对准误差:

$$m_{\mathrm{D}}=\sqrt{\frac{\sum[vv]_{\mathrm{D}}}{84}} \tag{3-26}$$

(2) 测微器观测误差的测定。每一测回对照准误差的测定后，立即进行此项测定。读数前转动 AB 方向线上的脚螺旋，立即恢复使其气泡居中，然后精确读数，并计算测微器观测误差：

$$m_{\mathrm{c}}=\pm\sqrt{\frac{\sum[vv]_{\mathrm{c}}}{84}} \tag{3-27}$$

自动安平精度可用下式计算：

$$m_{\mathrm{z}}=\pm\sqrt{m_{\mathrm{c}}^{2}-m_{\mathrm{D}}^{2}} \tag{3-28}$$

也可化成

$$m_{\mathrm{z}}=\pm\frac{m_{\mathrm{z}}\rho}{D}$$

式中，D 为 30 m。

3.6.3　数字水准仪的检验

数字水准仪是在自动安平水准仪的基础上发展起来的，其光学、机械部分与自动安平水准仪基本相同。因此，自动安平水准仪的一些检验内容在数字水准仪上同样也要检验。例如，圆水准器、十字丝的检校及补偿性能的测定、精度的测定和光学视准轴的检验等都需要进行，且与自动安平水准仪的检验方法相同。但是，由于采用了 CCD 传感器和电子读数方法，使用的是电子视准轴，还必须进行电子视准轴(i 角) 的检验。

在数字水准仪上，当用肉眼观测水准标尺时，不经过电子光路，此时视准轴是自动安平水准仪的视准轴，其 i 角是自动安平水准仪的 i 角。当用电子视准轴观测，条码尺的影像经过 CCD 传感器获得测量信号而得到电子读数时，所产生的 i 角称为数字水准仪电子 i 角。这两个 i 角基本无关联，光学视准轴的检验校正已于前述，在此不再赘述。

数字水准仪电子 i 角的检验与校正是由内置软件完成的。但是，各仪器生产厂家尽管使用的程序不同，但用的野外检验方法基本相同。现以蔡司公司使用的 4 种方法做一简单介绍。

1. Foerstner 法

如图 3－34 所示，Foerstner 法是在地面上量出一直线，分成三等份，每份 15 m，分别在端点钉桩标定之，按图安置仪器进行观测。可用观测成果进行 i 角的计算：

$$i=\arctan\frac{(a_1-b_1)-(a_2-b_2)}{(d_{1A}-d_{1B})-(d_{2A}-d_{2B})}\approx\frac{(a_2-b_2)-(a_1-b_1)}{30}\rho \tag{3-29}$$

式中，a_1、a_2、b_1、b_2、d_{iA}、d_{iB} 是仪器站分别对 A、B 尺观测的视线高和视距，以下公式相同。

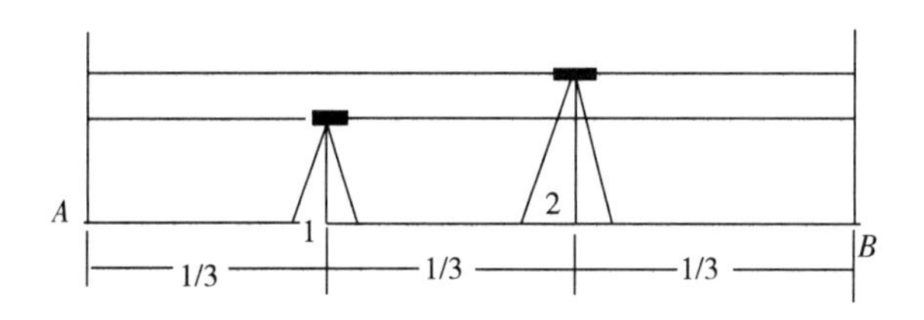

图 3-34　Foerstner 法

2. Naebauer 法

如图 3-35 所示，Naebauer 法是在地面上量出一直线，分成三等份，每份 15 m，分别在端点钉桩标示之，仪器安在两端点，A、B 处立尺，观测后进行计算：

$$i=\arctan\frac{(a_1-b_1)-(a_2-b_2)}{(d_{1A}-d_{1B})-(d_{2A}-d_{2B})}\approx\frac{(a_2-b_2)-(a_1-b_1)}{30}\rho \qquad (3-30)$$

式(3-30) 中符号与式(3-29) 含义相同。

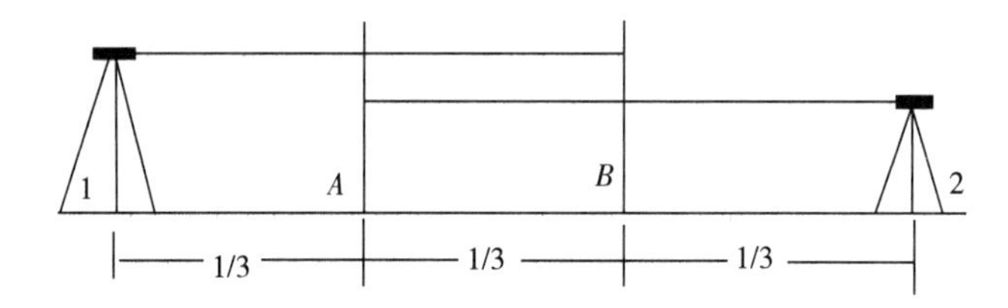

图 3-35　Naebauer 法

3. Kukkamaek 法

如图 3-36 所示，Kukkamaek 法是在地面上量出一直线，分成二等份，每份 20 m，仪器分别安在 1、2 处进行观测，然后进行计算：

$$i=\arctan\frac{(a_1-b_1)-(a_2-b_2)}{(d_{1A}-d_{1B})-(d_{2A}-d_{2B})}\approx\frac{(a_2-b_2)-(a_1-b_1)}{20}\rho \qquad (3-31)$$

式(3-31) 中符号与式(3-29) 含义相同。

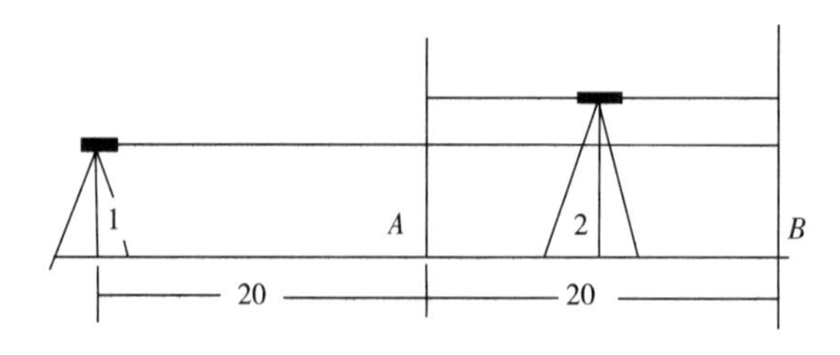

图 3-36　Kukkamaek 法

4. Japan 法

如图 3-37 所示，Japan 法与 Kukkamaek 法基本相同，只是两标尺之间的距离为 30 m，且测站 2 距离标尺 A 只有 3 m，计算方法如下：

$$i=\arctan\frac{(a_1-b_1)-(a_2-b_2)}{(d_{1A}-d_{1B})-(d_{2A}-d_{2B})}\approx\frac{(a_2-b_2)-(a_1-b_1)}{30}\rho \tag{3-32}$$

式(3-32)中符号与式(3-29)含义相同。

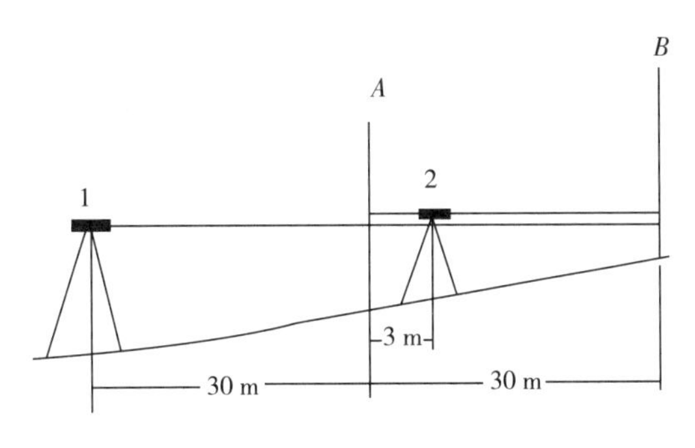

图3-37　Japan法

当对数字水准仪电子i角进行检验时，先按照要求做好准备工作，将仪器安置测站上，选定检验方法(以上4种方法之一)启动校正程序，设置重复测量模式，进行检验工作。当重复测量工作完成后，自动计算i角，并进行检核；否则提示不符合要求。

3.7　水准测量误差的分析及注意事项

测量工作是使用测绘仪器在野外条件下进行的，一般情况下由人工操作，因此水准测量的误差要包括水准仪本身的仪器误差、人为的观测误差及外界条件的影响。由于使用的仪器是水准管水准仪、自动安平水准仪或数字水准仪，产生的误差也不尽相同。在此分别简述。

3.7.1　水准管水准仪的误差

1. 仪器误差

仪器误差主要是指水准仪经检验校正后的残余误差和水准尺误差两个部分。

(1) 残余误差。水准仪经检验校正后的残余误差，如视准轴i角、圆水准器、十字丝等，虽经校正但仍然残存少量误差。其中视准轴i角误差的影响与距离成正比，观测时若保证前、后视距大致相等，便可消除或减弱此项误差的影响。这就是水准测量时为什么要求前后视距相等的重要原因之一。

(2) 水准尺误差。水准尺的刻划不准确，尺长发生变化、弯曲等，会影响水准测量的精度，因此水准尺需经过检验符合要求后才能使用。有些尺子的底部可能存在零点差，可在一个水准测段中使用测站数为偶数的方法予以消除。

2. 观测误差

(1) 读数误差。在水准尺上眼睛估读毫米数的误差m_v，与人眼的分辨率、望远镜的放大倍数及视线长度有关，可按下式计算：

$$m_v = \frac{60''}{V} \cdot \frac{D}{\rho} \tag{3-33}$$

式中，V 为望远镜的放大倍数；$60''$ 为人眼的极限分辨率；D 为水准仪到水准尺的距离。

(2) 视差影响。当存在视差时，水准尺影像与十字丝分划板平面不重合，若眼睛观察的位置不同，便读出不同的读数，因而会产生读数误差。所以，观测时应注意消除视差。

(3) 水准管气泡居中误差。设水准管分划值为 τ，居中误差一般为 $\pm 0.15\tau$，若采用符合水准器，则气泡居中精度可提高 1 倍：

$$m_\tau = \pm \frac{0.15\tau}{2\rho} \tag{3-34}$$

(4) 水准尺倾斜误差。如图 3-38 所示，水准尺倾斜将使尺上的读数增大 Δl，$\Delta l = l' - l$，如水准尺倾斜 δ 角，则

$$\Delta l = \frac{l'}{2} \left(\frac{\delta}{\rho}\right)^2 \tag{3-35}$$

设 $\delta = 3°30'$，在水准尺上 1 m 处读数时，将会产生 2 mm 的误差。视线离地面越高，读取的数据误差就越大。

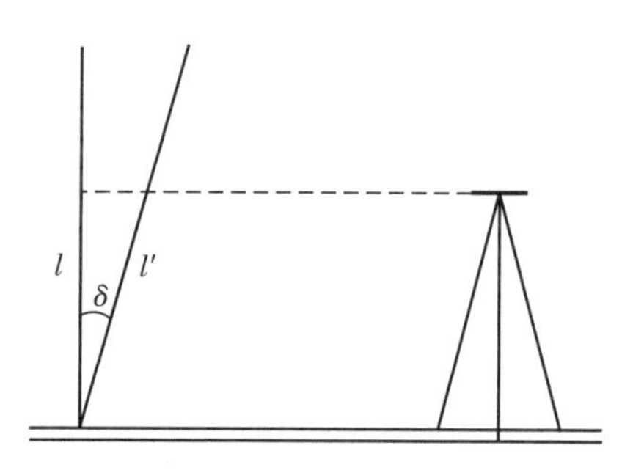

图 3-38　水准尺的倾斜误差

3. 外界条件的影响

(1) 仪器下沉和尺垫下沉。在土质较松软的地面上进行水准测量时，易引起仪器和尺垫的下沉。前者可能使观测视线降低，造成测量高差的误差，若采用“后、前、前、后”的观测顺序可减弱其影响；后者尺垫通常放置在转点上，其下沉将使下一测站的后视读数增大，造成高程传递误差，且难以消除。因此，实际测量时，应尽量将仪器脚架和尺垫在地面上踩实，使其稳定不动。

(2) 地球曲率和大气折光的影响。第 2 章中已经介绍了用水平面代替大地水准面的限度，也就是地球曲率对测量高程影响的程度。其影响的大小与距离成正比。而大气折光的作用使得水准仪本应水平的视线成为一条曲线，其曲率半径约为地球半径的 7 倍，它对测量高程的影响规律与地球曲率的影响相同，如图 3-39 所示。由式(2-14) 可得地球曲率和大气折光对测量高差的综合影响 f 为

$$f = C - r \tag{3-36}$$

即

$$f = \frac{D^2}{2R} - \frac{D^2}{2 \times 7R} = 0.43\frac{D^2}{R} \tag{3-37}$$

式中，C 为用水平面代替大地水准面对标尺读数的影响；r 为大气折光对标尺读数的影响；D 为仪器到水准尺的距离；R 为地球的平均半径为 6371 km。

(3) 温度影响。温度变化不仅引起大气折光变化，而且仪器受到烈日的照射，水准管气

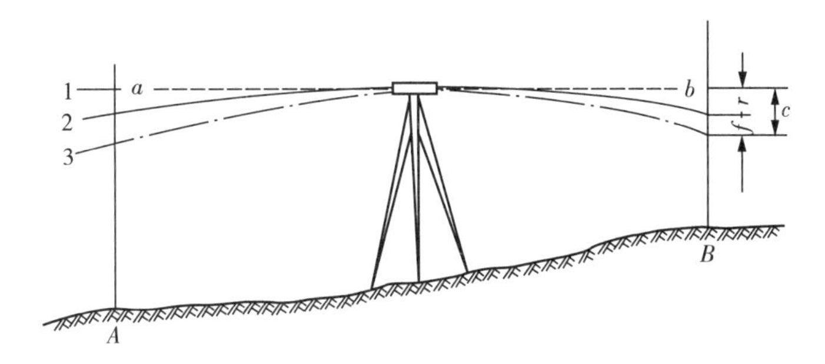

1— 水平视线；2— 折光后视线；3— 与大地水准面平行的线。

图 3-39 地球曲率与大气折光的影响

泡将产生偏移，影响仪器的水平，从而产生气泡居中的误差。因此，观测时应注意撑伞遮阳，避免阳光直接照射。

3.7.2 自动安平水准仪和数字水准仪的误差

数字水准仪和自动安平水准仪的误差主要是圆水准器位置不正确误差、补偿器误差和视准轴误差及十字丝分划板与CCD传感器光敏面不一致的误差等。

1. 圆水准器位置不正确误差

圆水准器的灵敏度大多为 $8'/2$ mm，其位置如不正确，将导致竖轴倾斜，与补偿器共同形成水平面倾斜误差。其具有系统性，对精密水准测量来说将影响测量结果。

2. 补偿器误差

如3.6.2节所述，补偿器的误差主要是补偿性能误差和补偿器的安置误差（安平精度）两项。规程规定补偿性能误差 $\Delta\alpha$ 不大于 $0.2''$；安平精度对精密水准仪不低于 $0.3''$ 这两项误差是出厂时的重要指标，必须满足。至于磁性对补偿器引起的误差除了厂家对仪器采取了防磁措施外，观测时必须注意磁场的影响，如发电厂、变电枢纽、电视发射台、高压输电线和电气化铁路等强磁环境。

3. 视准轴误差（i 角误差）

如前所述，视准轴的 i 角有光学和电子 i 角之分，由于温度、磁场变化，望远镜调焦等原因都会引起视准轴 i 角的变化。数字水准仪一般是指温度20℃、目标无穷远时的 i 角。i 角的变化对测量成果影响较大，除了用前、后视距离相等消除 i 角误差的影响外，要经常检校视准轴的 i 角。

4. 十字丝分划板与CCD传感器光敏面不一致的误差

数字水准仪有十字丝分划板和CCD传感器光敏面（分划板）两个部分，光敏面上也有1条“十字丝”用于读电子读数。这两个“十字丝分划板”都必须位于望远镜系统的焦面上，并且十字丝必须重合，不得分离，才能使光学和电子读数符合要求，否则将引起大的误差。因此，如发现不符合要求，要送生产厂家进行严格检校。

习　题

3-1　高程测量有几种方法？

3-2　设 A 为后视点，B 为前视点，A 点高程为20.123 m。当后视读数为1.456 m，前视读数为1.578 m

时，问 A、B 两点高差是多少？B、A 两点的高差又是多少？计算出 B 点高程并绘图说明。

3-3　何谓视差？产生视差的原因是什么？怎样消除视差？

3-4　水准仪上的圆水准器和管水准器的作用有何不同？何谓水准器分划值？

3-5　水准仪有哪几条主要轴线？它们之间应满足什么条件？何谓主条件？为什么？

3-6　水准测量时，要求选择一定的路线进行施测，其目的何在？转点的作用是什么？

3-7　水准测量时，为什么要求前、后视距离大致相等？

3-8　试述水准测量的计算检核方法。

3-9　水准测量测站检核有哪几种？如何进行？

3-10　为什么使用水准仪时，仅需将圆水准器气泡居中即可进行观测？

3-11　简述自动安平水准仪的工作原理，测量时自动安平水准仪的视线是否水平？

3-12　简述数字水准仪的工作原理和读数方法。

3-13　数字水准仪与普通光学水准仪相比，主要有哪些特点？

3-14　自动安平水准仪与数字水准仪在结构上有哪些异同点？

3-15　何谓光学视准轴、电子 i 角？

3-16　将图 3-40 中的水准测量数据填入表 3-3 中，A、B 两点为已知高程点，$H_A = 23.456$ m，$H_B = 25.080$ m，计算并调整高差闭合差后求出各点高程。

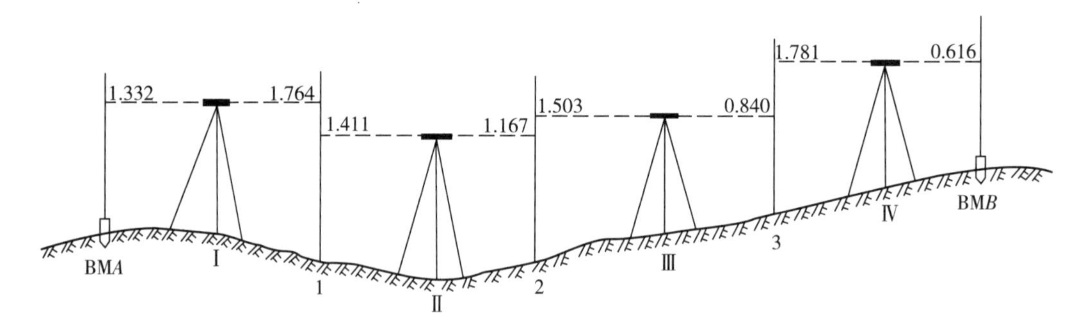

图 3-40　题 3-16 图(单位：m)

表 3-3　题 3-16 表

测站	测点	水准尺读数		实测高差 /m	高差改正数 /mm	改正后高差 /m	高程 /m
		后视	前视				
Ⅰ	BMA 1						
Ⅱ	1 2						
Ⅲ	2 3						
Ⅳ	3 BMB						
辅助计算	∑						

3-17　调整图 3-41 所示的闭合水准路线的观测成果，并求出各点高程。其中 $H_{BM4}=50$ m。

① $h_1=+1.224$ m，；$n_1=10$ 站；

② $h_2=-1.424$ m，$n_2=8$ 站；

③ $h_3=+1.781$ m，$n_3=8$ 站；

④ $h_4=-1.714$ m，$n_4=11$ 站；

⑤ $h_5=+0.108$ m，$n_5=12$ 站。

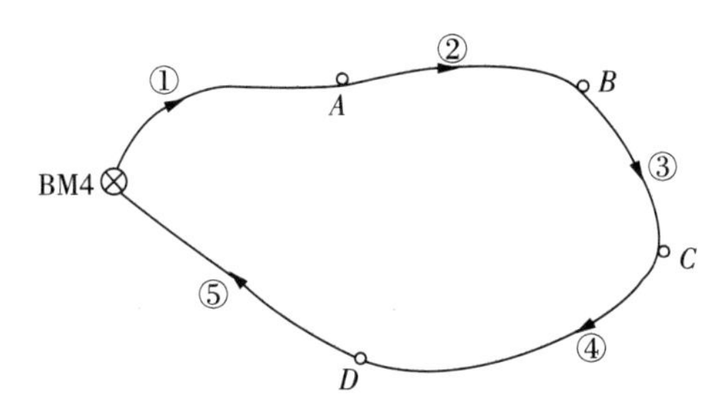

图 3-41　题 3-17 图

第4章　角度测量

角度测量是确定地面点位的基本工作之一，经纬仪是最常用的测角仪器。角度测量分为水平角测量和竖直角测量。测量水平角的主要目的是用于求算地面点的平面位置，而竖直角测量则主要用于测定两地面点的高差，或将两地面点间的倾斜距离改化成水平距离。

4.1　角度测量原理

4.1.1　水平角测量原理

如图4-1所示，设A、B、O为地面上任意3点，通过OA和OB各作一竖直面，与水平面P的交线分别为oa和ob；则直线oa和ob的交角，即为地面上O点至A和B两目标方向线在水平面P上投影的夹角β，称为水平角。也就是说，地面上一点到两目标的方向线间所夹的水平角，就是过这两方向线所作两竖直面间的二面角。

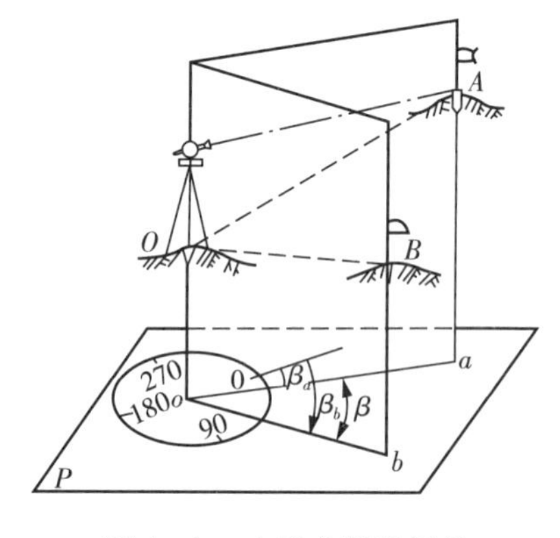

图4-1　水平角测量原理

利用经纬仪测定水平角时，必须保证仪器中心能精确安置在水平角的顶点上，同时应具有一个能够放置水平的刻度盘以相当于水平面P，并且刻度盘的中心o应与角顶点O在同一铅垂线上。经纬仪上的望远镜不仅可绕仪器中心竖轴水平转动，以瞄准不同水平方向，还可绕其横轴转动，即可照准同一竖直面上不同高度的目标点。当望远镜随仪器照准部绕竖轴旋转时，水平刻度盘固定不动；望远镜瞄准不同的方向就可在水平刻度盘上得到不同的读数，两读数之差，即为所测水平角，计算公式为

$$\beta=\beta_b-\beta_a \tag{4-1}$$

4.1.2　竖直角测量原理

竖直角是同一竖直面内倾斜视线与水平线间的夹角，其角值$|\alpha|\leqslant 90°$。如图4-2所示，视线OM向上倾斜，形成仰角，其符号为正；视线ON向下倾斜，形成俯角，其符号为负。

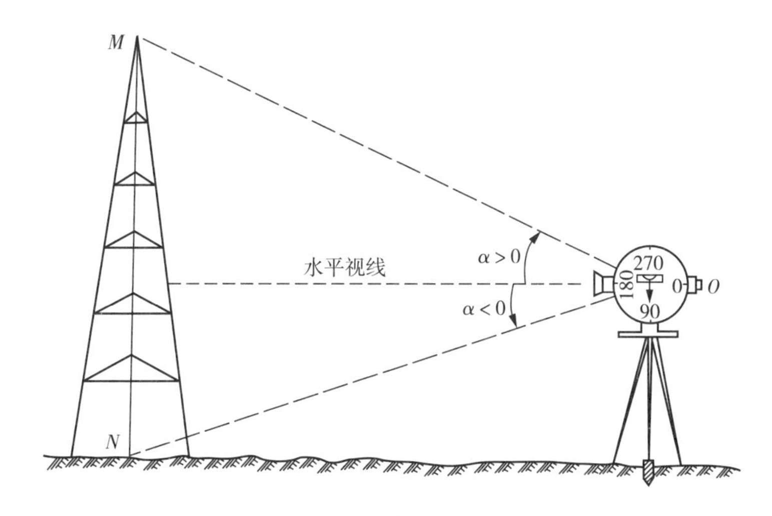

图 4-2　竖直角测量原理

竖直角与水平角一样，其角值也是度盘上两个方向读数之差，不同的是这两个方向中间必有一个是水平方向。但任何测角仪器，当视线水平时，其竖盘读数均应是一固定值，即 0°、90°、180°、270° 这四个数值中的一个。因此，在观测竖直角时，只需观测目标点一个方向，并读取竖盘读数，便可算得竖直角。

4.2　测角仪器

4.2.1　光学经纬仪

经纬仪的种类繁多，按其构造原理和读数系统可分为光学经纬仪和电子经纬仪；按其精度高低又可分为若干等级，如我国经纬仪系列标准划分为 DJ07、DJ1、DJ2、DJ6、DJ15 及 DJ60 等级别。D、J 分别为“大地测量”和“经纬仪”汉语拼音的第 1 个字母。07，1，2，6，15，60 为精度指标，表示水平方向一测回的方向中误差，以″为单位。例如，07 和 6 分别表示方向中误差为 0.7″ 和 6″。DJ07、DJ1、DJ2 为精密经纬仪。在工程测量中一般使用 DJ6 级光学经纬仪。

长期以来，由于光学度盘必须人工读数，难以实现读数自动化，20 世纪 60 年代出现了电子度盘，从而电子经纬仪问世，使角度读数实现了电子化，为测量工作实现自动化创造了条件，并且逐步代替了光学经纬仪。目前，电子经纬仪与测距仪组成的全站仪，已成为当今地面测量不可缺少的主要设备。

1. DJ6 光学经纬仪主要部件及作用

各种光学经纬仪的构造基本相同，DJ6 光学经纬仪如图 4-3 所示。由图 4-3(b) 可直观地看出，DJ6 级光学经纬仪主要由基座、水平度盘和照准部 3 个部分组成。

(1) 基座。基座是仪器的底座，用来支承整个仪器。借助中心连接螺旋能把基座及整个仪器固连在三脚架上，在连接螺旋下方可悬挂垂球，使仪器中心和测站点在同一铅垂线上。基座上的 3 个脚螺旋用以整平仪器。在使用经纬仪时，还应拧紧轴座连接螺旋，切勿松动，以免照准部与基座分离而坠落。

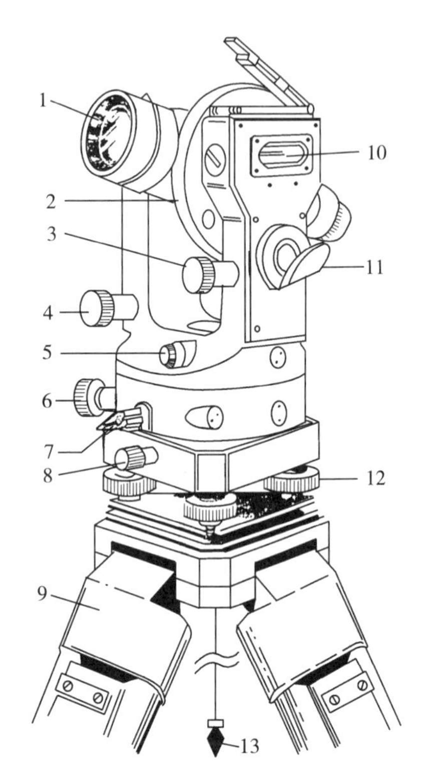

1—物镜；2—竖直度盘；3—竖盘指标水准管微动螺旋；
4—望远镜微动螺旋；5—光学对中器；6—水平微动螺旋；
7—水平制动板手；8—轴座连接螺旋；9—三脚架；
10—竖盘指标水准管；11—反光镜；12—脚螺旋；13—垂球。

(a) 结构图一

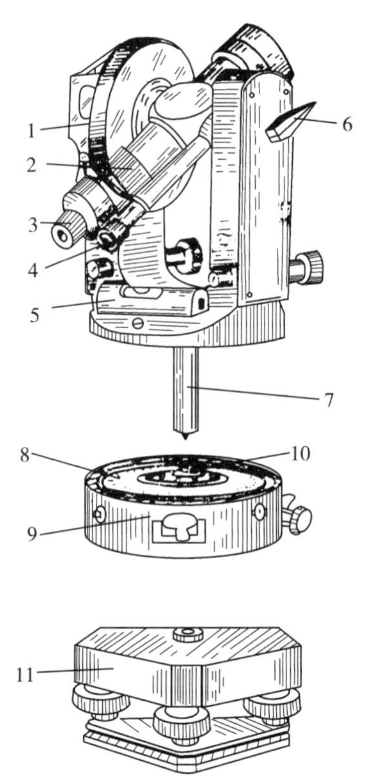

1—竖直度盘；2—目镜调焦螺旋；3—目镜；
4—读数显微镜；5—照准部水准管；
6—望远镜制动板手；7—竖轴；8—水平度盘；
9—复测器扳手；10—度盘轴套；11—基座。

(b) 结构图二

图 4－3　DJ6 光学经纬仪

(2) 水平度盘。水平度盘是由玻璃制成的圆环，在其上按顺时针方向刻有分划，从 0°～360°，通常最小分划值为 1° 或 30′，用来度量水平角。使用时，水平度盘应保持水平。

(3) 照准部。如图 4－3(b) 所示，照准部位于水平度盘之上，可绕其旋转轴旋转。如图 4－4 所示，照准部旋转轴的几何中心即经纬仪的竖轴线 VV。照准部上主要有望远镜、竖直度盘、水准管和读数显微镜。基座上的 3 个脚螺旋可使照准部水准管的气泡居中，水准管轴 LL 水平，以保证竖轴铅直而水平度盘水平。望远镜、竖直度盘与仪器的横轴连成一体，组装在支架上。横轴 HH 即水平轴，其几何中心线就是望远镜的旋转轴。望远镜视准轴 CC 绕横轴旋转时，竖盘随之转动，控制这种转动的部件

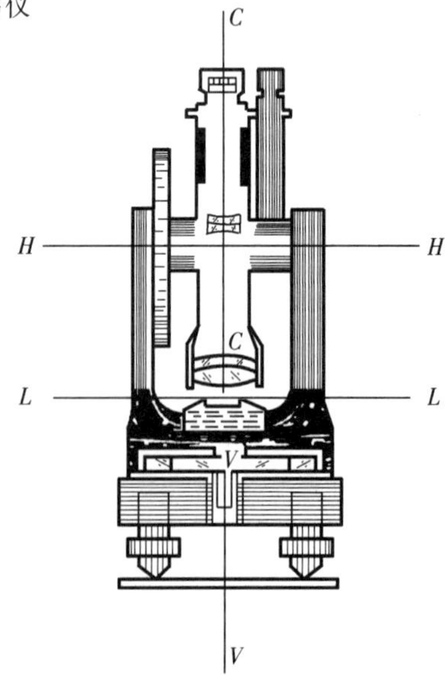

图 4－4　光学经纬仪的主要轴线

是望远镜的制动螺旋和微动螺旋。整个照准部在水平方向上的转动，便由水平制动螺旋和水平微动螺旋控制。读数显微镜用来读取水平度盘和竖直度盘的读数。

为了控制照准部与水平度盘的相对转动，经纬仪上还配有复测装置或度盘位置变换手轮，使度盘转动，以设定起始目标方向的水平度盘读数。

使用带有复测装置的经纬仪时，可先旋转照准部，使水平度盘读数正好为需要的设定值，并扳下复测器扳手夹紧复测盘，让水平度盘随照准部一起旋转；当望远镜瞄准起始目标后，再扳上复测器扳手，使水平度盘与照准部分离，恢复测角状态。当使用带有度盘位置变换手轮的经纬仪时，则应先瞄准起始方向并固定照准部，再旋转度盘位置变换手轮，使水平度盘读数正好为需要设定的数值。

2. 读数方法

DJ6 级光学经纬仪的读数设备多用分微尺测微器。

如图 4-5 所示，使用这种读数方法的主要设备有读数窗上的分微尺和读数显微镜。光线通过反光镜，照亮度盘和读数窗，由读数显微镜就可得到同时放大的水平度盘（Hz）、竖直度盘（V）和分微尺的影像。成像后的分微尺全长正好与度盘分划的最小间隔相等，即 1°。分微尺被细分成 60 等份，故最小分划为 1′，可估读至 0.1′。分微尺的零线为指标线。读数时，首先读取被分微尺覆盖的度盘分划注记，即为度数；再由该度盘分划线在分微尺上截取不足 1° 的角值，两者相加即得到完整的读数。

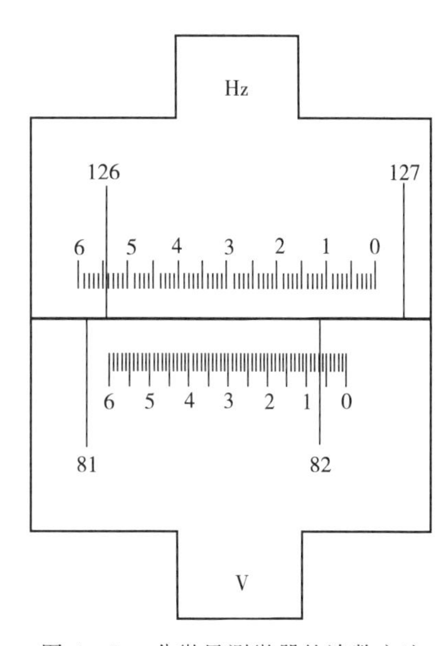

图 4-5　分微尺测微器的读数方法

如图 4-5 所示上方的水平度盘读数为

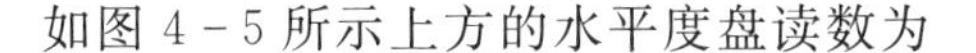

$$126° + 54.2' = 126°54'12''$$

同理，下方的竖盘读数为

$$82° + 06.5' = 82°06'30''$$

3. 经纬仪的安置

在进行角度测量时，首先应将经纬仪安置在测站（角顶点）上，然后再进行观测。安置包括对中、整平，观测包括瞄准和读数。经纬仪的使用步骤可简述为对中、整平、瞄准和读数 4 个部分，现分述如下：

（1）对中。对中的目的是使仪器的中心与测站点位于同一个铅垂线上。通常利用垂球对中，先在测站点上安放三脚架，使其高度适中，架头大致水平。在连接螺旋下方悬挂垂球，移动脚架使垂球尖基本对准测站点，装上经纬仪，旋上连接螺旋（不必旋紧），双手扶基座在架头上平移仪器，使垂球尖精确对准测站点，最后将连接螺旋固紧。

用垂球对中的误差一般可小于 3 mm，若要提高对中精度，还可用仪器上的光学对中器进行对中，其对中误差将可减少到 1 mm。

光学对中器由一组折射棱镜组成。使用时,先将仪器中心大致对准测站点,再旋转对中器目镜调焦螺旋,看清分划板的对中标志(刻划圈或十字线)和测站点。旋转脚螺旋使对中标志对准测站点,再伸缩架腿使圆水准器气泡居中;反复几次,再进行精确整平;当照准部水准管气泡居中时,旋松连接螺旋,手扶基座平移架头上的仪器,使对中器分划圈对准测站点即可。

(2)整平。整平的目的是使仪器竖轴处于铅直位置和水平度盘处于水平位置。具体操作步骤:首先转动照准部,使水准管与基座上任意两个脚螺旋的连线平行,相向转动这两个脚螺旋使水准管气泡居中,如图 4-6 所示。将照准部旋转 90°,再转动另一个脚螺旋,使气泡居中。按上述方法反复操作,直到仪器旋转至任意位置,气泡均居中。在旋转脚螺旋时,气泡移动的方向始终与左手大拇指运动的方向一致。

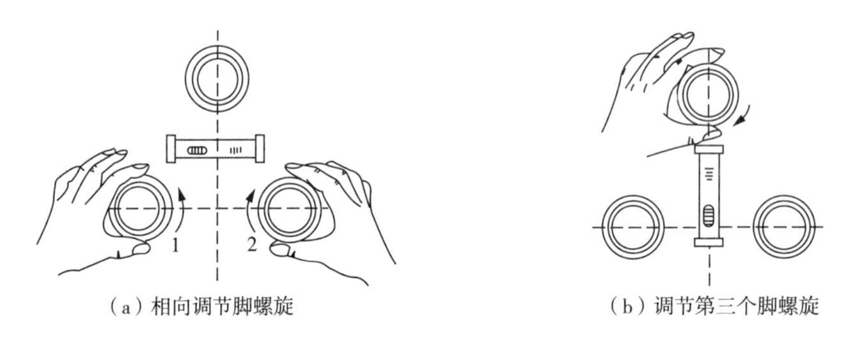

(a)相向调节脚螺旋　　(b)调节第三个脚螺旋

图 4-6　整平方法

(3)瞄准。松开水平制动螺旋和望远镜制动螺旋,将望远镜指向明亮背景,调节目镜使十字丝清晰。用望远镜制、微动螺旋和水平制、微动螺旋精确瞄准目标;再转动调焦螺旋使目标清晰。测量水平角时应使十字丝纵丝尽量对准目标底部,如图 4-7(a) 所示。测量竖直角时,则应用横丝切准目标顶部,如图 4-7(b) 所示。

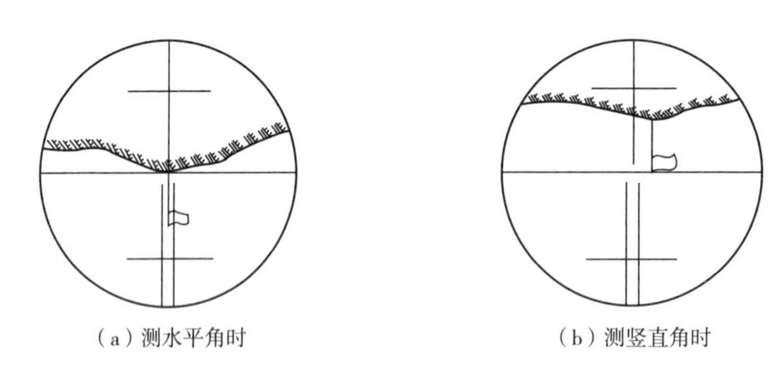

(a)测水平角时　　(b)测竖直角时

图 4-7　瞄准方法

(4)读数。读数时首先调节仪器上的反光镜,使读数窗明亮,旋转显微镜调焦螺旋,使刻划数字清晰。认清度盘刻划形式和读数方法后,读取正确读数。注意:若分微尺最小分划为 1′,则估读的秒数应为 0.1′ 的倍数,即 6″ 的倍数。若观测竖直角,读数前应注意调节竖盘指标水准管微动螺旋,使指标水准管气泡居中。

4.2.2 电子经纬仪

1. 概述

如 4.2.1 节所述，要使测角自动化，用普通光学经纬仪是难以实现的。采用电子度盘将角度值变为电信号，才能使读数自动显示、自动记录和自动传输，从而完成自动化测角的全过程，这种经纬仪称为电子经纬仪。电子经纬仪具有突出的优越性，它将逐步取代光学经纬仪。电子经纬仪能进行自动化测角，它与测距仪组合成整体的全站仪，已成为地面测量的主要仪器。因此，独立的电子经纬仪生产的较少，大部分为全站仪的测角部分。本节主要介绍电子经纬仪的测角原理和基本性能。

根据电子度盘和获取电信号原理的不同，电子经纬仪的电子测角系统也不同，主要有以下几种：

(1) 光栅度盘测角系统。其采用光栅度盘及莫尔干涉条纹技术的增量式测角系统(如南方测绘仪器公司的 ET 系列、尼康 DTM 系列的全站仪)。

(2) 动态测角系统。其采用计时测角度盘并实现光电动态扫描的绝对式测角系统(如瑞士莱卡 T2000 电子经纬仪)。

(3) 编码度盘测角系统。其采用编码度盘及编码测微器的绝对式测角系统和绝对式条码度盘测角系统(如瑞士莱卡 T1010 电子经纬仪和 TC 系列的全站仪等)。

电子经纬仪与光学经纬仪相比，外形结构相似，但其测角读数系统采用的是电子度盘和自动显示系统。

图 4-8 是瑞士莱卡 T 系列电子经纬仪。仪器的两侧都设有中央操纵面板，由键盘和3 个显示器组成。键盘上有 18 个键，以发出各种指令，3 个显示器中，1 个提示显示内容，2 个显示数据。仪器的测角模式有两种：一种是单次角度测量，精度较高；另一种是跟踪测量，随着经纬仪转动而改变显示的数值，它适用于放样或跟踪活动目标，精度较低。

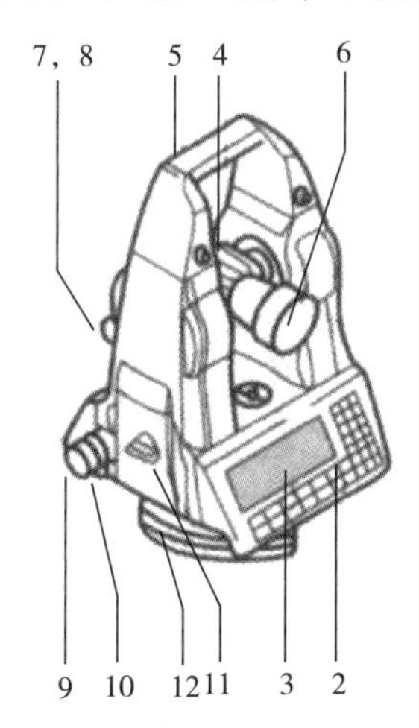

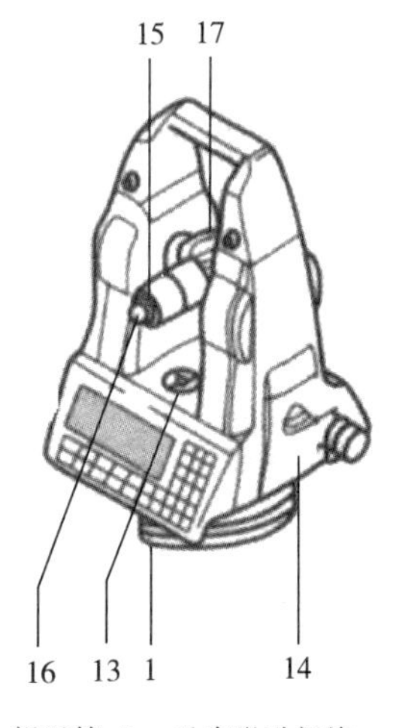

1— 脚螺旋；2— 键盘；3— 显示屏；4— 光学瞄准器；5— 提把；6— 望远镜；7— 垂直微动螺旋；8— 垂直制动 9— 水平微动螺旋；10— 水平制动；11— 电池槽；12— 基座固定螺旋；13— 圆气泡；14— 存储卡槽；15— 调焦环；16— 可更换目镜；17— 测距仪连接器。

图 4-8　瑞士莱卡 T 系列电子经纬仪

仪器安有内装液体补偿器，以实现竖盘自动归零。补偿器工作范围为 ±10′，补偿精度为 ±0.1″。其水平角、竖直角一测回测角中误差为 0.5″。

采用半运动式圆形轴系、无限位微动螺旋和激光对中等先进技术。

仪器有内嵌式电池盒，其电池可再次充电，每次充电后可单次测角 1500 个，当仪器自动关闭电源时，所存储的信息不会丢失。

瑞士莱卡 T 系列电子经纬仪的基座和辅助部件与瑞士莱卡光学经纬仪通用，配用的数据终端（电子手簿），能自动记录观测结果。

如果将瑞士莱卡 T 系列的电子经纬仪与光电测距仪联机使用，就成为所谓的电子速测仪，或称为电子全站仪（组合式），其性能和使用方法详见第 5 章有关内容。

2. 电子经纬仪的测角原理

(1) 光栅度盘的测角原理。在光学玻璃上均匀地刻划出许多等间隔的条纹就构成了光栅。刻在直尺上用于直线测量的称为直线光栅[见图 4-9(a)]；刻在圆盘上由圆心向外辐射的等角距光栅称为径向光栅，在电子经纬仪中就称为光栅度盘，如图 4-9(b) 所示。光栅的基本参数是刻划线的密度和栅距，密度即一毫米内刻划线的条数，栅距为相邻两栅的间距。如图 4-9(a) 所示，光栅宽度为 a，缝隙宽度为 b，栅距为 $d=a+b$，通常 $a=b$。

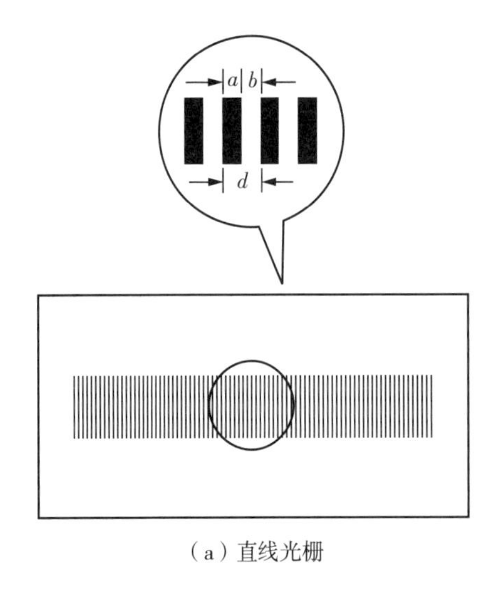

(a) 直线光栅

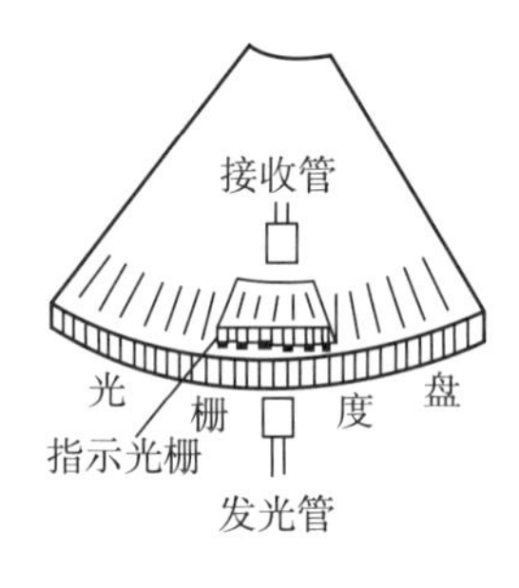

(b) 径向光栅

图 4-9　几种光栅

由于栅线不透光，而缝隙通光，若在光栅度盘的上下对称位置分别安装光源和光电接收管，则可将光栅盘是否透光的信号转变为电信号。当光栅度盘与光线产生相对移动（转动）时，可利用光电接收管的计数器，累计求得所移动的栅距数，从而得到转动的角度值。这种靠累计计数而无绝对刻度数的读数系统称为增量式读数系统。由此可见，光栅度盘的栅距就相当于光学度盘的分划，栅距越小，则角度分划值越小，即测角精度越高。例如，在 80 mm 直径的光栅度盘上，刻划有 12500 条细线（刻线密度为 50 条 /mm），栅距分划值为 1′44″。要想再提高测角精度，必须对其做进一步的细分。然而，这样小的栅距，无论是再细分或计数都不易准确。所以，在光栅度盘测角系统中，采用了莫尔条纹技术。

所谓莫尔条纹，就是将两块密度相同的光栅重叠，并使它们的刻划线相互倾斜一个很小的角度，此时便会出现明暗相间的条纹，如图 4－10 所示。

根据光学原理，莫尔条纹有如下特点：① 两光栅之间的倾角越小，条纹越宽，则相邻明条纹或暗条纹之间的距离越大。② 在垂直于光栅构成的平面方向上，条纹亮度按正弦规律周期性变化。③ 当光栅在垂直于刻线的方向上移动时，条纹顺着刻线方向移动。光栅在水平方向上相对移动一条刻线，莫尔条纹则上下移动一周期，如图 4－10 所示，即移动一个纹距 ω。④ 纹距 ω 与栅距 d 之间满足如下关系式：

$$\omega=\frac{d}{\theta}\rho \tag{4-2}$$

式中，$\rho=3438'$；θ 为两光栅（图 4－10 中的指示光栅和光栅度盘）之间的倾角。

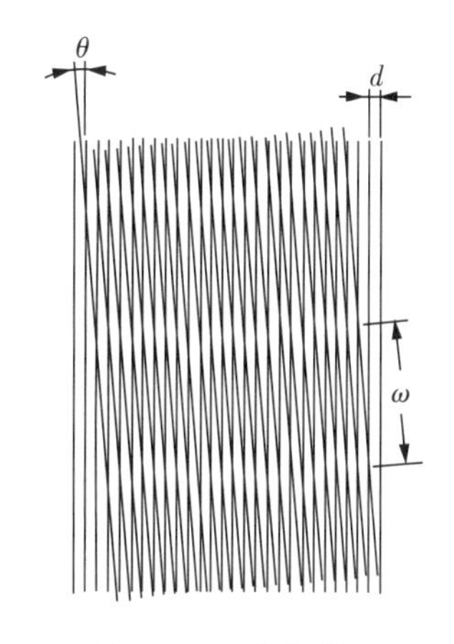

图 4－10　莫尔条纹

例如，当 $\theta=20'$ 时，纹距 $\omega=172d$，即纹距比栅距放大了 172 倍。这样，就可以对纹距进一步细分，以达到提高测角精度的目的。

电子经纬仪使用的光栅度盘如图 4－9(b) 所示，其指示光栅、发光管（光源）和接收二极管等部件位置固定，而光栅度盘与经纬仪照准部一起转动。发光管发出的光信号通过莫尔条纹落到光电接收管上，度盘每转动一栅距（d），莫尔条纹就移动一个周期（ω）。光电接收管将正弦信号整形后成为方波，所以当望远镜从一个方向转动到另一个方向时，流过光电管光信号的脉冲（周期）数，进行计数就可求得度盘旋转的角值。为了提高测角精度和角度分辨率，仪器工作时，在每个脉冲（周期）内再均匀地内插 n 个脉冲信号，计数器对脉冲计数，则相当于光栅刻划线的条数又增加了 n 倍，即角度分辨率提高了 n 倍。

为了判别测角时照准部旋转的方向，采用光栅度盘的电子经纬仪的电子线路中还必须有判向电路和可逆计数器。判向电路用于判别照准时旋转的方向，若顺时针旋转，则计数器累加；若逆时针旋转，则计数器累减。

上述测角方法是通过对两光栅相对转动的计数来确定角值的，故称为增量式测角。有不少厂家采用增量式测角方式，如南方测绘仪器公司的 ET 系列、苏一光、索佳、蔡司等公司生产的电子经纬仪。

(2) 动态测角原理。WILD T2000 电子经纬仪采用的是动态测角原理。该仪器的度盘仍为玻璃圆环，测角时，由微型马达带动而旋转。度盘分成 1024 个分划，每一分划由一对黑白条纹组成，白的透光黑的不透光，相当于栅线和缝隙，其栅距设为 φ_0，如图 4－11 所示。光栏 L_S 固定在基座上，称为固定光栏（也称为光闸），相当于光学度盘的零分划；光栏 L_R 在度盘内侧，随照准部转动，称为活动光栏，相当于光学度盘的指标线。它们之间的夹角即为要测的角度值，这种方法称为绝对式测角系统。

两种光栏距度盘中心远近不同，照准部旋转以瞄准不同目标时，彼此互不影响。为消除度盘偏心差，同名光栏按对径位置设置，共 4 个（2 对），图 4－11 中只绘出 2 个。竖直度盘的固定光栏指向天顶方向。

光栏上装有发光二极管和光电二极管，分别处于度盘上、下侧。发光二极管发射红外光线，通过光栏孔隙照到度盘上。当微型马达带动度盘旋转时，因度盘上明暗条纹而形成透光亮的不断变化，这些光信号被设置在度盘另一侧的光电二极管接收，转换成正弦波的电信号输出，用以测角。首先要测出各方向的方向值，有了方向值，角度也就可以得到。方向值表现为 L_R 与 L_S 之间的夹角，如图 4－11 所示。

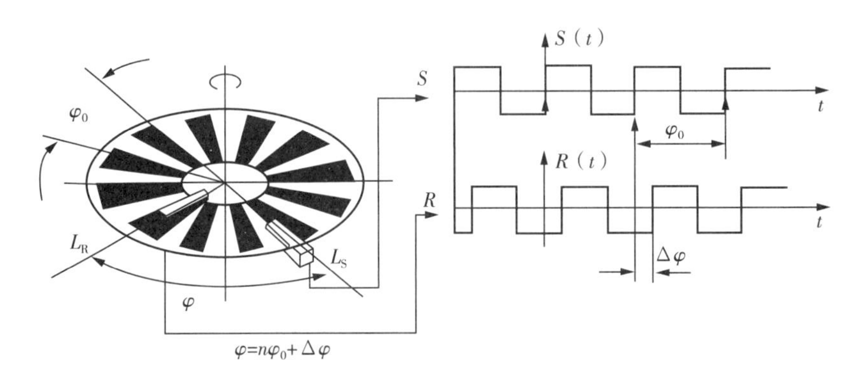

图 4－11　动态测角原理

设一对明暗条纹(一个分划) 相应的角值，即栅距为

$$\varphi_0=\frac{360^\circ}{1024}=21.09375'=21'05.625''$$

由图 4－11 可知，角度 φ 为

$$\varphi=n\varphi_0+\Delta\varphi \tag{4-3}$$

式(4－3) 可由粗测和精测求得。

① 粗测，求出 φ_0 的个数 n。为进行粗测，度盘上设有特殊标志(标志分划)，每 90° 一个，共 4 个。光栏对度盘扫描时，当某一标志被 L_R 或 L_S 中的一个首先识别后，脉冲计数器立即计数，当该标志达到另一光栏后，计数停止。因为脉冲波的频率是已知的，所以由脉冲数可以统计相应的时间 T_i。马达的转速是已知的，其相应于转角 φ_0 所需的时间 T_0 也是已知的。将 T_i/T_0 取整(取其比值的整数部分，舍去小数部分) 就得到 n_i，由于有 4 个标志，可得到 n_1、n_2、n_3、n_4 4 个数，经微处理机比较，如无差异可确定 n 值，从而得到 $n\varphi_0$。由于 L_R、L_S 识别标志的先后不同，所测角可以是 φ，也可以是 $360^\circ-\varphi$，这可由角度处理器作出正确判断。

② 精测，测算 $\Delta\varphi$。如图 4－11 所示，当光栏对度盘扫描时，L_R、L_S 各自输出正弦波电信号 R 和 S，经过整形成方波，采用在此相位差里填充脉冲数的方法计算相位差 $\Delta\varphi$，由脉冲数和已知的脉冲频率(约 1.72 MHz) 算得相应时间 ΔT。因度盘上有 1024 个分划(栅格)，度盘转动一周即输出 1024 个周期的方波，一个周期为 T_0，2 个光栏产生的方波前沿就存在 $\Delta\varphi_i$，那么对应于每一个分划均可得到一个 $\Delta\varphi_i$。

$\Delta\varphi_i$ 所对应的时间为 ΔT_i，则有

$$\Delta\varphi=\frac{\varphi_0}{T_0}\Delta T_i \tag{4-4}$$

测量角度时，机内微处理器自动将整周度盘的 1024 个分划所测得的 $\Delta\varphi_i$ 值，取平均值作

为最后结果，即

$$\Delta\varphi=\frac{\sum\Delta\varphi_i}{n}=\frac{\sum\Delta T_i}{n} \tag{4-5}$$

粗测和精测的信号送角度处理器处理并衔接成完整的角度(方向)值，送中央处理器，然后由液晶显示器显示或记录至数据终端。动态测角直接测得的是时间 T 和 ΔT，因此微型马达的转速要均匀、稳定，这是十分重要的。

(3) 编码度盘测角原理。如图 4-12 所示，在度盘上划分许多码道，并根据码道数将其划分为一定数量的扇区，设码道数为 n，扇区数为 2^n，扇区按透光和不透光间隔排列，将每个扇区赋予一个二进制码，其值为 $0\sim 2^n$。这样便将度盘划分为 2^n 份。如图 4-12 所示为 4 个码道的编码度盘，显然度盘外环码道的编码为 $2^4=16$，角度的分辨率为

$$\delta=\frac{360^\circ}{2^4}=22.5^\circ$$

在度盘径向对应每个码道的两面，像光栅度盘一样分别设置有发光二极管和光敏器件，两者与照准部固联在一起，随照准部转动。这样，当照准目标后，视准轴方向的投影落在度盘的某一扇区上，由微处理器将光敏器件的电信号转换为二进制码，即得到该方向的角值。由此可见，每个方向都对应一个编码输出，可得到绝对方向值。因此，这种测角方法称为绝对式测角法。

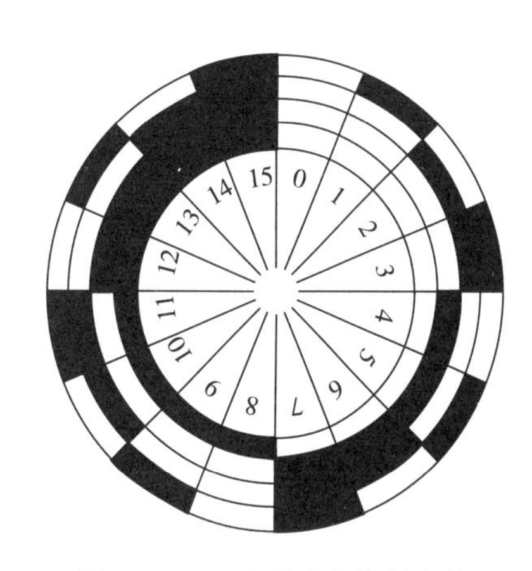

图 4-12　4 个码道的编码度盘

显然，4 个码道 16 个码区的编码度盘分辨率是不能满足实测要求的，为了获得较高的角度分辨率，可以增加码道数和相应的扇区数。但这从实际工艺、技术上受到了限制，因而除适当增加扇区数和码道数，还应设置测微装置，才能获得较高的测角精度。例如，南方测绘仪器公司生产的 DT 系列的电子经纬仪采用了绝对式编码度盘。编码度盘能实时反映角度的绝对值，可靠性高，误差不积累，调试简单，有较强的环境适应性。

现在的编码度盘又有新的发展，采用静态条码单码道编码度盘测角系统，不但能克服多码道多扇区的限制，同时具有无须初始化和大大提高精度的优点。瑞士莱卡电子经纬仪和全站仪已经将其用在 T 系列电子经纬仪和 TC 系列的全站仪上。条码是由一组按一定编码规则排列的条码符号，将度盘分成若干宽度相同的随机码区，每一码区表示度盘在该位置角值的信息，并将度盘的总条码信息存入存储器。

如图 4-13 所示，当电子经纬仪瞄准某一目标时，光路系统将指标线所在度盘位置一定宽度的条码影像投射到 CCD 传感器上。CCD 传感器将所获影像信息与存储器中度盘总条码信息进行比较，确定指标线所在度盘码区位置，获取度盘的读数，并进行相关计算，从而获得高精度的角值。

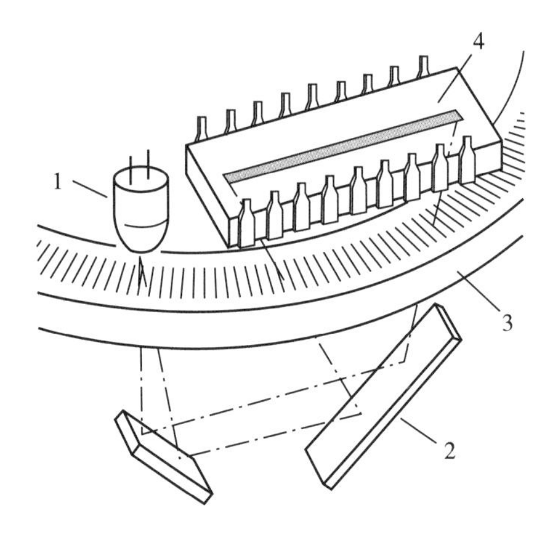

1— 发光二极管;2— 光路系统;3— 条码度盘;4—CCD 传感器。

图 4-13　条码度盘测角系统

4.2.3　经纬仪的检验与校正

经纬仪有 4 条主要轴线,其间应满足 4 个几何条件,即照准部水准管轴垂直于仪器的竖轴(LL⊥VV)、横轴垂直于视准轴(HH⊥CC)、横轴垂直于竖轴(HH⊥VV)和十字丝竖丝垂直于横轴。仪器因长期在野外使用,其轴线关系有可能被破坏,从而产生测量误差。因此,测量工作中应按规范要求对经纬仪进行检验,必要时需对其可调部件加以校正,使之满足要求。对经纬仪的检验、校正项目很多,现以 DJ6 级光学经纬仪为例做一简单介绍。

1. 照准部水准管轴的检验与校正

(1) 检验。检验的目的是使仪器满足照准部水准管轴垂直于仪器竖轴的几何条件。先将仪器整平,转动照准部使水准管平行于基座上一对脚螺旋的连线,调节该两个脚螺旋使水准管气泡居中。转动照准部 180°,此时如气泡仍然居中,则说明条件满足,如偏离量超过一格,应进行校正。

(2) 校正。如图 4-14(a) 所示,水准管轴水平,但竖轴倾斜,设其与铅垂线的夹角为 α。先将照准部旋转 180°[见图 4-14(b)],基座和竖轴位置不变,水准管轴与水平面的夹角为 2α,通过气泡中心偏离水准管零点的格数表现出来。改正时,先用拨针拨动水准管校正螺丝,使气泡退回偏离量的一半(等于 α)[见图 4-14(c)],此时几何关系即可满足。再用脚螺旋调节水准管气泡居中[见图 4-14(d)],这时若水准管轴水平,竖轴则竖直。

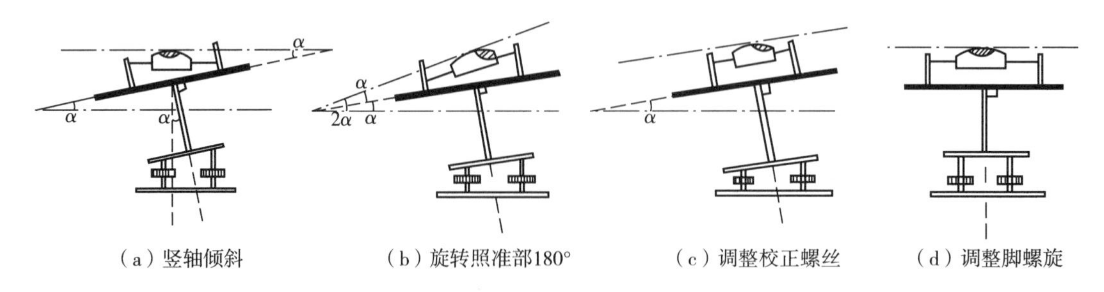

图 4-14　水准管轴的校正方法

此项检验与校正需反复进行，直到照准部转至任何位置，气泡中心偏离零点均不超过一格。

2. 十字丝竖丝的检验与校正

(1) 检验。检验的目的是满足十字丝竖丝垂直于仪器横轴的条件。在水平角测量时，保证十字丝竖丝铅直，以便精确瞄准目标。用十字丝交点精确瞄准一清晰目标点 A，然后固定照准部并旋紧望远镜制动螺旋；慢慢转动望远镜微动螺旋，使望远镜上下移动，如 A 点不偏离竖丝，则条件满足，否则需要校正，如图 4－15 所示。

(2) 校正。旋下目镜分划板护盖，松开 4 个压环螺丝[见图 4－16]，慢慢转动十字丝分划板座，使竖丝重新与目标点 A 重合，再作检验，直至条件满足。最后应拧紧 4 个压环螺丝，旋上十字丝护盖。

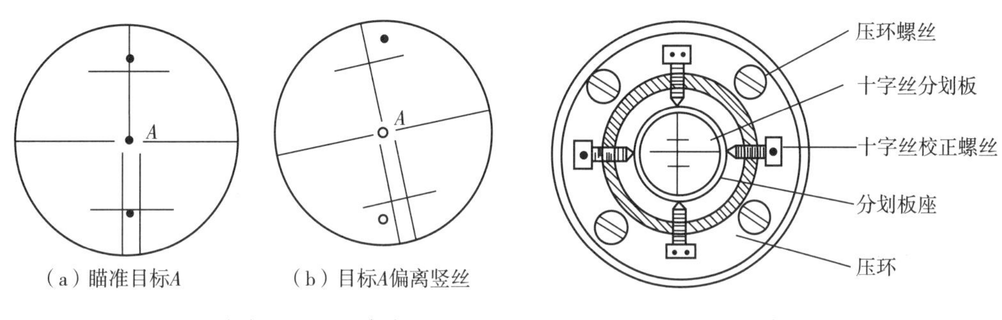

图 4－15　十字丝竖丝的检验　　　　图 4－16　十字丝竖丝的校正

3. 视准轴的检验与校正

(1) 检验。检验的目的是使仪器满足视准轴垂直于横轴的条件。当横轴水平，望远镜绕横轴旋转时，其视准面应是一个与横轴正交的铅垂面。如果视准轴不垂直于横轴，此时望远镜绕横轴旋转时，视准轴的轨迹则是一个圆锥面。用该仪器观测同一铅垂面内不同高度的目标时，将有不同的水平度盘读数，从而产生测角误差。

检验时常采用四分之一法。如图 4－17 所示，在平坦地区选择相距约 60 m 的 A、B 两点，在其中点 O 安置经纬仪，A 点设一标志，在 B 点横置 1 根刻有毫米分划的直尺，尺子与 OB 垂直，且 A 点、B 尺和仪器的高度应大致相同。先用盘左位置瞄准 A 点，固定照准部，纵转望远镜，在 B 尺上得读数 B_1，如图 4－17(a) 所示。然后，转动照准部，用盘右位置照准 A 点，再纵转望远镜在 B 尺上得读数 B_2，如图 4－17(b) 所示。若 B_1 与 B_2 重合，表示视准轴垂直于横轴。否则，条件不满足。从图 4－17(b) 可以看出，视准轴不垂直于横轴，与垂直位置相差一个角度 c，称其为视准误差或视准差。$\overline{B_1B}$、$\overline{B_2B}$ 分别反映了盘左、盘右的 2 倍视准差($2c$)，且盘左、盘右读数产生的视准差符号相反，即 $\angle B_1OB_2 = 4c$，由此算得

$$c \approx \frac{\overline{B_1B_2}}{4D}\rho \qquad (4-6)$$

式中，D 为仪器 O 点到 B 尺之间的水平距离。对于 DJ6 级经纬仪，当 $c > 60''$ 时，则必须校正。

(2) 校正。如图 4－17(b) 所示，保持 B 尺不动，并在尺上定出一点 B_3，使 $\overline{B_2B_3} = \frac{1}{4}$

$\overline{B_1B_2}$，OB_3 便和横轴垂直。用拨针拨动图 4-16 中的左右 2 个十字丝校正螺丝，一松一紧，平移十字丝分划板，直至十字丝交点与 B_3 点重合。

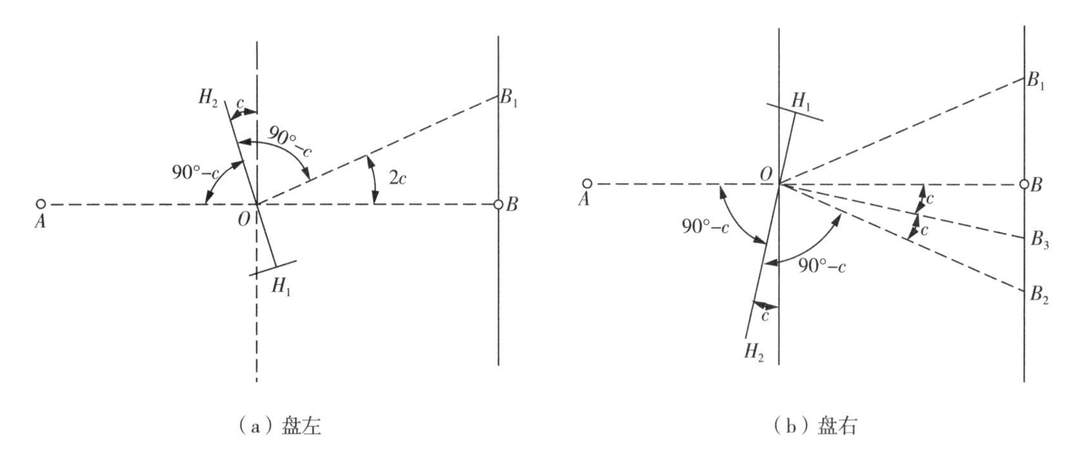

图 4-17 视准轴的检验与校正

4. 横轴的检验与校正

(1) 检验。检验的目的是使仪器满足横轴垂直于竖轴的条件，以保证当竖轴铅直时，横轴应水平。否则，视准轴绕横轴旋转的轨迹就不是铅垂面，而是一个倾斜面。此时望远镜瞄准同一竖直面内不同高度的目标，就会得到不同的水平度盘读数，产生测角误差。

如图 4-18 所示，在距墙面 D 约 30 m 处安置经纬仪，用盘左位置瞄准墙上一明显的高点 P(要求仰角 $\alpha > 30°$)，固定照准部后，将望远镜大致放平，在墙上标出十字丝交点所对的位置 P_1；再用盘右瞄准 P 点，放平望远镜后，在墙上标出十字丝交点所对的位置 P_2。若 P_1 与 P_2 重合，表示横轴垂直于竖轴。否则，条件不满足，此时 P_1 与 P_2 两点应左右对称于 P 点的垂直投影点 P_m。

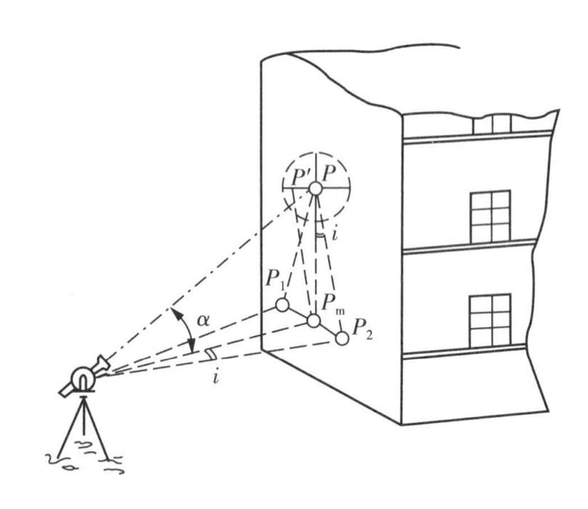

图 4-18 横轴的检验

如果横轴不垂直于竖轴，与垂直位置相差一个 i 角，称为横轴误差或支架差，它对测量角度有一定的影响。如图 4-18 所示，可得 i 角的计算公式为

$$i = \frac{\overline{P_1P_2}}{2}\frac{\rho}{D}\cot\alpha \tag{4-7}$$

对于 DJ6 级经纬仪，若 $i > 20''$，则需要校正。

(2) 校正。用望远镜瞄准 P_1、P_2 直线的中点 P_m，固定照准部；然后抬高望远镜，使十字丝交点上移至 P' 点，因 i 角误差的存在，P' 与 P 点必然不重合，如图 4-18 所示。校正时应打开支架护盖，放松支架内的校正螺丝，转动偏心轴承环，使横轴一端升高或降低，将十字丝交

点对准 P 点。

因经纬仪横轴密封在支架内，校正的技术性较高。经检验确需校正时，应送交专业维修人员在室内操作。

5. 竖盘指标差的检验与校正

(1) 检验。检验的目的是保证经纬仪在竖盘指标水准管气泡居中时，竖盘指标线处于正确位置。安置经纬仪，用盘左、盘右观测同一目标点，分别在竖盘指标水准管气泡居中时，读取盘左、盘右读数 L 和 R。计算指标差 x 值，若 x 超出 $\pm 1'$ 的范围，则需校正。

(2) 校正。经纬仪位置不动，仍用盘右瞄准原目标。转动竖盘指标水准管微动螺旋，使竖盘读数为不含指标差的正确值 $R-x$，此时气泡不再居中。然后用拨针拨动竖盘指标水准管校正螺丝，使气泡居中。这项检验与校正需反复进行，直至 x 值在规定范围以内。

6. 电子经纬仪的检验与校正

电子经纬仪应满足的轴系几何条件与光学经纬仪完全一致，即水准管轴垂直于竖轴($LL \perp VV$)、横轴垂直于视准轴($HH \perp CC$)、横轴垂直于竖轴($HH \perp VV$)、垂直度盘指标和十字丝分划板都应处于正确位置等。但由于电子经纬仪(全站仪)的型号不同，部件功能各异，校准误差的项目也不同。特别是电子经纬仪具有数据处理系统，有的项目可启动程序自动进行检验与校正。具体检验与校正方法可参见第5章全站仪的检验与校正。

4.2.4　全站仪

全站仪，即全站型电子速测仪，是一种集光、机和电为一体的高技术测量仪器，是集水平角、垂直角、距离(斜距、平距)、高差测量功能于一体，并把这些相关数据显示于屏幕上，实现记录、存储、输出和数据处理的自动化的测绘仪器系统。因为其一次安置仪器就可完成该测站上全部测量工作，所以称之为全站仪。

全站仪按结构组成分为组合式全站仪(测距单元与电子经纬仪既可组合又可分离，两者通过专用的电缆和接口装置连接)和整体式全站仪(测角、测距和微处理器单元与仪器的光学土木工程测量机械系统融为一体不可分离，且全站仪的视准轴、测距仪的发射轴和接收轴三轴共线)。目前广泛应用的是整体式全站仪。全站仪按其测角精度(方向标准偏差)可分为0.5″、1.0″、1.5″、2.0″、3.0″、5.0″、7.0″等级别。

全站仪按功能分为普通型全站仪(能够测角、测距、计算坐标和高差)、智能型全站仪(具有内置或可扩充的系统软件和工具软件，具有自动安平和补偿设备)、自动跟踪式全站仪等。近些年来，随着制造工艺、微电子技术和计算机技术的发展，世界上各个主要测量仪器制造厂商出产的全站仪大都属于新一代的集成式智能型全站仪。发展至今，全站仪已成为当今测绘工作不可缺少的主要设备之一。

1. 全站仪主要部件及组成

全站仪的主要部件如图4-19所示。全站仪由光电测距仪(可测斜距、平距、高差，可相互切换)、电子经纬仪(可测水平角、竖直角等)和数据终端机(数据记录兼数据处理)3个部分组成。全站仪本身就是一个带有特殊功能的计算机控制系统，其微机处理装置由微处理器、存储器、输入部分和输出部分组成。由微处理器对获取的倾斜距离、水平角、竖直角、垂直轴倾斜误差、视准轴误差、竖直度盘指标差、棱镜常数、气温和气压等信息加以处理，从而获得各项改正后的观测数据和计算数据。在仪器的只读存储器中固化了测量程序，测量过程由程序完成。

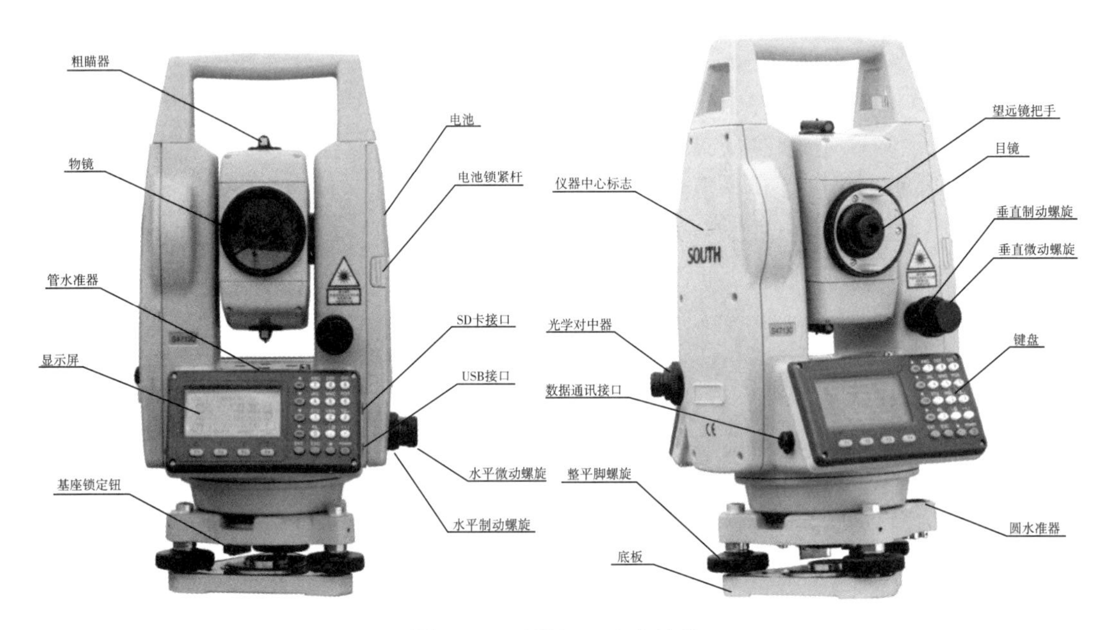

图 4－19　NTS－362 全站仪

2. 全站仪主要构造及性能

全站仪的主要轴线有视准轴 CC、横轴 HH、管水准器轴 LL 和竖轴 VV，为使全站仪正确工作，其轴线应满足下列关系：管水准器轴应垂直于竖轴（$LL \perp VV$），十字丝竖丝应垂直于横轴（竖丝 $\perp HH$），视准轴应垂直于横轴（$CC \perp HH$），横轴应垂直于竖轴（$HH \perp VV$），竖盘指标差应等于零，对中激光与竖轴重合。

3. 全站仪安置

全站仪电子测角原理与电子经纬仪类似，仍然是采用度盘来进行，其特点是电子测角的度盘不是在度盘上按某一个角度单位刻上刻线，然后根据刻划线来读取角度值，而是从度盘上取得电信号，然后根据电信号再转换成角度。根据取得电信号的方式不同，基本可以分为编码度盘测角，光栅度盘测角，正弦刻缝测角，编码、光栅与正弦刻缝结合测角。采用编码度盘测角不易达到高的测角精度，而采用编码、光栅与正弦刻缝结合测角可以达到很高的测角精度。全站仪的测角步骤如下：

（1）架设三脚架。首先将三脚架 3 个固定螺旋松开，三脚架不分开时高度略低于观测者肩膀；拧紧 3 个固定螺旋；打开三脚架安置于测站上；使三脚架的中心与测点近似位于同一铅垂线上。

（2）将仪器安置到三脚架上。将仪器小心地安置到三脚架顶面上，然后轻轻拧紧连接螺旋。

（3）光学或激光对中。对中的目的是使仪器的中心与测站点位于同一个铅垂线上。光学对中器由一组折射棱镜组成。使用时，先将仪器中心大致对准测站点，根据观测者的视力调节光学对中器望远镜的目镜（或打开激光对中开关，如按“SFT”“±”键），两手分别握住

2 个三脚架腿移动，使对中器中心(或激光点)对准测站点标志的中心。

(4) 利用圆水准器粗平仪器。根据圆水准器偏移的情况，利用升降三脚架长度的方法使圆水准器气泡居中，在水准器气泡低的方向的架腿松开固定螺旋，升高使气泡向中心移动；在水准器气泡高的方向的架腿松开固定螺旋，降低使气泡向中心移动。注意：此操作不能移动三角架的位置。

(5) 精确对中和整平。整平的目的是使仪器竖轴处于铅直位置和水平度盘处于水平位置。具体操作步骤：首先转动照准部，使水准管与基座上任意两个脚螺旋的连线平行，相向转动这两个脚螺旋使水准管气泡居中，将照准部旋转 90°，再转动另一个脚螺旋，使气泡居中。按上述方法反复操作，直到仪器旋转至任意位置，气泡均居中。在旋转脚螺旋时，气泡移动的方向始终与左手大拇指运动的方向一致。

精平后观察对中是否有偏移，如有偏移可松开中心连接螺旋、轻移仪器。将光学对中器的中心(或激光点)标志对准测站点，然后拧紧连接螺旋。在轻移仪器时不要让仪器在架头上有转动，以尽可能减少气泡的偏移。对中和精平是个反复的过程，直至精确对中整平。多数全站仪有双轴补偿功能，所以仪器整平后，在观测过程中，即使气泡稍有偏离，对观测也无影响。

(6) 开机。按“POWER”或“ON”键，开机后仪器进行自检，自检结束后进入测量状态。有的全站仪自检结束后须设置水平度盘与竖盘指标。设置水平度盘指标的方法是旋转照准部，听到鸣响即设置完成；设置竖盘指标的方法是纵转望远镜，听到鸣响即设置完成。设置完成后显示窗才能显示水平度盘与竖直度盘的读数。

(7) 瞄准。松开水平制动螺旋和望远镜制动螺旋，将望远镜指向明亮背景，调节目镜使十字丝清晰。用望远镜制、微动螺旋和水平制、微动螺旋精确瞄准目标；再转动调焦螺旋使目标清晰。测量水平角时应使十字丝纵丝尽量对准目标底部。测量竖直角时，则应用横丝切准目标顶部。

(8) 读数。根据屏幕提示读取屏幕正确读数。

4.3　角度观测方法

4.3.1　水平角测量

观测水平角的方法，应根据测量工作要求的精度、使用的仪器和观测目标的多少而定，主要有测回法和方向观测法两种。

1. 测回法

测回法用于测量两个方向之间的单角。如图 4-20 所示，欲测水平角 β，先在角顶点 B 上安置仪器(对中、整平)，在 J、K 点上设置照准标志。其观测步骤如下：

(1) 盘左位置(又称为正镜)，用前述方法精确瞄准第一方向目标 J，并读取水平度盘读数，设读数为 $a_1=0°04'18''$，并记录在表4-1 中。

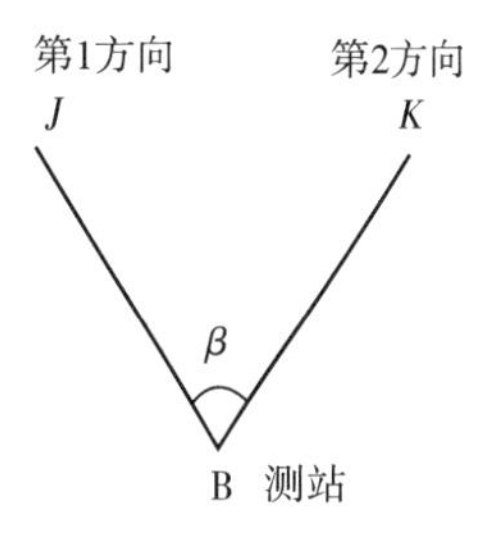

图 4-20　测回法观测水平角示意图

表 4-1　测回法观测水平角记录

测站	位置	目标	水平度盘读数	半测回角	一测回平均角
B	左	J	0°04′18″	74°19′24″	74°19′15″
		K	74°23′42″		
	右	K	254°24′06″	74°19′06″	
		J	180°05′00″		

(2) 松开水平制动螺旋，顺时针旋转照准部，用上述同样方法瞄准第二方向目标 K，读取读数为 $b_1=74°23'42''$，并记录在表 4-1 中，则盘左所测水平角为

$$\beta_L=b_1-a_1=74°19'24''$$

以上称为上半测回。

(3) 松开水平制动螺旋，纵转望远镜成盘右位置(又称为倒镜)；先瞄准目标 K 方向，水平度盘读数为 $b_2=254°24'06''$，并记录在表 4-1 中。

(4) 逆时针旋转照准部，再次瞄准 J 方向得水平度盘读数为 $a_2=180°05'00''$，并记录在表 4-1 中，则盘右所测下半测回的角值为

$$\beta_R=b_2-a_2=74°19'06''$$

上、下半测回合称一测回。上、下半测回角度之差不大于 40″，则计算一测回角值为

$$\beta=\frac{\beta_L+\beta_R}{2}=74°19'15''$$

测回法用盘左、盘右观测(正、倒镜观测)可消除仪器的某些系统误差[视准误差(c)、支架差(i)和水平度盘偏心误差等]的影响。当测角精度要求较高时，还可以观测几个测回。为了减少度盘刻划不均匀误差的影响，各测回间应变换度盘初始位置 $180°/n$，如观测 3 个测回，则各测回的起始方向读数 a_1 应按 60° 递增，即分别设置成略大于 0°、60° 和 120°。

2. 方向观测法

方向观测法简称为方向法。当一个测站上需测量的方向数多于 2 个时，应采用方向法观测。当方向数多于 3 个时，每半测回都从一个选定的起始方向(称为零方向)开始观测，在依次观测所需的各个目标之后，应再次观测起始方向(归零)，这种观测方法称为全圆方向观测法。

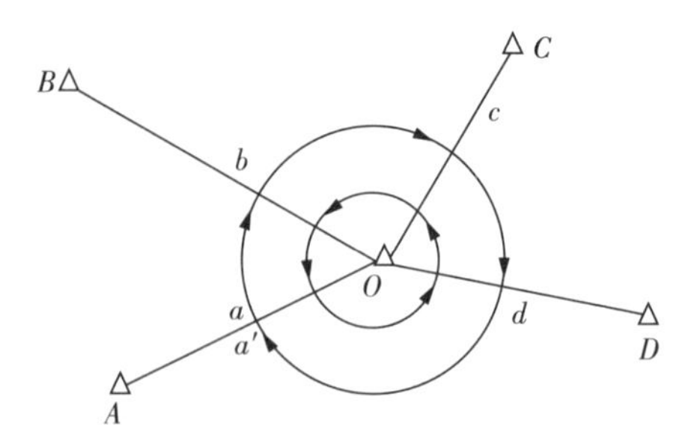

图 4-21　方向观测法示意图

(1) 观测步骤：① 首先安置仪器于角顶点 O 上，如图 4-21 所示。盘左位置，将度盘设置成略大于 0°，观测所选定的起始方向为 A，读取水平度盘读数 a(0°01′00″)，并记录在表 4-2 中。② 顺时针方向转动照准部，依次瞄准 B、C、D 各点，分别读取水平度盘读数，并记录在表 4-2 中。③ 为了校核应再次瞄准目标 A，读取归零读数 a'(0°01′24″)，并记录在表 4-2 中。

a 与a' 之差的绝对值称为上半测回归零差,其数值不应超过表 4-3 中的规定,否则应重测,为上半测回。④ 盘右位置,逆时针方向依次瞄准A、D、C、B,再回到A点,并将读数记录在表 4-1 中,称为下半测回。需观测多个测回时,则各测回仍按$180°/n$的角度间隔变换水平度盘的起始位置。

表 4-2　方向观测法水平角记录

目标	水平度盘读数		两倍视准轴误差 $2c$	半测回方向	一测回平均方向	各测回平均方向
	盘左	盘右				
	12″	18″				
A	000°01′00″	180°01′18″	−18″	000°00′00″	0°00′00″	
B	91°54′06″	271°54′20″	−14″	91°52′54″	91°52′58″	
				53′02″		
C	153°32′48″	333°32′48″	0	153°31′36″	153°31′33″	
				30″		
D	214°06′12″	34°06′06″	+6″	214°05′00″	214°04′54″	
				04′48″		
A	0°01′24″	180°01′18″	+6″			

表 4-3　水平角方向观测法技术规定

仪器级别	半测回归零差	一测回内 $2c$ 互差	同一方向值各测回互差
J2	12″	18″	12″
J6	18″	18″	24

(2) 计算步骤:① 首先计算两倍视准差($2c$) 值为

$$2c = 盘左读数 - (盘右读数 \pm 180°) \tag{4-8}$$

把 $2c$ 值填入表 4-2 的第 6 栏中。一测回内各方向 $2c$ 的互差若超过表 4-3 中的限值,应在原度盘位置上重测。② 计算各方向的平均读数为

$$平均读数 = \frac{1}{2}[盘左读数 + (盘右读数 \pm 180°)] \tag{4-9}$$

式(4-9) 计算的结果称为方向值,因存在归零读数,则起始方向有 2 个平均值,应将这 2 个数值再求平均,所得结果作为起始方向的方向值。③ 计算归零后的方向值。将各方向的平均读数减去括号内的起始方向平均值,即得各方向的归零方向值,此时起始方向的归零值应为零。④ 计算各测回归零后方向值的平均值。先计算各测回同一方向归零后的方向值之间的差值,对照表 4-3 看其互差是否超限,如果超限则应重测;若不超限,就计算各测回同一方向归零后方向值的平均值,作为该方向的最后结果,填入表 4-2 中。⑤ 计算各目标间的水平角值。

4.3.2 竖直角测量

1. 竖直角观测方法

竖直角的观测和计算：① 仪器安置在测站点上(对中、整平)，盘左位置瞄准目标点 M(假设为高点，竖角为仰角)，使十字丝精确切准目标顶端。② 转动竖盘指标水准管微动螺旋，使竖盘指标水准管气泡居中，读取盘左竖盘读数 L(如 71°12′36″)，记录在竖直角观测手簿(见表 4-4) 中。③ 盘右位置，再瞄准 M 点并调节竖盘指标水准管使气泡居中，读取盘右竖盘读数 R(如 288°47′00″)，同样记录在表 4-4 中。④ 计算竖直角。竖直角 α 是观测目标的读数与起始读数之差，如图 4-22 所示，在盘左位置将望远镜置平，水准管气泡居中，竖盘读数为 90°；将望远镜向上仰，照准一目标，竖盘读数为 L；盘右位置，仍照准该目标，竖盘读数为 R，则竖直角计算公式为

$$\text{盘左}\ \alpha_L = 90° - L \tag{4-10}$$

$$\text{盘右}\ \alpha_R = R - 270° \tag{4-11}$$

故一测回的角值为

$$\alpha = \frac{\alpha_L + \alpha_R}{2} = \frac{1}{2}(R - L - 180°) \tag{4-12}$$

表 4-4 竖直角观测手簿

测站	目标	竖盘位置	竖盘读数	半测回竖直角	指标差	一测回竖直角
O	M	左	71°12′36″	+18°47′24″	−12″	+18°47′12″
		右	288°47′00″	+18°47′00″		
	N	左	96°18′42″	−6°18′42″	−9″	−6°18′51″
		右	263°41′00″	−6°19′00″		

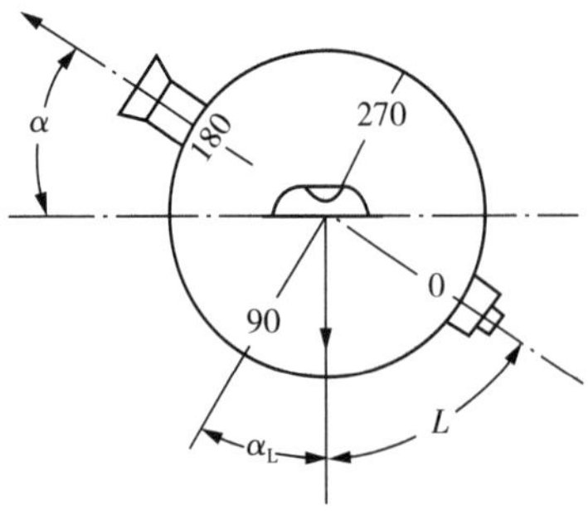

(a) 盘左位置 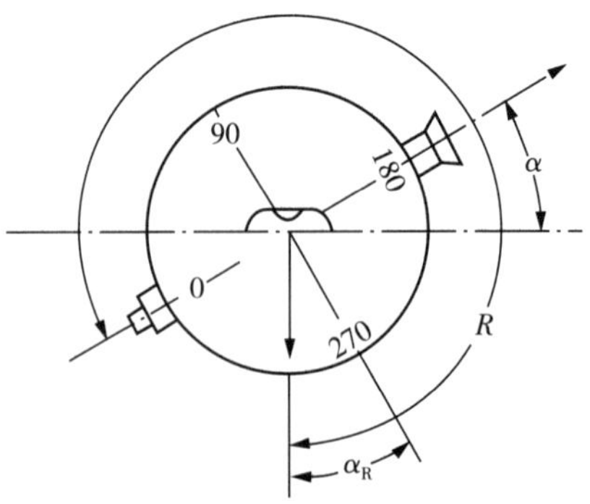　　(b) 盘右位置

图 4-22 竖直角的测角原理

表4-4中的观测数据是采用上述仪器所测，算得一测回竖直角$\alpha = 18°47'12''$。对低点N的观测、记录和计算方法与此相同。

若遇到逆时针方式注记的仪器，可采用下式计算竖直角：

$$盘左\ \alpha_L = L - 90°$$

$$盘右\ \alpha_R = 270° - R$$

故一测回的角值为

$$\alpha = \frac{\alpha_L + \alpha_R}{2} = \frac{1}{2}(L - R - 180°) \tag{4-13}$$

2. 竖盘指标差

上述对竖直角的计算，是认为指标处于正确位置上，此时盘左始读数为90°，盘右始读数为270°。事实上，此条件常不满足，指标不恰好指在90°或270°，而与正确位置相差一个小角度x，x称为竖盘指标差。

如图4-23所示，对于顺时针刻划的竖直度盘，盘左时始读数为$90° + x$，则正确的竖直角应为

$$\alpha = (90° + x) - L \tag{4-14}$$

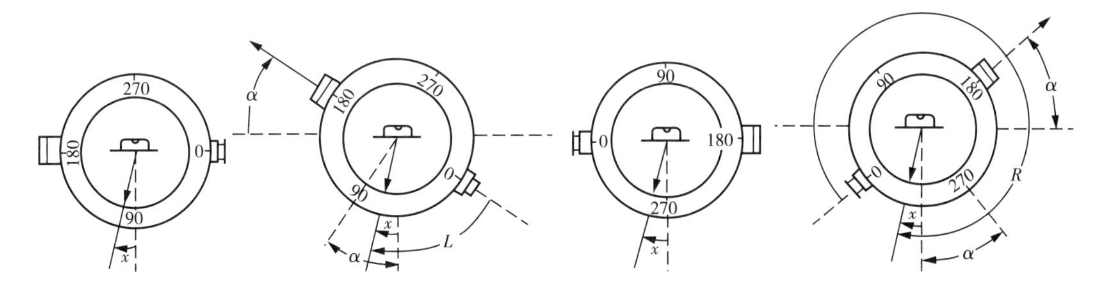

图4-23　指标差的计算方法

同样，盘右时正确的竖直角应为

$$\alpha = R - (270° + x) \tag{4-15}$$

将式(4-10)和(4-11)代入式(4-14)和(4-15)，并求出均值，得

$$\alpha = \frac{\alpha_L + \alpha_R}{2}$$

结果与式(4-12)完全相同。可见在竖直角观测中，盘左盘右观测一测回，可以消除竖盘指标差影响。

将式(4-14)和式(4-15)相减，可得指标差x的计算公式为

$$x = \frac{\alpha_R - \alpha_L}{2} \tag{4-16}$$

可得

$$x=\frac{\alpha_R-\alpha_L}{2}=\frac{1}{2}(R+L-360^\circ) \tag{4-17}$$

指标差 x 可用来检查观测质量。同一测站上观测不同目标时，指标差的变动范围，对DJ6 级经纬仪来说不应超过 25″。另外，在精度要求不高或不便纵转望远镜时，可先测定 x 值，以后只用 1 个镜位观测，求得 α_L 或 α_R，再计算竖直角。

3. 竖盘指标的自动归零补偿原理

观测竖直角时，为使指标处于正确位置，每次读数都要将竖盘指标水准管的气泡调节居中，有时容易疏忽，也影响工作效率。所以，有些经纬仪在竖盘光路中安装补偿器，用以取代水准管，使仪器在一定的倾斜范围内能读得相应于指标水准管气泡居中时的读数，即竖盘指标自动归零。

竖盘补偿装置的构造有多种，图 4-24 所示是其中的一种。在竖盘成像光路系统中，指标线 A 和竖盘间悬吊一平行玻璃板(或透镜)，当视线水平时，如图 4-24(a) 所示，指标 A 处于铅垂位置，通过平行玻璃板读出正确读数，如 90°。当仪器倾斜一个小角度 α(一般范围小于 2′)，假如平行玻璃板固定在仪器上，它将随仪器倾斜 α 角至虚曲线位置，指标处于不正确位置 A' 处，如图 4-24(b) 所示，指标线读数不是 90°，而为 K。但实际上，平行玻璃板是用柔丝自由悬吊的，因受重力作用，平行玻璃板偏转了一个角度 β，而由虚线位置摆至实线位置。此时，指标线 A' 通过转动后平行玻璃板的折射，在产生一段平移后，正好竖盘读数仍为 90°，从而达到竖盘指标自动归零的目的。对于用 DJ6 级经纬仪测量竖直角而言，仪器整平的精度一般在 1′ 以内，竖盘指标自动归零的补偿范围一般为 2′，自动归零误差为 ±2″。

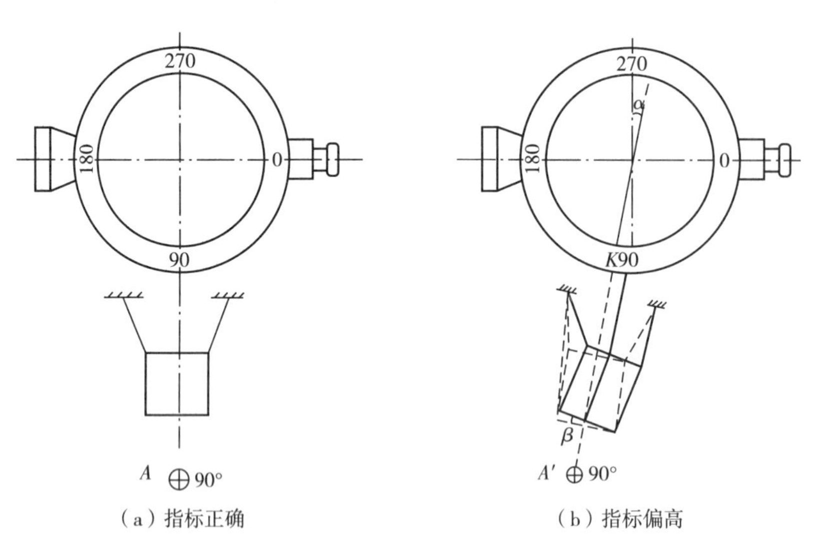

(a) 指标正确　　(b) 指标偏高

图 4-24　自动归零原理

4.4　角度测量误差分析及注意事项

使用测角仪器在野外进行角度测量，会存在许多误差。研究这些误差的成因、性质及影响规律后可以通过一定的观测方法减少这些误差的影响，提高角度测量成果的质量。如水准测量一样，角度测量的误差来源同样包括3个方面，即仪器误差、观测误差和外界条件的影响。

4.4.1　仪器误差

仪器误差包括仪器检验和校正之后的残余误差、仪器零部件加工不完善所引起的误差等。主要有以下几种。

1. 视准轴误差

视准轴误差又称为视准差，是由望远镜视准轴不垂直于横轴引起的。其对角度测量的影响规律如图4-17所示，因该误差对水平方向观测值的影响值为$2c$，且盘左、盘右观测时符号相反，故在水平角测量时，可采用盘左、盘右观测，取一测回平均值作为竖直角最后结果的方法加以消除。电子经纬仪用盘左、盘右观测同样可消除视准轴误差。

2. 横轴误差

横轴误差又称为支架差，是由横轴不垂直于竖轴引起的。根据图4-18可知，盘左、盘右观测中均含有支架差i'，且方向相反。故在水平角测量时，同样可采用盘左、盘右观测，取一测回平均值作为竖直角最后结果的方法加以消除。同理，电子经纬仪用盘左、盘右观测同样可消除横轴误差。

3. 竖轴误差

竖轴误差是由仪器竖轴与测站铅垂线不重合、仪器竖轴不垂直于水准管轴、水准管整平不完善、气泡不居中引起的。由于竖轴不处于铅直位置，与铅垂方向偏离了一个小角度，从而引起横轴不水平，给角度测量带来误差，且这种误差的大小随望远镜瞄准不同方向、横轴处于不同位置而变化。同时，由于竖轴倾斜的方向与正、倒镜观测(盘左、盘右观测)无关，所以竖轴误差不能用盘左、盘右观测，取一测回平均值作为竖直角最后结果的方法消除。因此，观测前应严格检验与校正仪器，观测时应仔细整平，保持照准部水准管气泡居中，气泡偏离量不得超过一格。电子经纬仪一般都采用单轴补偿或双轴补偿，补偿后的残余误差，经测定后，可以预置，如果超限，需送检验部门进行校正。

4. 竖盘指标差

竖盘指标差是由竖盘指标线不处于正确位置引起的。其原因可能是竖盘指标水准管没有整平，气泡没有居中，也可能是经检验与校正后的残余误差。因此，观测竖直角时，首先应切记调节竖盘指标水准管，使气泡居中。若此时竖盘指标线仍不在正确位置，如前所述，采用盘左、盘右观测一测回，取其平均值作为竖直角最后结果的方法来消除竖盘指标差。电子经纬仪一般都采用补偿或预置的方法减少该项误差的影响，其残余误差还可用盘左、盘右观测予以消除。

5. 照准部偏心差和度盘偏心差

照准部偏心差和度盘偏心差属仪器零部件加工、安装不完善引起的误差。在水平角测量和竖直角测量中，分别有水平度盘偏心差和竖直度盘偏心差两种。

照准部偏心差是由照准部旋转中心与水平度盘分划中心不重合所引起的指标读数误差。因为盘左、盘右观测同一目标时，指标线在水平度盘上的位置具有对称性(对称分划读数)，所以在水平角测量时，此项误差亦可取盘左、盘右读数的平均值予以减小。

度盘偏心差是水平度盘旋转中心与水平度盘分划中心不重合的误差。可采用对径 180° 读数取平均值予以减小。

竖直度盘偏心差是指竖直度盘圆心与仪器横轴(望远镜旋转轴)的中心线不重合带来的误差。在竖直角测量时,该项误差的影响一般较小,可忽略不计。若在高精度测量工作中,确需考虑该项误差的影响时,应经检验测定竖盘偏心误差系数,对相应竖角测量成果进行改正;或者采用对向观测的方法(往返观测竖直角)来消除竖盘偏心差对测量成果的影响。

电子经纬仪是采用传感器扫描测角,大多是设多方位、多个传感器进行扫描,包括同时在度盘对径上的传感器,如条码度盘和动态测角等,都可消除或减弱以上两种误差的影响。

6. 度盘刻划不均匀误差

度盘刻划不均匀误差亦属于由仪器零部件加工不完善引起的误差。在目前精密仪器制造工艺中,这项误差一般都很小。在水平角精密测量时,为提高测角精度,可利用度盘位置变换手轮或复测扳手,在各测回之间变换度盘位置的方法减小其影响。如上所述,电子经纬仪传感器扫描的度盘位置越多,越可消除或减弱以上两种误差的影响。

4.4.2 观测误差

1. 对中误差

测量角度时,经纬仪应安置在测站上。若仪器中心与测站点不在同一铅垂线上,就称为对中误差,又称为测站偏心误差。

如图 4-25 所示,O 为测站点,A、B 为目标点,O' 为仪器中心在地面上的投影位置。OO' 的长度称为偏心距,以 e 表示。由图 4-25 可知,观测角值 β' 与正确角值 β 有如下关系:

$$\beta=\beta'+(\varepsilon_1+\varepsilon_2) \tag{4-18}$$

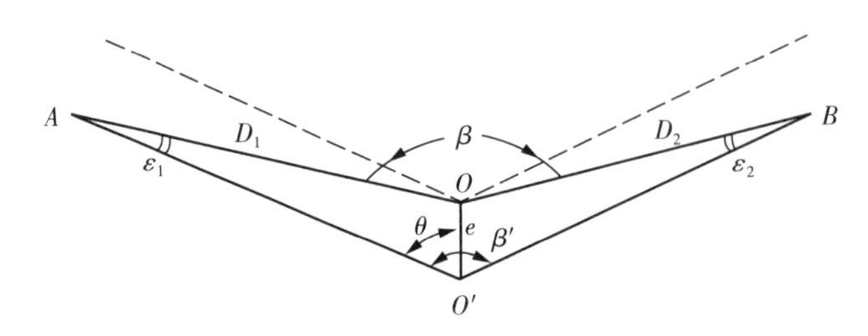

图 4-25 对中误差

因 ε_1、ε_2 很小,可用下式计算:

$$\varepsilon_1=\frac{\rho e}{D_1}\sin\theta \tag{4-19}$$

$$\varepsilon_2=\frac{\rho e}{D_2}\sin(\beta'-\theta) \tag{4-20}$$

因此,仪器对中误差对水平角的影响为

$$\varepsilon=\varepsilon_1+\varepsilon_2=\rho e\left(\frac{\sin\theta}{D_1}+\frac{\sin(\beta'-\theta)}{D_2}\right) \tag{4-21}$$

由式(4－21)可知，对中误差的影响 ε 与偏心距 e 成正比，与边长 D 成反比。

当 $\beta=180^\circ$，$\theta=90^\circ$ 时，ε 角值最大。设 $e=3$ mm，$D_1=D_2=60$ m，则

$$\varepsilon=\rho e\left(\frac{1}{D_1}+\frac{1}{D_2}\right)=206265''\times\frac{3\times 2}{60\times 10^3}=20.6''$$

对中误差不能通过观测方法予以消除，因此在测量水平角时，对中应认真仔细，对于短边、钝角更要注意严格对中。

2. 目标偏心误差

测量水平角时，必须在测站点上建立标志。若用竖立的标杆作为照准标志，当标杆倾斜，且望远镜又无法瞄准其底部时，将使照准点偏离地面目标而产生目标偏心误差；当用棱镜作为标志时，棱镜的中心不在测站的铅垂线上，也会产生目标偏心误差。

如图 4-26 所示，O 为测站，A 为地面目标点，照准点 A' 至地面目标点 A 的距离(杆长)为 d，标杆倾斜角为 α，$e=d\sin\alpha$，它对观测方向的影响为

$$\varepsilon=\frac{\rho e}{D}=\frac{d\sin\alpha}{D}\rho \tag{4-22}$$

由式(4－22)可知，目标偏心误差对水平方向观测的影响与杆长 d 成正比，与边长 D 成反比。

为了减小目标偏心误差对水平角测量的影响，观测时应尽量使标志竖直，并尽可能地瞄准标杆底部。测角精度要求较高时，可用垂球对点以垂球线代替标杆；亦可在目标点上安置带有基座的三脚架，用光学对中器严格对中后，将专用标牌插入基座轴套作为照准标志。

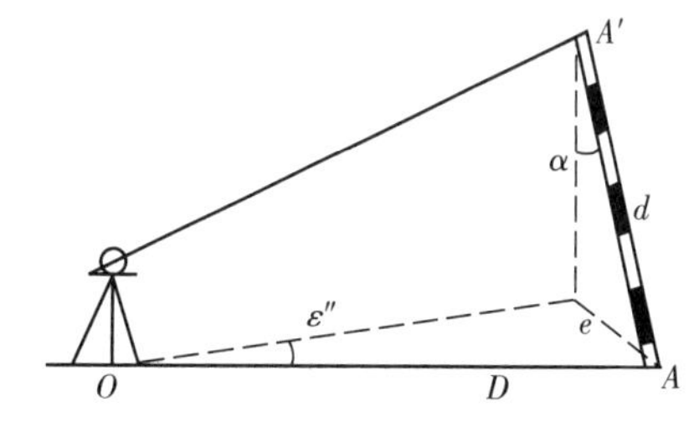

图 4－26　目标倾斜误差

3. 照准误差

测量角度时，人的眼睛通过望远镜瞄准目标产生的误差，称为照准误差。其影响因素很多，如望远镜的放大倍率、人眼的分辨率、十字丝的粗细、标志的形状和大小、目标影像的亮度和清晰度等。如第 3 章所述，通常以眼睛的最小分辨视角(60″)和望远镜的放大倍数 V 来衡量仪器照准精度的大小，即

$$m_v=\pm\frac{60''}{V} \tag{4-23}$$

对于 DJ6 级经纬仪，一般 $V=26$，则 $m_v=\pm 2.3''$。

4. 读数误差

读数误差与观测者的生理习惯和技术熟练程度、读数窗的清晰度及读数系统的形式有关。对于采用分微尺读数系统的经纬仪，读数时可估读的极限误差为测微器最小格值 t 的十分 之一，以此作为读数误差 m_o，即

$$m_o=\pm 0.1t \tag{4-24}$$

DJ6 级经纬仪分微尺测微器最小格值 $t=1'$，则读数误差 $m_o=\pm0.1'=\pm6''$。

电子经纬仪不管是增量式还是绝对式，都无需肉眼读数，不存在读数误差。

4.4.3 外界条件的影响

观测角度在一定的外界条件下进行，外界条件及其变化对观测质量有直接影响。例如，松软的土壤和大风影响仪器的稳定，日晒和温度变化影响水准管气泡的居中，大气层受地面热辐射的影响会引起目标影像的跳动等，这些都会给观测水平角和竖直角带来误差。因此，要选择目标成像清晰稳定的有利时间观测，设法克服或避开不利条件的影响，以提高观测成果的质量。例如，选择微风多云、空气清晰度好的条件下观测，最为适宜。

习　题

4-1　分别说明水准仪和全站仪的安置步骤，并指出它们的区别。

4-2　什么是水平角？

4-3　什么叫作竖直角？观测水平角和竖直角有哪些相同点和不同点？

4-4　对中和整平的目的是什么？如何进行？

4-5　计算表 4-5 中水平角观测数据。

表 4-5　水平角观测

测站	目标	度盘读数		半测回角值	一测回角值	各测回平均角值
		盘左 L	盘右 R			
O	A	0°00′10″	180°00′16″			
	B	152°20′16″	332°20′19″			
	A	90°01′11″	270°01′04″			
	B	242°21′16″	62°21′10″			

4-6　简述测回法观测水平角的操作步骤。

4-7　水平角方向观测中的 $2c$ 是何含义？为何要计算 $2c$，并检核其互差？

4-8　何谓竖盘指标差？如何计算、检验和校正竖盘指标差？

第5章　距离测量与直线定向

距离测量是测量基本工作之一，是量测地面上两点间的水平距离，即通过该两点的铅垂线投影到水平面上的距离。距离测量常用的方法有钢尺量距、电磁波测距及卫星测距，本章介绍前两种方法。

5.1　钢尺量距

钢尺量距是利用具有标准长度的钢尺直接量测地面两点间的距离，又称为距离丈量。它工具简单，使用方便，是一种手工业生产方式的测量形式，在地势起伏不平或大面积测量时很难适应。普通量距精度较低，精密钢尺量距虽然精度较高，但投入太大，且速度慢，时间长，也难以适应现代测量的要求。钢尺量距现在多用于工程测量或小面积测量工作。

5.1.1　量距工具

钢尺量距时，根据不同的精度要求，所用的工具和方法也不同。普通钢尺是钢制带尺，尺宽 10 ～ 15 mm，长度有 20 m、30 m 及 50 m 等。为了便于携带和保护，将钢尺卷放在圆形皮盒内或金属尺架上。钢尺分划有三种：一种钢尺基本分划为厘米；另一种基本分划为毫米；还有一种基本分划虽为厘米，但在尺端 10 cm 内分划为毫米。钢尺的零分划位置有两种：一种是在钢尺前端有一条刻线作为尺长的零分划线，称为刻线尺；另一种是零点位于尺端，即拉环外沿，这种尺称为端点尺（见图 5 - 1）。钢尺上在分米和米处都刻有注记，便于量距时读数。一般钢尺量距最高精度可达到 1/10000。由于其在短距离量距中使用方便，常在工程中使用。

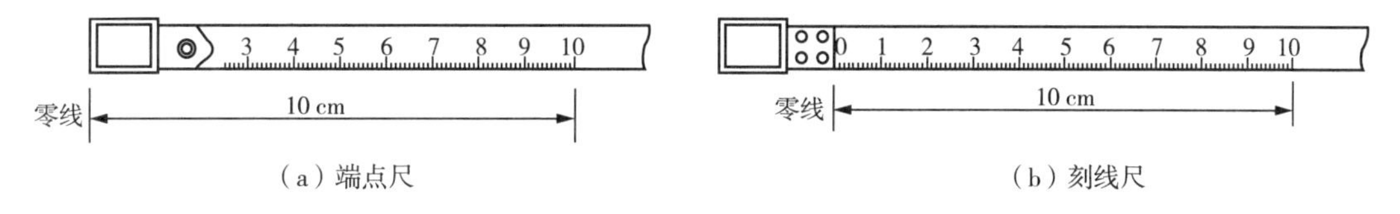

（a）端点尺　　（b）刻线尺

图 5 - 1　钢尺的零分划方法

因瓦尺也是量距的工具，其是用镍铁合金制成，它的形状是线状，直径 1.5 mm，长度为 24 m，尺身无分划和数字注记。在尺两端各连一个三棱形的分划尺，长 8 cm，其上分划最小为 1 mm。因瓦尺全套由 4 根主尺和一根 8 m 或 4 m 长的辅尺组成。因瓦尺受温度变化引起尺长伸缩变化小,量距精度高,可达到1/1000000,可用于精密量距,但量距十分烦琐,常用于精度要求很高的基线丈量中。

除此之外,量距工具还有皮尺,皮尺用麻皮制成,基本分划为厘米,零点在尺端,但皮尺精度低。

钢尺量距中辅助的工具还有测钎、花杆、垂球、弹簧秤和温度计。测钎是用直径 5 mm 左右的粗铁丝磨尖制成,长约 30 cm,用来标志所量尺段的起、止点。测钎 6 根或 11 根为一组,它还可以用于计算已量过的整尺段数。花杆长 3 m,杆上涂以 20 cm 间隔的红、白漆,用于标定直线。弹簧秤和温度计用于控制拉力和测定温度。

5.1.2 直线定线

如果地面两点之间的距离较长或地面起伏较大,要分段进行量测。为了使所量线段在一条直线上,需要将每一尺段首尾的标杆标定在待测直线上,这一工作称为直线定线。一般量距用目视定线,精密量距用经纬仪定线。

如图 5-2 所示,欲量 A、B 间的距离,一个作业员甲站于端点 A 后 1～2 m 处,瞄 A、B,并指挥另一位作业员乙左右移动标杆 2,直到 3 个标杆在一条直线上,然后将标杆竖直插下。直线定线一般由远到近进行。

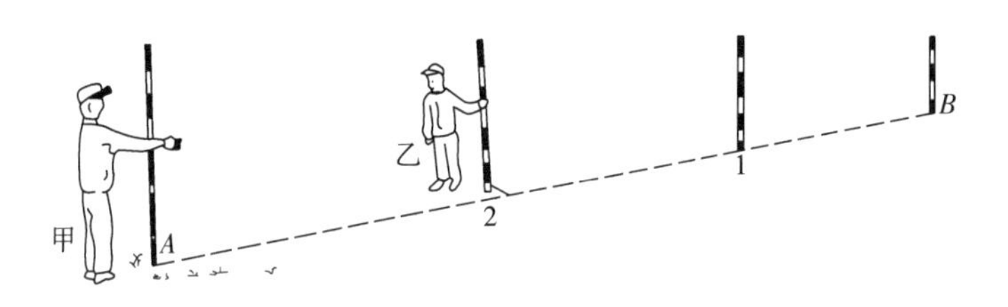

图 5-2　直线定线

5.1.3 量距方法

钢尺量距一般采用整尺法量距,在精密量距时用串尺法量距。根据不同地形可采用水平量距法和倾斜量距法。

1. 整尺法量距

在平坦地区,量距精度要求不高时,可采用整尺法量距,直接将钢尺沿地面丈量,不加温度改正和不用弹簧秤施加拉力。量距前,先在待测距离的两个端点 A、B 用木桩(桩上钉一小钉)标志,或直接在柏油或水泥路面上做标志。后尺手持钢尺零端对准地面标志点,前尺手拿一组测钎持钢尺末端。丈量时前、后尺手按定线方向沿地面拉紧钢尺,前尺手在尺末端分划处垂直插下一个测钎,这样就量定一个尺段。然后,前、后尺手同时将钢尺抬起前进。后尺手走到第 1 根测钎处,用零端对准测钎,前尺手拉紧钢尺在整尺端处插下第 2 根测钎。依次继续丈量。每量完一尺段,后尺手要注意收回测钎,最后一尺段不足一整尺时,前尺手在 B 点标志处读取尺上毫米刻划值,后尺手中测钎数为整尺段数。不到一个整尺段距离为余长 Δl,则水平距离 D 可按下式计算:

$$D = nL + \Delta l \tag{5-1}$$

式中，n 为尺段数；L 为钢尺长度；Δl 为不足一整尺的余长。

为了提高量距精度，一般采用往、返丈量。返测时是从 $B \rightarrow A$，要重新定线。

2. 水平量距法和倾斜量距法

当地面起伏不大时，可将钢尺拉平，用垂球尖将尺端投于地面进行丈量，这种方法称为水平量距法，如图5-3所示。要注意后尺手将零端点对准地面点，前尺手目估，使钢尺水平，并拉紧钢尺在垂球尖处插上测钎。如此测量直到 B 点。

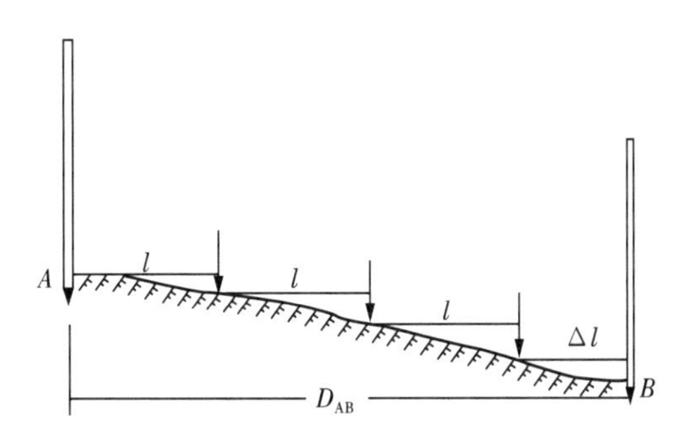

图5-3　水平量距法

当倾斜地面的坡度均匀时，可以将钢尺贴在地面上量斜距 L，用水准测量方法测出高差 h，再将量得的斜距换算成平距，这种方法称为倾斜量距法。

不管是哪一种丈量方法，为了提高测量精度，防止丈量错误，通常采用往、返丈量法，取平均值为丈量结果。并用相对误差 K 衡量测量精度，即

$$K = \frac{|D_{往} - D_{返}|}{\frac{1}{2}(D_{往} + D_{返})} = \frac{1}{\frac{D}{\Delta D}} = \frac{1}{M} \tag{5-2}$$

两点间的水平距离为

$$\overline{D} = \frac{1}{2}(D_{往} + D_{返}) \tag{5-3}$$

式中，$D_{往}$、$D_{返}$ 分别为往、返测程。

平坦地区钢尺量距的相对误差不应大于1/3000，在困难地区相对误差也不应大于1/1000。

5.2　红外测距仪

钢尺量距是一项十分繁重的工作，在山区或沼泽地区使用钢尺更为困难。为了提高测距速度和精度，20世纪40年代末人们就研制成了光电测距仪。20世纪60年代初，随着激光

技术的出现及电子技术和计算机技术的发展，各种类型的光电测距仪相继出现，红外测距仪也应运而生。20 世纪 70 年代又出现了将测距仪和电子经纬仪组合在一起的电子全站仪。它不仅能同时进行角度和距离的测量，而且能进行测量数据计算改正、记录、显示和传输。其配合电子记录手簿，可以自动记录、存储、输出测量结果，使测量工作大为简化，并成为全野外数字测图的主要仪器之一。测距仪和全站仪已在测量工作中得到广泛应用。

电磁波测距仪按测程划分：短程测距仪：≤5 km；中程测距仪：5～15 km；远程测距仪：15 km 以上。

按测量精度划分：Ⅰ级：$m_D \leqslant 5$ mm；Ⅱ级：5 mm$\leqslant m_D \leqslant$10 mm；Ⅲ级：$m_D \geqslant$10 mm。其中 m_D 为 1 km 测距中误差。

电磁波测距是利用电磁波（微波、光波）作为载波，在其上调制测距信号，测量两点间距离的方法。若电磁波在测线两端往返传播的时间为 t，则可求出两点间距离 D，即

$$D = \frac{1}{2}ct \tag{5-4}$$

式中，c 为电磁波在大气中的传播速度。

电磁波测距按采用载波的不同，可分为微波测距仪、激光测距仪和红外测距仪。

红外测距仪以 GaAs（砷化镓）发光二极管作为光源。GaAs 发光二极管因具有注入电源小、耗电省、体积小、寿命长、抗震性能强和能连续发光并可直接调制等特点，从 20 世纪 80 年代以来红外测距仪便得到迅速发展。

5.2.1　测距仪的测距原理

1. 脉冲法测距

用电磁波测距仪测定 A、B 两点间的距离 D，在待测距离一端安置测距仪，另一端安放反光镜，如图 5-4 所示。当测距仪发出光脉冲时，经反光镜反射，回到测距仪。若能测定光在距离 D 上往返传播时间，即测定发射光脉冲与接收光脉冲的时间差 Δt_{2D}，则测出距离 D，公式如下：

$$D = \frac{1}{2}\frac{c_0}{n_g}\Delta t_{2D} \tag{5-5}$$

式中，c_0 为光在真空中的速度；n_g 为大气折射率。

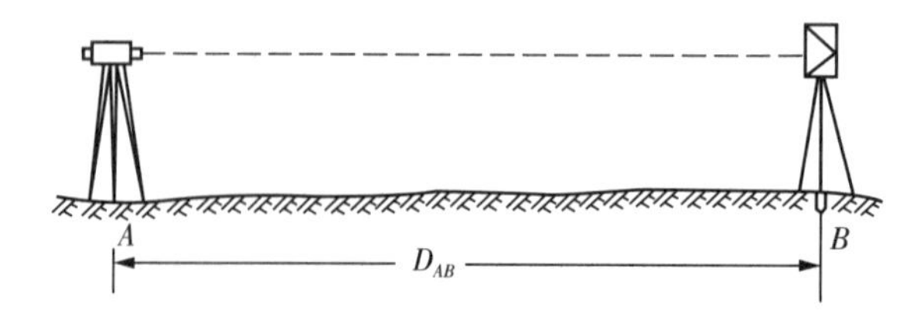

图 5-4　脉冲法测距

脉冲法测距的精度取决于时间 Δt_{2D} 的量测精度。如要达到 ±1 cm 的测距精度，时间量测精度应达到 6.7×10^{-11} s。这对电子元件性能要求很高，难以达到。由于脉冲式测距多用激光光源，通过调 Q 技术使激光能量集中，不用反射镜，经目标的漫反射后，接收回波进行测距。一般脉冲法测距精度为 0.5～1 m，其作用距离较长，常用于激光雷达、微波雷达等远距离测距上，如激光测月和激光测卫星。

脉冲法测距是将发射和接受光波都整形为方波，如图 5-5 所示。用方波的前沿计算光波往返传播的时间 Δt_{2D}，从而计算距离。当光波发射时，输出一个脉冲信号作为计时的初始信号，经触发器打开电子门，让时标脉冲通过，开始计数。光脉冲到达目标后，经目标反射回到接收器作为计时的终止信号，经转换为电脉冲触动触发器，关闭电子门，时标脉冲停止通过，计数结束。此时电子门开、关的时间差即为 Δt_{2D}，在此时间计数器显示的时标个数 N，代表了距离：

$$\Delta t_{2D}=NT_0=\frac{N}{f_0}$$

式中，f_0 为时标频率；T_0 为周期，$T_0=\dfrac{1}{f_0}$。

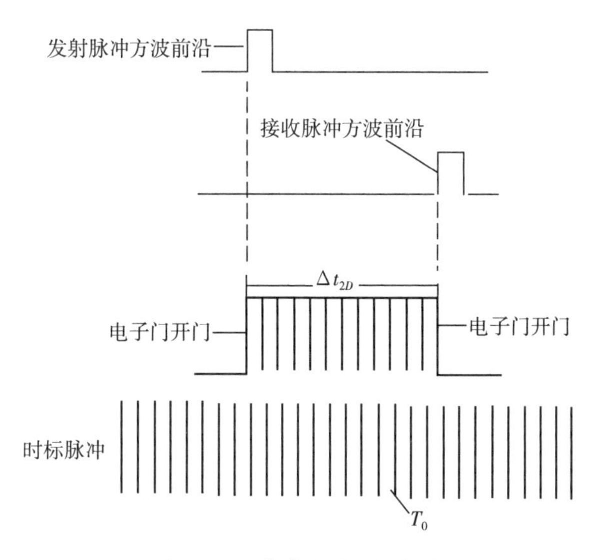

图 5-5　脉冲法测距的方波

每一个时标脉冲所代表的距离为$\dfrac{\lambda}{2}$，当 $f_0=150$ MHz 时，$\dfrac{\lambda}{2}=\dfrac{c}{2f_0}=\dfrac{3\times10^{-8}}{2\times150\times10^{-6}}=$ 1 m；当 $f_0=300$ MHz 时，$\dfrac{\lambda}{2}=0.5$ m。所测距离 $D=\dfrac{\lambda}{2}N$。

20 世纪 90 年代瑞士莱卡公司生产的 DI3000 脉冲测距仪，将测线上往返时间延迟 Δt_{2D} 进行了细分，求出小于一个时标的脉冲值，从而使测距精度达到毫米级。

DI3000 脉冲测距仪，以半导体激光器作为光源，发射红外激光脉冲的宽度为 12 毫微秒(ns)，发射频率为 2000 Hz，时标脉冲为 15 MHz，$\dfrac{\lambda}{2}=10$ m。

不足一个周期的精测时间,是用时间幅值转换电路(TAC)完成的。该电路将由恒定电流源对电容充电,经不足一个周期的时间 ΔT 后停止充电,并将电容上的电压大小经模数转换电路转换为数值后,由微处理器读出该值。之后电容放电,准备下一次测量。实际上,TAC 是将不足一个周期的时间量转换为电压幅值的测定,大大提高时间测量的精度。

2. 红外测距仪相位法测距

相位法测距多以 GaAs(砷化镓)发光二极管作为光源,其是将测量时间变成测量光束在测线中传播的载波相位差,通过测定相位差来测定距离,故称为相位法测距。

在 GaAs 发光二极管上注入一定的恒定电流,它发出的红外光光强恒定不变,如图 5-6 所示。若改变注入电流的大小,GaAs 发光二极管发射光强也随之变化。若对发光管注入交变电流,使发光管发射的光强随着注入电流的大小发生变化,这种光称为调制光。如同脉冲法测距,测距仪在 A 站发射的调制光在待测距离上传播,被 B 点反光镜反射后又回到 A 点被测距仪接收器接收。所经过的时间为 Δt_{2D}。为便于说明,则将反光镜 B 反射后,回到 A 点的光波沿测线方向展开,则调制光来回经过了 $2D$ 的路程,如图 5-7 所示。

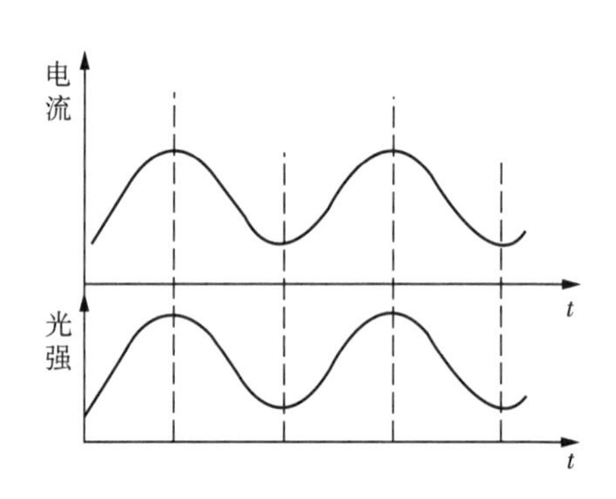

图 5-6 光强随电流变化

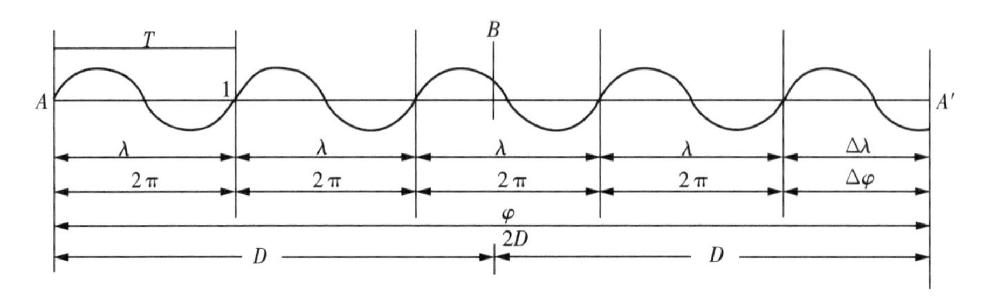

图 5-7 相位法测距

设调制光的角频率为 ω,则调制光在测线上传播时的相位延迟 φ 为

$$\varphi=\omega\Delta t_{2D}=2\pi f\Delta t_{2D} \tag{5-6}$$

$$\Delta t_{2D}=\frac{\varphi}{2\pi f} \tag{5-7}$$

将 Δt_{2D} 代入式(5-5),得

$$D=\frac{1}{2}\frac{c_0}{n_g f}\frac{\varphi}{2\pi} \tag{5-8}$$

从图 5-7 可知，相位 φ 还可以用相位的整周数(2π) 的个数 N 和不足一个整周数的 $\Delta\varphi$ 来表示，即

$$\varphi = N \cdot 2\pi + \Delta\varphi \tag{5-9}$$

将式(5-9) 代入式(5-8) 得相位法测距基本公式：

$$D = \frac{c_0}{2n_g f}\left(N + \frac{\Delta\varphi}{2\pi}\right) = \frac{\lambda}{2}\left(N + \frac{\Delta\varphi}{2\pi}\right) \tag{5-10}$$

式中，λ 为调制光的波长，$\lambda = \frac{c_0}{n_g f}$；$n_g$ 为大气折射率，它是载波波长、大气温度、大气压力、大气湿度的函数。

将式(5-10) 与式(5-1) 相比，有相像之处。$\frac{\lambda}{2}$ 相当于钢尺长度，N 为整尺段数，$\frac{\Delta\varphi}{2\pi}$ 为不足一整尺段数，令其为 ΔN。因此，我们常称 $\frac{\lambda}{2}$ 为光测尺，令其为 L_s，则有

$$D = L_s(N + \Delta N) \tag{5-11}$$

仪器在设计时选定了发射光源，发射光源波长 λ 也就确定了，然后确定一个标准温度 t 和标准气压 P，就可以求得仪器在确定的标准气压条件下的折射率 n_g。而测距仪测距时的实际气温、气压、湿度与仪器设计时选用的参数不一致，所以在测距时还要测定测线的温度和气压等，对所测距离进行气象改正。

测距仪测定相位 φ，是把接收测线上返回的载波相位与机内固定的参考相位在相位计中进行比相，而测出不足一个整波长的相位。因为相位计只能分辨 $0 \sim 2\pi$ 之间的相位变化，所以只能测出不足一个整周期的相位差 $\Delta\varphi$，而不能测出整周数 N。例如，光测尺为 10 m，只能测出小于 10 m 的距离，光测尺为 1000 m 只能测出小于 1000 m 的距离。由于仪器测相精度一般为 $\frac{1}{1000}$，1 km 的测尺精度只有米级。所以，为了兼顾测程和精度，目前测距仪常采用多个调制频率(n 个测尺) 进行测距。用短测尺(称为精尺) 测定精确的小数，用长测尺(称为粗尺) 测定距离的大数。将两者衔接起来，就解决了长距离测距数字直接显示的问题。例如，某双频测距仪，测程为 1 km，设计了精、粗两个测尺，精尺为 10 m(载波频率 $f_1 =$ 15 MHz)，粗尺为 1000 m(载波频率 $f_2 = 150$ kHz)。用精尺测 10 m 以下小数，粗尺测 10 m 以上大数，如实测距离为 745.672 m，则粗测距离为 745.1 m，精测距离为 5.672 m，仪器显示距离为 745.672 m。对于更远测程的测距仪，可以设几个测尺配合测距。

5.2.2　测距仪的工作原理和工作过程

仪器内由石英晶体振荡器产生 4 个振荡频率，其中 2 个为主振荡频率(简称主振)，分别为15 MHz 正弦信号(称为精测主振) 和 150 kHz 正弦信号(称为粗测主振)，这 2 个信号一路送发射作为测距信号，一路送参考混频器作为比相的标准信号；另有 2 个本机振荡频率(简称本振)，分别为 15 MHz～6 kHz 和 150 kHz～6 kHz。本振信号用于与主振信号混频以产

生差频信号。主、本振信号分别受电子开关Ⅰ、Ⅱ的控制。电子开关Ⅰ、Ⅱ是同步工作的，都受指令单元控制，使精主、精本信号和粗主、粗本信号分别同时输出。红外测距仪的工作原理如图5-8所示。

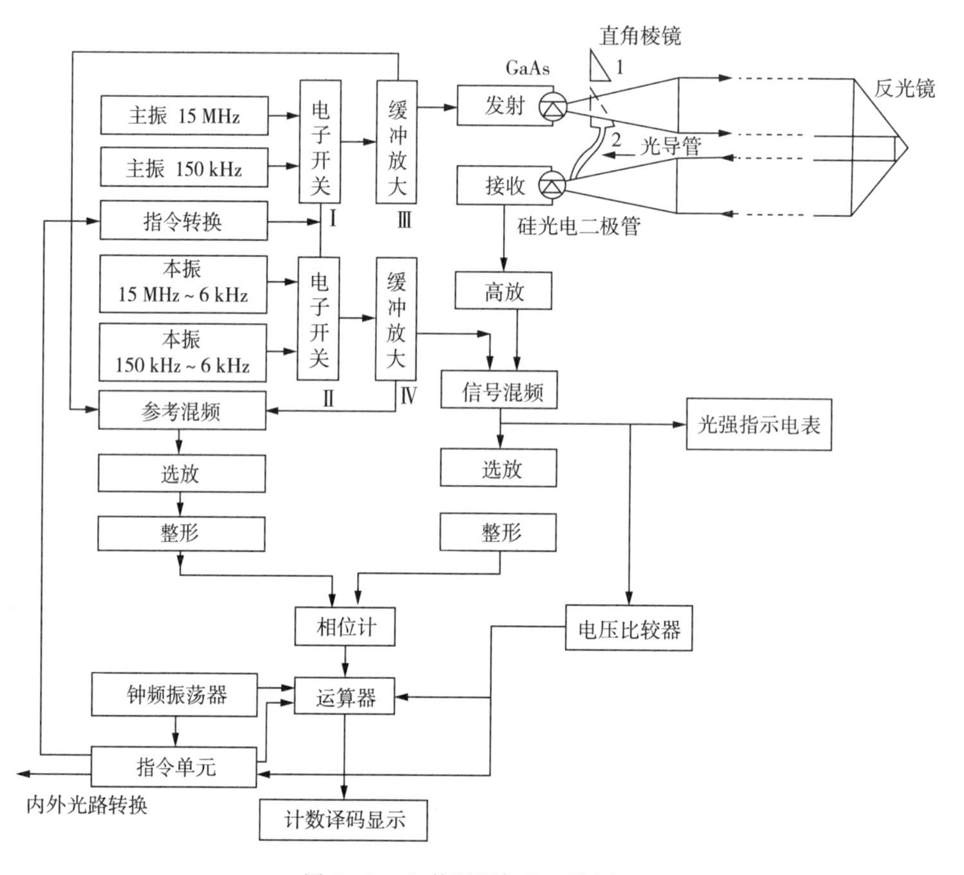

图5-8　红外测距仪的工作原理

主振信号经过放大送往发射，对GaAs发光二极管进行调制。发光二极管发出的光为调制光，该调制光经过发射光学系统，变成一束发散角为$2' \sim 4'$的光束，射向测线另一端的反光镜；经反光镜反射后，返回到接收物镜，再经过物镜光学系统聚焦到硅光电二极管上，该管将光信号变成电信号。这时的电信号频率与主振频率一样，其相位中包含了往返于待测距离D的相位移φ，此信号经过高频放大后送至信号混频器。

为了提高仪器测定相位的精度和仪器的稳定性，测距仪中还设置了参考混频器和信号混频器。混频器的作用是将2个频率不同的信号经过混频得到这2个频率之差的信号(称为差频信号)。例如，主振$f_1 = 15$ MHz与本振$f_2 = 15$ MHz～6 kHz信号经混频后得到6 kHz信号。

参考混频器是将由机内直接送来的主振信号和本振信号进行混频，得到6 kHz正弦信号。这个信号经过选放、整形后变成方波，为参考信号方波e_0。信号混频器是将高放送来的主振信号和本振信号进行混频，得到的也是6 kHz正弦信号，但是这个6 kHz正弦信号的相应信息中包含了测距信号往返于待测距离D的相位移。信号混频输出的正弦波经过选放、整形后变成方波，为测距信号方波e_1，如图5-9所示。

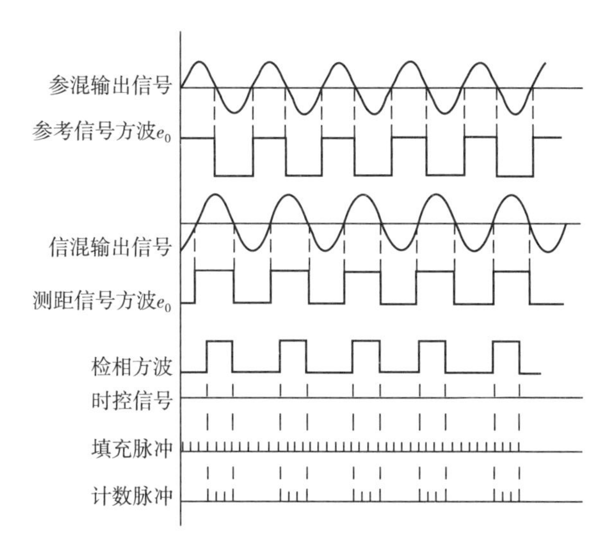

图5-9　测相原理

混频后的6 kHz信号是原来15 MHz信号频率的1/2500，因此相位测量分辨率将提高2500倍。整形后的参考信号方波e_0和测距信号方波e_1在相位计里进行检相，可得到检相方波$\Delta\varphi$。与脉冲法类似，将时标脉冲(填充脉冲)填入检相方波中，然后计数，便得到计数脉冲所代表的距离，这一过程称为数字检相。

为了提高测相精度，仪器采取多次测定$\Delta\varphi$，一般可达数千次取平均值，最后在液晶显示器上直接显示出距离值。

5.2.3　边长改正

设测距仪测定的是斜距，并且也未预置仪器常数，因而需对所测距离进行仪器常数改正、气象改正和倾斜改正等，最后求得水平距离。

现代测距仪(全站仪)都可进行改正数预置，测量时自动进行改正，无须计算。现简述改正内容。

1. 仪器常数改正

仪器常数有加常数和乘常数两项。加常数是由发光管的发射面、接收面与仪器中心不一致，反光镜的等效反射面与反光镜中心不一致，内光路产生相位延迟及电子元件的相位延迟等所致(见图5-10)。

仪器的测尺长度与仪器振荡频率有关，仪器经过一段时间使用，晶体会老化，致使测距时仪器的晶振频率与设计时的频率有偏移，因此产生与测试距离成正比的系统误差，其比例因子称为乘常数。例如，晶振有15 Hz误差，会产生1×10^{-6}的系统误差，1 km的距离将产生1 mm误差。此项误差也应通过检测求定，在所测距离中加以改正。

仪器常数改正按下式计算：

$$\Delta D_k = K + R \cdot D \tag{5-12}$$

式中，K为仪器加常数；R为仪器乘常数。

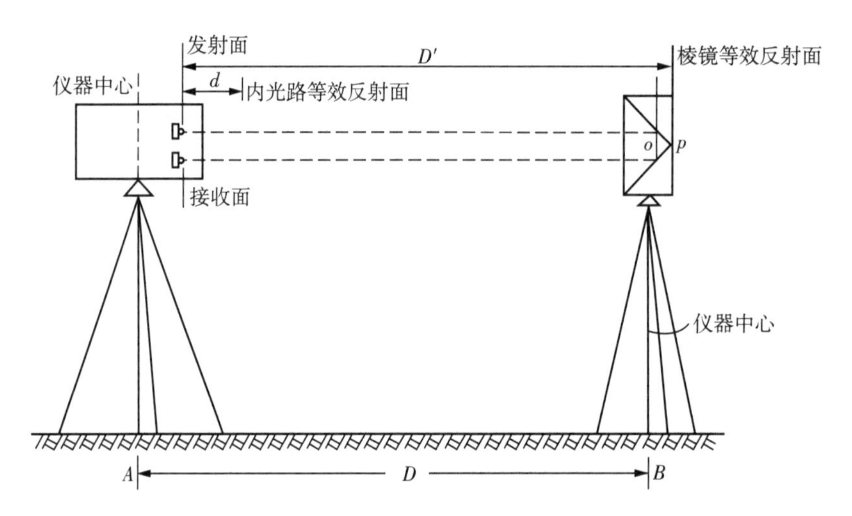

图 5-10　测距仪加常数改正

2. 气象改正

仪器的测尺长度是在一定的气象条件下推算出来的，但是仪器在野外测量时气象参数与仪器标准气象元素不一致，因此使测距值产生系统误差。一般测距仪都设置了气象改正。如果需要，可按厂家提供的气象改正公式进行计算。

3. 倾斜改正

测距仪测试结果经过前几项改正后的距离是测距仪几何中心到反光镜几何中心的斜距，要改算成平距还应进行倾斜改正。现代测距仪一般都与光学经纬仪或电子经纬仪组合，测距时可以同时测出竖直角 α 或天顶距 z（天顶距是从天顶方向到目标方向的角度）。可用下式计算平距 D：

$$D_0 = D \cdot \sin z \tag{5-13}$$

从相位法测距公式，分析仪器误差来源，从而得到仪器的标称精度。

$$M_D = \pm(A + B \times 10^{-6} D) \tag{5-14}$$

式中，A 为固定误差；B 为比例误差系数。

如某厂家仪器精度为 $\pm(3\ \text{mm} + 2 \times 10^{-6} \times D)\text{mm}$。

5.3　全站仪精密测距

5.3.1　全站仪测距原理

全站仪电子测距属于电磁波测距，它是以电磁波作为载波，通过传输光信号来测量距离的一种方法。它的基本原理是利用仪器发出的光波（光速 C 已知），通过测定出光波在测线两端点间往返传播的时间 t 来测量距离。全站仪能实现电子测距与其望远镜“三轴同一”构造有关，即全站仪的望远镜实现了视准轴、测距光波的发射和接收光轴同轴化。同轴化的基本原理：在望远物镜与调焦透镜间设置分光棱镜系统，通过该系统实现望远镜的多功能，即既可瞄准目标，使之成像于十字丝分划板，进行角度测量，同时其测距部分的外光路系统又能使测距部分的光敏二极管发射的调制红外光在经物镜射向反光棱镜后，经同一路径反射回来，再经分光棱镜作用使回光被光电二极管接收；为测距需要，在仪器内部另设一内光路系统，通过分光棱镜系统中的光导纤维将由光敏二极管发射的调制红外光传送给光电二极管接收，进而由内、外光路调制光的相位差间接计算光的传播时间，计算实测距离。

全站仪的望远镜将测距系统的发射光轴和接收光轴与测角系统的视准轴同轴，实现了“三轴同一”，如图5-11所示。这样能够保证当望远镜照准目标棱镜的中心时，就能够准确、迅速地同时测定水平角、垂直角和斜距 S、平距 D、高差 h，并可进行连续测量和跟踪测量等。

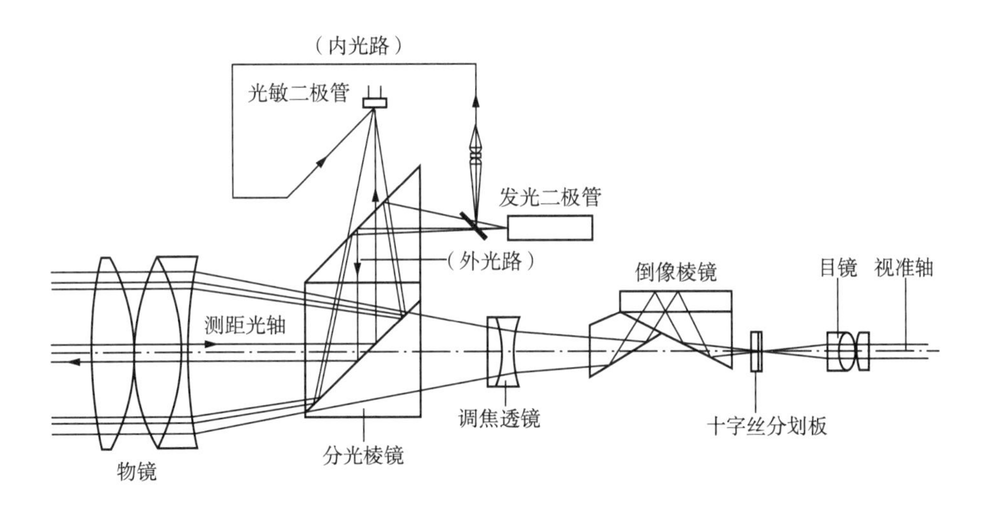

图5-11　全站仪三轴同一

5.3.2　全站仪配套合作目标使用

全站仪精密距离测量必须选用全站仪主机及与全站仪配套的合作目标。

1. 单杆棱镜

单杆棱镜的对中精度差，靠人掌握，偶然误差大，在对点准确及立杆圆盒水准器精平的前提下，半测回点位误差可达±50 mm。可用于对点位精度要求不高的地形测量、土石方收方测量、管网走向定位和房屋边界洒白灰线测量等。单杆棱镜严禁用于房屋建筑施工测量！

2. 三杆棱镜

三杆棱镜的对中精度较差，在对点准确及立杆圆盒水准器精平的前提下，半测回点位误差可达±20 mm。可用于精度要求不高的桩位开挖中心，基础开挖边线测设，但不能将测设点位作为控制点、测站转点、建筑轴线端点或用以引测轴线。

3. 基座棱镜

基座棱镜的对中精度高,半测回点位误差可达 ±5 mm。可用于控制点测设,其测设点位可用于测站点。施工现场设置控制点、测站点和转点,必须使用基座棱镜!

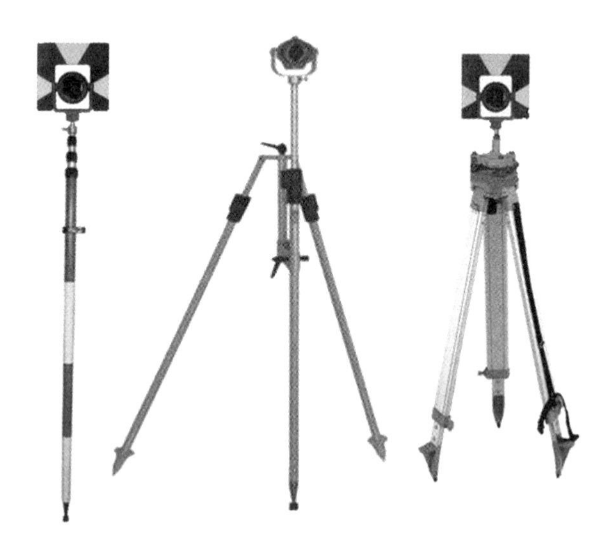

图 5-12　全站仪配套的合作目标

5.3.3　参数设置及距离测量

由于电子测距为仪器中心到棱镜中心的倾斜距离,因此仪器站和棱镜站均需要精确对中和整平。在距离测量前应进行气象改正、棱镜类型、棱镜常数改正、测距模式的设置和测距回光信号的检查等,然后才能进行距离测量。仪器的各项改正是按设置仪器参数,经微处理器对原始观测数据计算并改正后,显示观测数据和计算数据的。只有合理设置仪器参数,才能得到高精度的观测成果。

1. 设置大气改正

由于仪器是利用红外光测距,光束在大气中传播速度因大气折射率不同而变化,而大气折射率与大气温度和气压有关。仪器设计是在温度 $T=15$ ℃,标准大气压 $P=101325$ Pa(760 mm Hg) 时气象改正数为 0。气象改正数可以输入温度,气压值由仪器自动完成设置或直接输入气象改正数值进行设置。

2. 大气折光率和地球曲率改正

全站仪在进行平距测量时,可对大气折光率和地球曲率的影响进行自动改正。

3. 设置目标类型

全站仪的目标类型一般可设置为红色激光测距和不可见光红外测距,可选用的反射体有棱镜、无棱镜和反射片。用户可根据作业需要自行设置。部分型号全站仪只具有红外测距功能,使用时所用的棱镜需与棱镜常数匹配。具体可在【☆】键模式下进行目标类型的设置,具体操作见全站仪说明书。

4. 设置棱镜常数

当用棱镜作为反射体时,需在测量前设置好棱镜常数。

5. 距离测量次数设置

按规范要求，距离测量通常要求多个测回，因此在测距前，应对距离测量次数按照要求进行设置。

6. 距离测量

全站仪主菜单中找到“基本测量”初始屏幕，单击【测距】键进入距离测量模式，即可测距。

7. 免棱镜测距

近年来，很多全站仪都设置了免棱镜测距功能。除脉冲式测距外，在相位式的测距仪上，也设置了高精度的免棱镜测距模式，精度达到毫米级。一般是在同一仪器中设置两个发射光源：一个为红外光束，保证相位测距的精度和测程；另一个为红外激光束，把光斑压缩得很小，光能量增大，保证漫反射的回波能测出距离，但测程较棱镜测距短。全站仪上设置免棱镜测距模式，给测量工作和工程放样都带来了方便。

5.3.4 全站仪测距系统误差

测距系统误差主要有以下几种：周期误差，加、乘常数误差，幅相误差，相位不均匀误差（本书不做描述）。

1. 周期误差

周期误差是指按一定的距离呈现周期重复出现的误差，主要是由测距仪光学和电子线路的光电信号窜扰造成的，可以通过提高整机的屏蔽抗干扰特性并进行周期误差的补偿方法克服。

2. 加、乘常数误差

加常数误差是由仪器的测距部（包括反光镜）光学零点与对点器不一致造成的，改正方法是对所有测量值加入固定偏差，其表达式为

$$\Delta D = K$$

乘常数误差是由仪器时间基准偏差造成的，其现象是给观测值加入了一个与距离成比例的偏差，其表达式为

$$\Delta D = R \cdot D$$

式中，D 为实际距离；R 为乘常数。

加常数误差的检测通常和乘常数检测结合在一起完成。

3. 幅相误差

幅相误差是由接收电子线路及自适应系统的特性不完善，回光信号存在强弱不同造成的。

5.3.5 全站仪测距精度

全站仪的测距精度又有全站仪测距标称精度和实际测距精度之分。全站仪测距标称精度实际上是全站仪的名义测距精度，是厂商对仪器精度的一种标称，适用于系列仪器标识。

全站仪标称精度是以$\pm(A\ \mathrm{mm}+B\ \mathrm{ppm}\cdot D)$或者$\pm(A+B\times D\times 10^{-6})$的形式表示仪

器的综合精度，A 代表仪器的固定误差，单位 mm，主要是由仪器加常数的测定误差、对中误差、测相误差造成的。固定误差与测量的距离没有关系，即不管测量的实际距离多远，全站仪都将存在不大于该值的固定误差。B 为比例误差系数。D 为距离，单位 km，应注意的是，这里的 A、B 都是随机误差，和前面所讨论的加、乘系数系统误差不是一个概念。它们的联系仅在于，标称精度是对测量成果在进行了正确的加、乘常数误差改正后的残差的随机分布特征的描述。标称精度反映了仪器外部符合的不确定度，它是剔除了主要系统误差后的结果，有时人们也把它称为综合精度。但综合精度并非涵盖了所有系统误差。全站仪都以随机误差性能作为标称精度反映仪器性能，我们无法从标称精度中看出仪器的系统误差，但绝不意味着不存在系统误差。在全站仪（或者测距仪）说明书中一般标识测距精度如（$A+B$ ppm×D）mm，其反映的是全站仪或者测距仪的标称测距精度；不是实际测距精度。

全站仪测距实际精度是通过检定、检测方法得到的。对于具体型号的仪器，不同仪器的测距综合精度、加常数和乘常数，可能是不同的。对于一般光波全站仪的测距综合精度、加常数和乘常数，一般按照《全站型电子速测仪检定规程》（JJG 100—2003）和《光电测距仪检定规程》（JJG 703—2003）进行检定。

5.4 直线定向

5.4.1 直线定向的概念

确定地面两点在平面上的位置，不仅需要量测两点间的距离，还要确定该直线的方向。为此先选择一个标准方向，再根据直线与标准方向之间的关系确定该直线方向，这一工作称为直线定向。

测量中常用的标准方向线有以下 3 种。

1. 真子午线方向

真子午线方向是过地面某点真子午面与地球表面交线的方向。真子午线北端所指方向为正北方向，可以用天文测量的方法或用陀螺经纬仪方法测定。

2. 磁子午线方向

磁子午线方向是过地球某点磁子午线的切线方向，它可以用罗盘仪测定。当磁针静止时指针指的方向为磁子午线方向，其北端所指方向为磁北方向。

3. 坐标纵轴方向

在第 2 章中已阐述，我国地图常采用高斯平面直角坐标系，用 3°带或 6°带投影的中央子午线作为坐标纵轴。因此，在该带内直线定向，就是用该带的坐标纵轴方向作为标准方向，坐标纵线北端所指方向为坐标北方向。若在特殊地区，建立独立坐标系，则用独立坐标系坐标纵轴方向作为标准方向。测量上常将上述方向线绘在地图图廓线下方，也称为三北方向线，如图 5－13 所示。

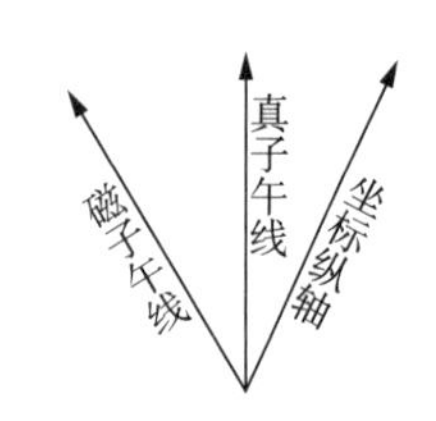

图 5－13　三北方向线

5.4.2　直线定向方法

测量中常用方位角表示直线方向。由标准方向的北端起，顺时针方向到某直线水平夹角称为该直线的方位角，方位角值从 0° ～ 360°，如图 5－14 所示。

若标准方向为真子午线方向，则称为真方位角，用 A 表示；若标准方向为磁子午线方向，则称为磁方位角，用 A_m 表示；若标准方向为坐标纵轴方向，则称为坐标方位角，用 α 表示。

1. 真方位角和磁方位角之间的关系

地球磁极与地球旋转轴南北极不重合，因此过地面上某点的真子午线与磁子午线不重合。两者之间夹角为磁偏角，用 δ 表示。如图 5－15 所示，磁子午线北端偏于真子午线以东为东偏（$+\delta$），偏于真子午线以西为西偏（$-\delta$）。地球上不同地点磁偏角也不同。直线的真方位角与磁方位角之间可用下式换算：

$$A = A_m + \delta \tag{5-15}$$

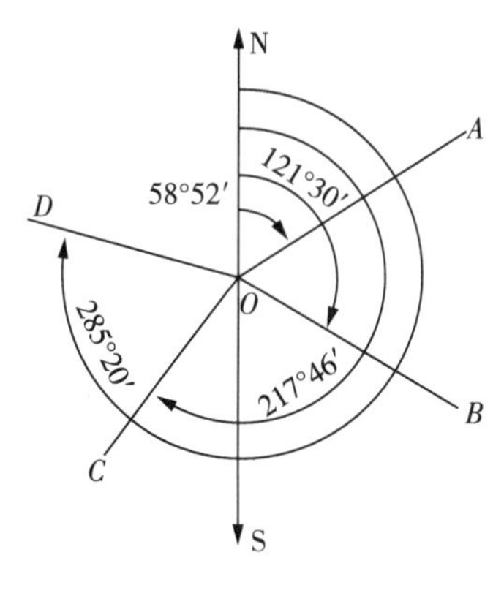

图 5－14　方位角

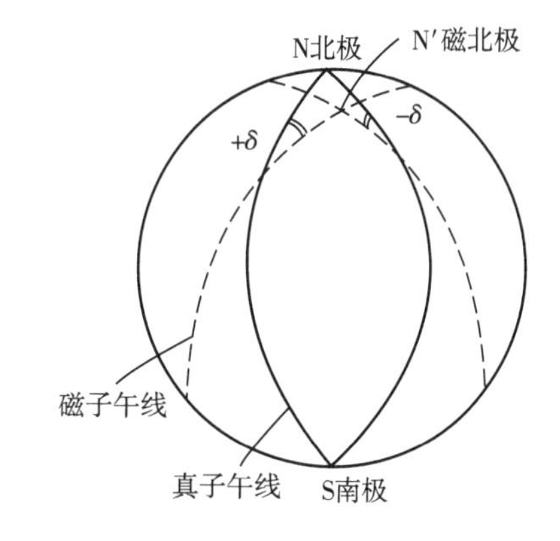

图 5－15　磁偏角 δ

我国磁偏角的变化为 6° ～－10°。北京地区磁偏角为西偏，约－5°。

地球磁极是不断变化的，北磁极正以每年 10 km 的速度向地理北极移动。目前北磁极位于加拿大北部北纬 76.2°，西经 100.6°。南磁极位于南纬 65°，东经 139.4°（1975 年测试）。磁北极距真北极 1500 km。由于磁极的变化，磁偏角也在变化。另外，罗盘仪还会受到地磁场及磁暴、磁力异常的影响。所以，磁方位角一般用于精度要求较低、定向困难的地区，如林业测量等。在大地测量中用真方位角。

2. 真方位角和坐标方位角

地面上在不同经度的子午线都会聚于两极，所以真子午线方向除了在赤道上的各点外，彼此都不平行。地面上两点子午线方向的夹角，称为子午线收敛角，用 γ 表示。如图 5－16(a) 所示，设 A、B 为同纬度上的两点，其距离为 l。过 A、B 两点分别作子午线切线交于地轴 P 点，AP、BP 为子午线方向，γ 为子午线收敛角。若 A、B 相距不太远时，子午线收敛角 γ 可用下式计算：

$$\gamma=\frac{l}{BP}\cdot\rho$$

在直角三角形 BOP 中，$BP=R/\tan\varphi$，代入上式得

$$\gamma=\frac{l}{R}\tan\varphi$$

从扇形 $AO'B$ 中可知，$l=r\cdot\Delta L$，$r=R\cos\varphi$，ΔL 为经差，则有

$$\gamma=\Delta L\cdot\sin\varphi \tag{5-16}$$

从式(5－16)中可知，纬度越低，子午线收敛角越小，在赤道上为零。纬度越高，子午线收敛角越大。

由于存在着子午线收敛角，离开各投影带中央子午线各点坐标纵方向与子午线方向不重合，如图 5－16(b)。真子午线方向位于坐标纵轴方向以东，γ 取“—”，反之取“+”。真方位角和坐标方位角之间可用下式换算：

$$A_{AB}=\alpha_{AB}+\gamma \tag{5-17}$$

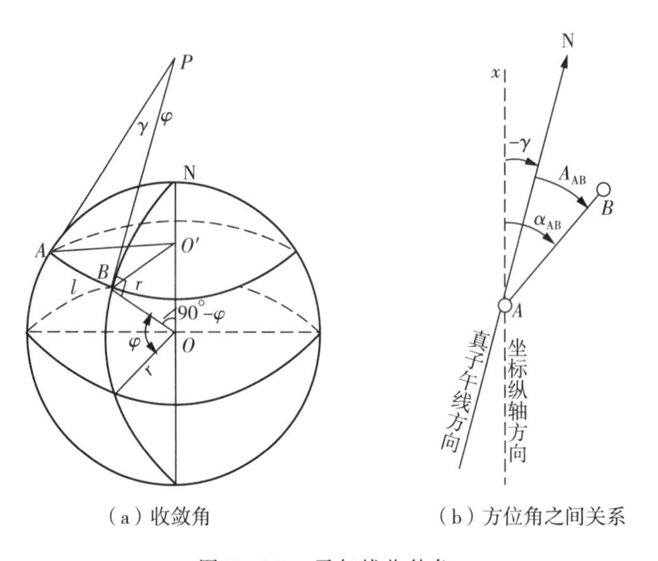

（a）收敛角　　（b）方位角之间关系

图 5－16　子午线收敛角

5.4.3　正、反坐标方位角及其推算

测量中任何直线都有一定的方向。如图 5－17 所示，直线以点 A 为起点，以点 B 为终点。过起点 A 坐标纵轴的北方向与直线 AB 的夹角 α_{AB} 称为直线 AB 的正方位角。过终点 B 的坐标纵轴北方向，即与直线 BA 的夹角 α_{BA}，称为直线 AB 的反方位角。正、反方位角差 180°。

$$\alpha_{AB}=\alpha_{BA}\pm180^\circ \tag{5-18}$$

由于地面两点真(磁)子午线不平行，存在子午线收敛角和磁偏角，则真(磁)方位角的

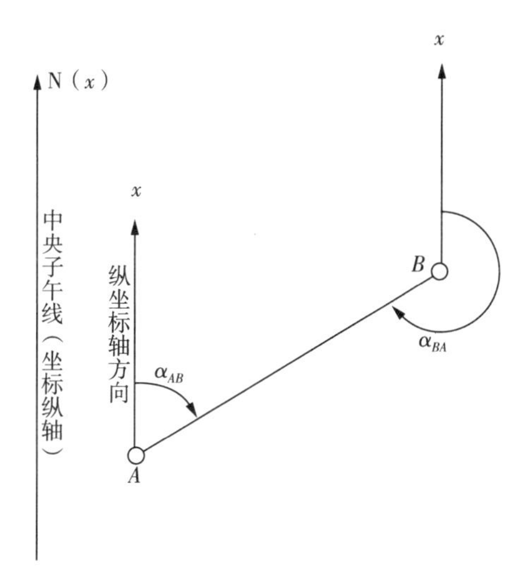

图 5－17　正反方位角

正、反方位角不是差 180°，而存在收敛角（磁偏角）。而且收敛角随纬度不同而变化，这给测量计算带来不便。故测量工作中常用坐标方位角进行直线定向。

在测量中为了使测量成果坐标统一，并能保证测量精度，常将线段首尾连接成折线，并与已知边 AB 相连。若 AB 边的坐标方位角 α_{AB} 已知，又测定 AB 边和 $B1$ 边的水平角 β_B（称为连接角）和各点的折角 β_1、β_2、β_3……。利用正、反方位角的关系和测定的折角可以推算连续折线上各线段的坐标方位角，如图 5－18 所示。

$$
\begin{aligned}
\alpha_{BA} &= \alpha_{AB} + 180^\circ \\
\alpha_{B1} &= \alpha_{BA} + \beta_B - 360^\circ = \alpha_{AB} + \beta_B - 180^\circ \\
\alpha_{12} &= \alpha_{B1} + \beta_1 - 180^\circ = \alpha_{AB} + \beta_B + \beta_1 - 2 \times 180^\circ \\
&\vdots \\
\alpha_{ij} &= \alpha_{ab} + \sum \beta_{iz} - N(180^\circ)
\end{aligned}
\tag{5-19}
$$

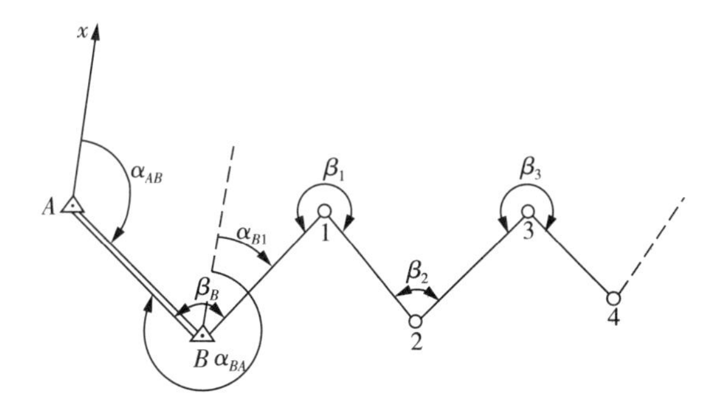

图 5－18　方位角的计算方法

式中，β_{ij} 是折线推算前进方向的左角。若测定的是右角，则用下式计算

$$\alpha_{ij}=\alpha_{AB}-\sum\beta_{iy}+n\times(180^\circ) \tag{5-20}$$

如图 5-19 所示，有折线构成闭合图形，并与已知点 A 连接，β' 为连接角，β_1、β_2、β_3、β_b 为多边形内角，α_{AB} 为已知方位角。若按 $B1$，12，23，$3B$ 顺序推算各边方位角，则 β_1、β_2、β_3、β_B 为右角。现将各边方位角推导如下：

$$\begin{aligned}
&\alpha_{BA}=\alpha_{AB}+180^\circ\\
&\alpha_{B1}=\alpha_{AB}+\beta'-360^\circ=\alpha_{AB}+\beta'-180^\circ\\
&\alpha_{12}=\alpha_{B1}+180^\circ-\beta_1=\alpha_{B1}-\beta_1+180^\circ\\
&\alpha_{23}=\alpha_{12}+180^\circ-\beta_2=\alpha_{B1}-\beta_1-\beta_2+2\times180^\circ\\
&\alpha_{3B}=\alpha_{23}+180^\circ-\beta_2=\alpha_{B1}-\beta_1-\beta_2-\beta_3+3\times180^\circ\\
&\alpha'_{B1}=\alpha_{3B}+180^\circ-\beta_B=\alpha_{B1}-\sum\beta_{\mathrm{i}}+n\times180^\circ
\end{aligned} \tag{5-21}$$

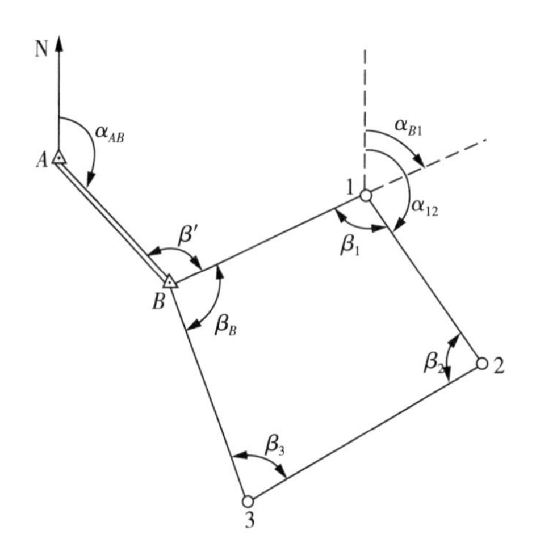

图 5-19　闭合图形的方位角计算

将多边形推算的 α'_{B1} 和已知方位角和连接角推算的方位角 α_{B1} 进行比较，以检核计算有无错误。

习　　题

5-1　什么是直线定线？

5-2　说明全站仪测距精度的含义，某全站仪测距标称精度为 3 mm + 2 ppm，用该全站仪测距测 10 km，则精度为多少？

5-3　全站仪单杆、三杆及基座棱镜各在何种场合使用？

5-4　根据图5-20中所注的AB坐标方位角和各内角，计算BC、CD、DA各边的坐标方位角。

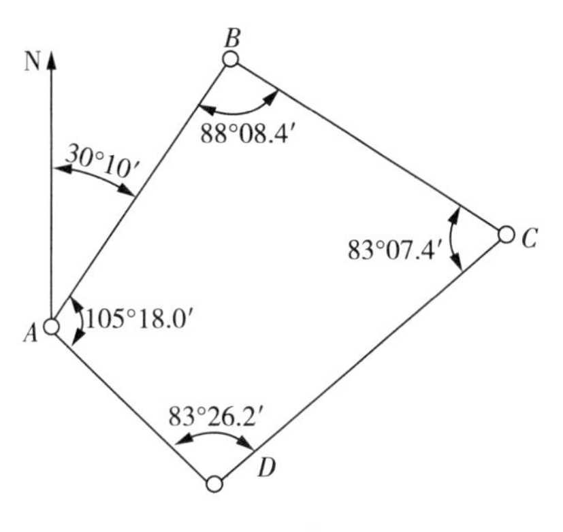

图5-20　题5-4图

5-5　根据图5-21中AB边坐标方位角及水平角，计算其余各边方位角。

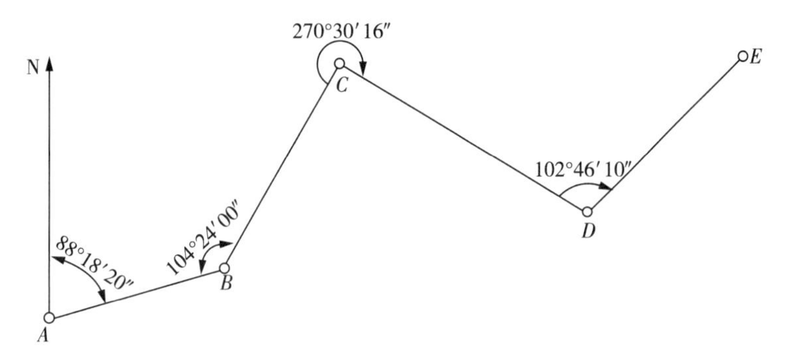

图5-21　题5-5图

5-6　试述相位法测距原理。

5-7　相位法测距与脉冲法测距有何不同？

5-8　什么是全站仪“三轴同一”？

5-9　试述全站仪的测距过程。

5-10　相位法测距为何设粗测尺和精测尺？

5-11　什么是定向？标准方向有几个？它们之间有何关系？

第6章　测量误差及数据处理的基本知识

6.1　概　述

6.1.1　测量与观测值

测量是人们认识自然、认识客观事物的必要手段和途径。通过一定的仪器、工具和方法对某量进行量测称为观测，获得的数据称为观测值。

6.1.2　观测与观测值的分类

1. 同精度观测和不同精度观测

按测量时所处的观测条件可分为同精度观测和不同精度观测。

构成测量工作的要素包括观测者、测量仪器和外界条件，通常将这些测量工作的要素统称为观测条件。在相同的观测条件下，即用同一精度等级的仪器和设备，在相同的方法和外界条件下，由具有大致相同技术水平的人所进行的观测称为同精度观测，其观测值称为同精度观测值或等精度观测值。反之，则称为不同精度观测，其观测值称为不同(不等)精度观测值。例如，两人用DJ6经纬仪各自测得的一测回水平角属于同精度观测值；若一人用DJ2经纬仪、一人用DJ6经纬仪测得的一测回水平角，或都用DJ6经纬仪但一人测二测回，一人测四测回，各自所得到的水平角均值则属于不等精度观测值。

2. 直接观测和间接观测

按观测量与未知量之间的关系可分为直接观测和间接观测，相应的观测值称为直接观测值和间接观测值。

为确定某未知量而直接进行的观测，即被观测量就是所求未知量本身，称为直接观测，观测值称为直接观测值。通过被观测量与未知量的函数关系来确定未知量的观测称为间接观测，观测值称为间接观测值。例如，为确定两点间的距离，用钢尺直接丈量属于直接观测；而视距测量则属于间接观测。

3. 独立观测和非独立观测

按各观测值之间相互独立或依存关系可分为独立观测和非独立观测。

各观测量之间无任何依存关系，是相互独立的观测称为独立观测，观测值称为独立观测值。若各观测量之间存在一定的几何或物理条件的约束，则称为非独立观测，观测值称为非独立观测值。例如，对某一单个未知量进行重复观测，各次观测是独立的，各观测值属于独立观测值；而对某平面三角形的3个内角进行观测，因为三角形内角之和应满足180°这个几何条件，所以属于非独立观测，因此平面三角形3个内角的观测值属于非独立观测值。

6.1.3　测量误差及其来源

1. 测量误差定义

测量中的被观测量，客观上都存在着一个真实值，简称真值。对该量进行观测得到观测值。观测值与真值之差称为真误差，即

$$真误差 = 观测值 - 真值 \tag{6-1}$$

2. 测量误差的反映

测量中不可避免地存在着测量误差。例如，为求某段距离，往返丈量若干次；为求某角度，重复观测几测回。这些重复观测的各次观测值之间存在着差异。又如，为求某平面三角形的3个内角，只要对其中2个内角进行观测就可得出第3个内角值，但为检验测量结果，对3个内角均进行观测，这样3个内角之和往往与真值180°产生差异。第3个内角的观测是"多余观测"。这些"多余观测"导致的差异事实上就反映了测量误差。

3. 测量误差的来源

产生测量误差的原因很多，其来源概括起来有以下3个方面：

(1) 测量仪器。测量工作要使用测量仪器进行。任何仪器只具有一定限度的精密度，使观测值的精密度受到限制。例如，在用只刻有厘米分划的普通水准尺进行水准测量时，就难以保证估读的毫米值完全准确。同时，仪器因装配、搬运和磕碰等原因存在着自身的误差，如水准仪的视准轴不平行于水准管轴，就会使观测结果产生误差。

(2) 观测者。观测者的视觉和听觉等感官的鉴别能力有一定的局限，所以在仪器的安置和使用中都会产生误差，如整平误差、照准误差和读数误差等。同时，观测者的工作态度、技术水平和观测时的身体状况等也是影响观测结果质量的直接因素。

(3) 外界环境条件。测量工作都是在一定的外界环境条件下进行的，如温度、湿度、风力和大气折光率等因素，这些因素的差异和变化都会直接对观测结果产生影响，也必然给观测结果带来误差。

6.1.4　研究测量误差的指导原则

测量工作由于受到上述3个方面因素的影响，观测结果总会产生这样或那样的观测误差，即观测误差是不可避免的。一般在测量中人们总希望使每次观测所出现的测量误差越小越好，甚至趋近于零。但要真正做到这一点，就要使用极其精密的仪器，采用十分严密的观测方法，付出很高的代价。事实上，在实际生产中，根据不同的测量目的，是允许在测量结果中含有一定程度误差的。测量工作的目标并不是简单地使测量误差越小越好，而是要在一定的观测条件下，设法将误差限制在与测量目的相适应的范围内。通过分析测量误差，求得未知量的最合理最可靠的结果，并对观测成果的质量进行评定。

6.2 测量误差的种类

按测量误差对测量结果影响性质的不同，可将测量误差分为粗差、系统误差和偶然误差。

6.2.1 粗差

粗差也称为错误，是由观测者使用仪器不正确或疏忽大意，如测错、读错、听错和算错等造成的错误，或因外界条件意外的显著变动而引起的差错。粗差的数值往往偏大，使观测结果显著偏离真值。因此，一旦发现含有粗差的观测值，应将其从观测成果中剔除。一般地讲，只要严格遵守测量规范，工作中仔细谨慎，并对观测结果做必要的检核，粗差是可以避免和被发现的。

6.2.2 系统误差

在相同的观测条件下，对某量进行的一系列观测中，数值大小和正负符号固定不变，或按一定规律变化的误差称为系统误差。

系统误差具有累积性，它随着观测次数的增多而积累。系统误差的存在必将给观测成果带来系统的偏差，其反映了观测结果的准确度。准确度是指观测值对真值的偏离程度或接近程度。

为了提高观测成果的准确度，首先要根据数理统计的原理和方法判断一组观测值中是否含有系统误差，其大小是否在允许的范围以内。然后采用适当的措施消除或减弱系统误差的影响。通常有以下 3 种方法：

(1) 测定系统误差的大小，对观测值加以改正。例如，用钢尺量距时，通过对钢尺的检定求出尺长改正数，对观测结果加尺长改正数和温度变化改正数，来消除尺长误差和温度变化引起的系统误差；全站仪上设置的双轴补偿和两差改正等，以改正视准轴误差、竖轴误差和大气折光率、地球曲率的影响。

(2) 采用对称观测的方法，使系统误差在观测值中以相反的符号出现，加以抵消。例如，水准测量时，采用前、后视距相等的对称观测，以消除由视准轴不平行于水准管轴所引起的系统误差；经纬仪测角时，用盘左、盘右两个观测值取中数的方法予以消除视准轴误差等。

(3) 检校仪器，将仪器存在的系统误差降低到最小限度，或限制在允许的范围内，以减弱其对观测结果的影响。例如，经纬仪照准部管水准轴不垂直于竖轴的误差对水平角的影响，可通过精确检校仪器，并在观测中仔细整平的方法来减弱。

系统误差的计算和消除，取决于我们对它的了解程度。用不同的测量仪器和测量方法，系统误差的存在形式也不同，消除系统误差的方法当然也会有所不同。必须根据具体情况进行检验、定位和分析研究，采取不同措施，使系统误差尽可能地得到消除或减小到可以忽略不计的程度。

6.2.3 偶然误差

在相同的观测条件下对某量进行一系列观测，单个误差的出现没有一定的规律性，其数值的大小和符号都不固定，表现出偶然性，但大量的误差却具有一定的统计规律性，这种误差称为偶然误差，又称为随机误差。例如，用经纬仪测角时，就单一观测值而言，由受照准误差、读数误差、外界条件变化所引起的误差、由仪器自身不完善而引起的误差等综合的影响，测角误差无论是数值的大小或正负都不能预知，具有偶然性。所以，测角误差属于偶然误差。

偶然误差反映了观测结果的精密度。精密度是指在同一观测条件下，用同一观测方法对某量多次观测时，各观测值之间相互的离散程度。

在观测过程中，系统误差和偶然误差往往是同时存在的。当观测值中有显著的系统误差时，偶然误差就居于次要地位，观测误差呈现出系统的性质；反之，呈现出偶然的性质。因此，对一组剔除了粗差的观测值，首先应寻找、判断和排除系统误差，或将其控制在允许的范围内，然后根据偶然误差的特性对该组观测值进行数学处理，求出最接近未知量真值的估值称为最或是值；同时，评定观测结果质量的优劣，即评定精度。这项工作在测量上称为测量平差，简称平差。本章主要讨论偶然误差及其平差。

6.3　偶然误差的特性及其概率密度函数

由前所述，偶然误差单个出现时不具有规律性，但在相同条件下重复观测某一量时，所出现的大量的偶然误差却具一定的规律性，这种规律性可根据概率原理，用统计学的方法来分析研究。例如，在相同条件下对某一个平面三角形的3个内角重复观测了358次，由于观测值含有误差，故每次观测所得的3个内角观测值之和一般不等于180°，按下式算得三角形各次观测的误差 Δ_i（称为三角形闭合差）：

$$\Delta_i = a_i + b_i + c_i - 180^\circ$$

式中，a_i，b_i，c_i 为三角形3个内角的各次观测值（$i=1,2,\cdots,358$）。

现取误差区间 $d\Delta$（间隔）为 $0.2''$，将误差按数值大小及符号进行排列，统计出各区间的误差个数 k 及相对个数 $\frac{k}{n}$（$n=358$），见表6-1所列。

表6-1　误差统计

误差区间 dΔ	负误差		正误差	
	个数 k	相对个数	个数 k	相对个数
$0.0''\sim0.2''$	45	0.126	46	0.128
$0.2''\sim0.4''$	40	0.112	41	0.115
$0.4''\sim0.6''$	33	0.092	33	0.092
$0.6''\sim0.8''$	23	0.064	21	0.059
$0.8''\sim1.0''$	17	0.047	16	0.045
$1.0''\sim1.2''$	13	0.036	13	0.036

（续表）

误差区间 dΔ	负误差		正误差	
	个数 k	相对个数	个数 k	相对个数
1.2″～1.4″	6	0.017	5	0.014
1.4″～1.6″	4	0.011	2	0.006
1.6″以上	0	0	0	0
总和	181	0.505	177	0.495

从上表的统计数字中，可以总结出在相同的条件下进行独立观测而产生的一组偶然误差，具有以下 4 个统计特性：

（1）在一定的观测条件下，偶然误差的绝对值不会超过一定的限度，即偶然误差是有界的。

（2）绝对值小的误差比绝对值大的误差出现的机会大。

（3）绝对值相等的正、负误差出现的个数大致相等。

（4）偶然误差的算术平均值随着观测次数的无限增加趋于零，即

$$\lim_{n\to\infty}\frac{\Delta_1+\Delta_2+\cdots+\Delta_n}{n}=\lim_{n\to\infty}\frac{[\Delta]}{n}=0 \tag{6-2}$$

式中，[Δ] 表示求和。

上述第 4 个特性是由第 3 个特性导出的，它说明偶然误差具有抵偿性，这个特性对深入研究偶然误差具有十分重要的意义。

表 6-1 中的相对个数$\frac{k}{n}$称为频率。若以横坐标表示偶然误差的大小，纵坐标表示$\frac{频率}{组距}$，即$\frac{k}{n}$再除以组距 dΔ（本例取 dΔ=0.2″），则纵坐标代表$\frac{k}{0.2n}$之值，可绘出误差统计直方图（见图 6-1）。

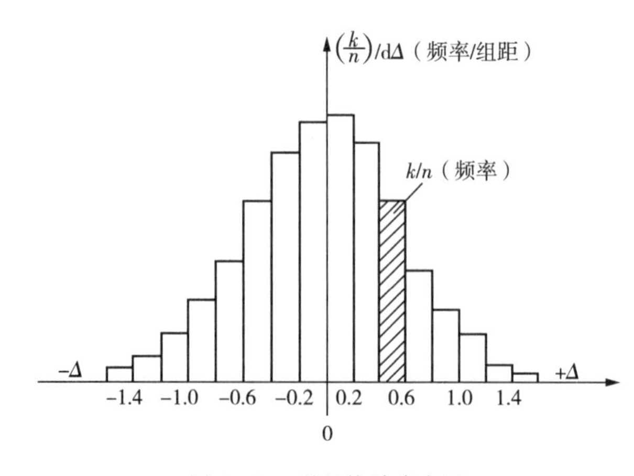

图 6-1　误差统计直方图

显然，图6-1中所有矩形面积的总和等于1，而每个长方条的面积(见图6-1中斜线所示的面积)等于$\frac{k}{0.2n}\times 0.2=\frac{k}{n}$，即为偶然误差出现在该区间内的频率，如偶然误差出现在$+0.4''\sim+0.6''$的频率为0.092。若使观测次数$n\rightarrow\infty$，并将区间$d\Delta$分得无限小($d\Delta\rightarrow 0$)，此时各组内的频率趋于稳定，并成为概率，直方图顶端连线将变成一个光滑的对称曲线(见图6-2)，该曲线称为高斯偶然误差分布曲线，在概率论中称为正态分布曲线。也就是说，在一定的观测条件下，对应着一个确定的误差分布。曲线的纵坐标y是$\frac{\text{概率}}{\text{组距}}$，它是偶然误差$\Delta$的函数，记为$f(\Delta)$。图6-2中斜线所表示的长方条面积$f(\Delta_i)d\Delta$，则是偶然误差出现在微小区间$(\Delta_i+\frac{1}{2}d\Delta,\Delta_i-\frac{1}{2}d\Delta)$内的概率，记为

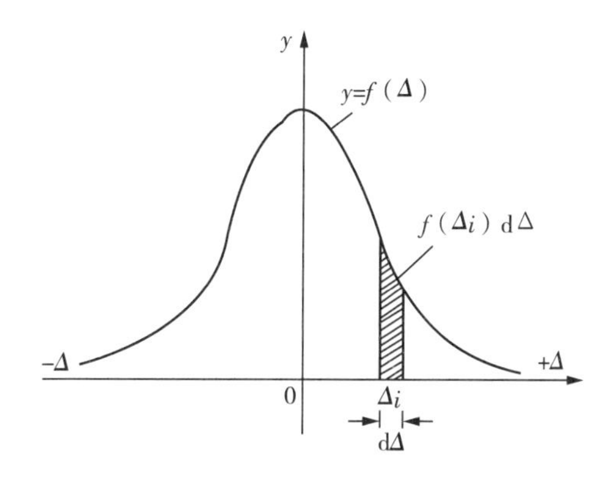

图6-2　误差正态分布曲线

$$P(\Delta_i)=f(\Delta_i)d\Delta$$

偶然误差出现在微小区间$d\Delta$内的概率的大小与$f(\Delta_i)$值有关，$f(\Delta_i)$越大，表示偶然误差出现在该区间内的概率也越大，反之则越小，因此称$f(\Delta)$为偶然误差的概率密度函数，简称为密度函数，其公式为

$$f(\Delta)=\frac{h}{\sqrt{\pi}}e^{-h^2\Delta^2} \tag{6-3}$$

式中，$h=e^c\sqrt{\pi}$，其中c为积分常数。

实践证明，偶然误差不能用计算来改正或用一定的观测方法简单地加以消除，只能根据其特性来合理地处理观测数据，以提高观测成果的质量。

6.4　衡量观测值精度的指标

在测量中，常用精确度来评价观测成果的优劣。精确度是准确度与精密度的总称。准确度主要取决于系统误差的大小；精密度主要取决于偶然误差的分布。对基本排除系统误差，以偶然误差为主的一组观测值，用精密度来评价该组观测值质量的优劣。精密度简称为精度。

在相同的观测条件下，对某量所进行的一组观测，对应着同一种误差分布，这一组观测值中的每一个观测值，都具有相同的精度。故为了衡量观测值精度的高低，可以采用误差分布表或绘制频率直方图来评定，但这样做十分不便，有时还不可能实现。因此，需要建立一

个统一的衡量精度的标准，对精度给出一个数值概念，该标准及其数值大小应能反映出误差分布的离散或密集的程度，称为衡量精度的指标。

6.4.1 精度指数

依据偶然误差概率密度函数

$$y=\frac{h}{\sqrt{\pi}}e^{-h^2\Delta^2}$$

当 $\Delta=0$ 时，$y=\frac{h}{\sqrt{\pi}}$ 为函数的最大值。显然，h 值的大小不同，函数的最大值(曲线峰顶在纵坐标轴上的位置)也不同。同时，由于偶然误差分布曲线与横坐标轴之间所包围的面积恒等于 1，因此当 h 值的大小不同时，分布曲线的陡缓程度也就不同。图 6-3 中表示了 $h=1$、$h=2$ 和 $h=3$ 曲线的形态。h 值越大，曲线两侧坡度越陡，表示偶然误差分布较为密集，说明小误差出现的概率较大，观测结果的精度较高；反之，h 值越小，曲线两侧坡度越缓，表示偶然误差的分布较为离散，说明小误差出现的概率较小，观测结果的精度较低。因此，称 h 为观测值的精度指数。

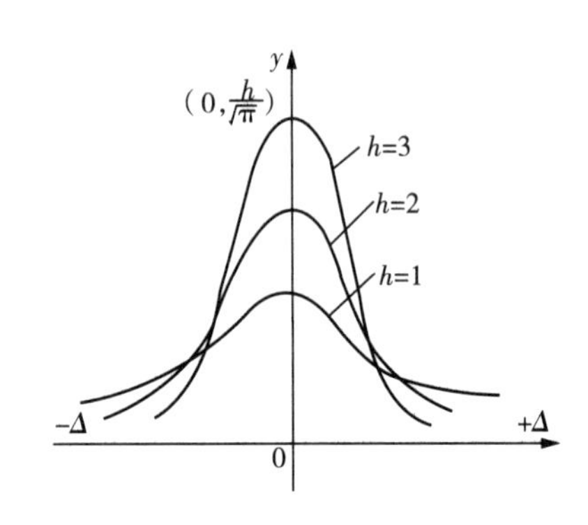

图 6-3 精度指数

精度指数 $h=e^c\sqrt{\pi}$，虽然反映了观测结果的精度，但计算较困难，不能直接用来衡量观测值的精度，因此还要设法通过 h 来寻找另一种计算方便的指标来衡量观测值的精度，这就是中误差。

6.4.2 中误差

设在同精度观测下出现一组偶然误差 $\Delta_1,\Delta_2,\cdots,\Delta_n$，其相应的概率为 $P(\Delta_1)$，$P(\Delta_2),\cdots,P(\Delta_n)$，精度指数为 $h_1=h_2=\cdots=h_n=h$，即

$$\begin{cases}P(\Delta_1)=\frac{h}{\sqrt{\pi}}e^{-h^2\Delta_1^2}d\Delta_1\\P(\Delta_2)=\frac{h}{\sqrt{\pi}}e^{-h^2\Delta_2^2}d\Delta_2\\\vdots\\P(\Delta_n)=\frac{h}{\sqrt{\pi}}e^{-h^2\Delta_n^2}d\Delta_n\end{cases}\tag{6-4}$$

根据概率定理，各偶然误差在一组观测值中同时出现的概率 P 等于各偶然误差概率的乘积，即

$$P=P(\Delta_1)\cdot P(\Delta_2)\cdot\cdots\cdot P(\Delta_n)$$

将式(6－4)代入上式得

$$P=\left(\frac{h}{\sqrt{\pi}}\right)^{n}\mathrm{e}^{-h^{2}\sum_{1}^{n}\Delta^{2}}\mathrm{d}\Delta_{1}\cdot\mathrm{d}\Delta_{2}\cdot\cdots\cdot\mathrm{d}\Delta_{n} \tag{6-5}$$

有理由认为,在一次观测中出现的某一组偶然误差,应具有最大的出现概率,即其概率 P 最大。为此,将式(6－5)对 h 求一阶导数,并令其为零,即

$$\frac{\mathrm{d}P}{\mathrm{d}h}=0$$

以 h 为自变量求导,与 $\left(\frac{1}{\sqrt{\pi}}\right)^{n}$ 及 $\mathrm{d}\Delta_{1}\cdot\mathrm{d}\Delta_{2}\cdots\mathrm{d}\Delta_{n}$ 无关,故在(6－5)式中舍去上述各项,得

$$\begin{aligned}\frac{\mathrm{d}P}{\mathrm{d}h}&=h^{n}\mathrm{e}^{-h^{2}\sum_{1}^{n}\Delta^{2}}\left[-2h\sum_{1}^{n}\Delta^{2}\right]+\mathrm{e}^{-h^{2}\sum_{1}^{n}\Delta^{2}}\cdot nh^{(n-1)}\\&=h^{(n-1)}\mathrm{e}^{-h^{2}\sum_{1}^{n}\Delta^{2}}\left[-2h^{2}\sum_{1}^{n}\Delta^{2}+n\right]\\&=0\end{aligned}$$

上式中若 $h^{(n-1)}=0(h=0)$,相当于 P 为极小值,不可取;若 $\mathrm{e}^{-h^{2}\sum_{1}^{n}\Delta^{2}}=0(h=\pm\infty)$,则无意义,因此,只有取

$$-2h^{2}\sum_{1}^{n}\Delta^{2}+n=0$$

$$2h^{2}=\frac{n}{\sum_{1}^{n}\Delta^{2}}$$

$$h=\pm\frac{1}{\sqrt{\frac{\sum_{1}^{n}\Delta^{2}}{n}}\cdot\sqrt{2}}$$

写成

$$h=\pm\frac{1}{m\sqrt{2}} \tag{6-6}$$

式中,m 为中误差,$m=\pm\sqrt{\frac{\sum_{1}^{n}\Delta^{2}}{n}}$,若用[ ]代表总和,则

$$m=\pm\sqrt{\frac{[\Delta\Delta]}{n}} \tag{6-7}$$

式中，$[\Delta\Delta]$ 为各偶然误差的平方和；n 为偶然误差的个数。

式(6-6)是中误差与精度指数的关系式，它表明了中误差 m 与精度指数 h 成反比，即中误差 m 越大，精度指数越小，表示该组观测值的精度越低；反之，则精度越高。测量上用中误差代替精度指数作为衡量观测值精度的标准，式(6-7)为中误差定义式。

例 6-1：甲、乙二组，各自在同精度条件下对某一三角形的 3 个内角观测 5 次，求得三角形闭合差 Δ_i 列于表 6-2 中，试问哪一组观测值精度高？

表 6-2　三角形形闭合差 Δ_i

误差	Δ_1	Δ_2	Δ_3	Δ_4	Δ_5
甲组	$+4''$	$-2''$	0	$-4''$	$+3''$
乙组	$+6''$	$-5''$	0	$+1''$	$-1''$

解：用中误差公式计算，得

$$m_{甲}=\pm\sqrt{\frac{4^2+(-2)^2+0+(-4)^2+3^2}{5}}=\pm 3.0''$$

$$m_{乙}=\pm\sqrt{\frac{6^2+(-5)^2+0+1^2+(-1)^2}{5}}=\pm 3.5''$$

因 $m_{甲}<m_{乙}$，故有理由认为甲组观测值的精度较乙组高。

由式(6-7)求得的同精度观测值的中误差代表了该组观测值的精度，即该组观测结果中任意一个观测值的精度。

对式(6-3)取二阶导数令其等于零，即式(6-8)，便可求得误差分布曲线拐点的横坐标。

$$\frac{\mathrm{d}^2 y}{\mathrm{d}\Delta^2}=-\frac{2h^3}{\sqrt{\pi}}\mathrm{e}^{-h^2\Delta^2}\cdot(1-2h^2\Delta^2)=0 \tag{6-8}$$

式(6-8)中的 $-\frac{2h^3}{\sqrt{\pi}}$ 与 $\mathrm{e}^{-h^2\Delta^2}$ 都不可能为零(因 h 为 0 或 $\pm\infty$ 没有意义)，因此只能取

$$1-2h^2\Delta^2=0$$

结合式(6-6)可知，等号左边的 Δ 即为偶然误差曲线拐点的横坐标值，等号右边恰好为 m，于是有

$$\Delta=\pm\frac{1}{\sqrt{2}h}=m$$

中误差 m 的几何意义即为偶然误差分布曲线 2 个拐点的横坐标(见图 6-4)。这也说明了用精度指数和中误差来衡量观测结果质量优劣的一致性。

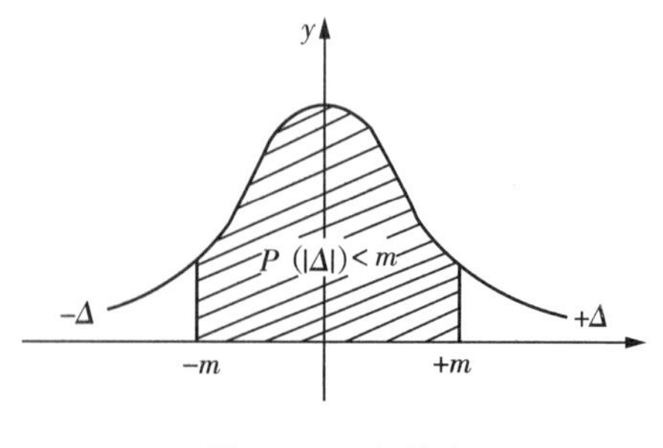

图 6-4　中误差

6.4.3　极限误差

由偶然误差的第 1 个特性可知，在一定的观测条件下，偶然误差的绝对值不会超出一定的限值。这个限值就是极限误差。

由图 6-4 可以看出，在区间 $[-m, m]$ 内偶然误差的概率值为

$$P\{-m < \Delta < m\} = \int_{-m}^{m} f(\Delta) \mathrm{d}\Delta = \int_{-m}^{m} \frac{1}{m\sqrt{2\pi}} \mathrm{e}^{-\frac{\Delta^2}{2m^2}} \mathrm{d}\Delta = 0.683$$

在区间 $[-2m, 2m]$ 内偶然误差的概率值为：

$$P\{-2m < \Delta < 2m\} = \int_{-2m}^{2m} f(\Delta) \mathrm{d}\Delta = \int_{-2m}^{2m} \frac{1}{m\sqrt{2\pi}} \mathrm{e}^{-\frac{\Delta^2}{2m^2}} \mathrm{d}\Delta = 0.954$$

在区间 $[-3m, 3m]$ 内偶然误差的概率值为：

$$P\{-3m < \Delta < 3m\} = \int_{-3m}^{3m} f(\Delta) \mathrm{d}\Delta = \int_{-3m}^{3m} \frac{1}{m\sqrt{2\pi}} \mathrm{e}^{-\frac{\Delta^2}{2m^2}} \mathrm{d}\Delta = 0.997$$

从上式可以看出，绝对值大于 1 倍、2 倍中误差的偶然误差概率分别为 31.7%，4.6%；绝对值大于 3 倍中误差的偶然误差出现的概率仅为 0.3%，这已是概率接近于零的小概率事件。在实际测量工作中由于观测次数有限，绝对值大于 3 倍中误差的偶然误差出现的概率很小。故通常以 3 倍中误差作为偶然误差的极限误差的估值，即

$$|\Delta_{极}| = 3|m| \tag{6-9}$$

在实际测量工作中，以 3 倍中误差作为偶然误差的极限值，称为极限误差。极限误差也常用作测量工作中的容许误差。在对精度要求较高时，也可以人为的取 2 倍中误差作为容许误差，即

$$|\Delta_{容}| = 2|m| \tag{6-10}$$

6.4.4　相对误差

对于衡量精度来说，有时单靠中误差还不能完全表达观测结果的质量。例如，测得某两段距离，一段长 200 m，另一段长 1000 m，观测值的中误差均为 ±0.2 m。从表面上看，似乎两者精度相同，但就单位长度来说，两者的精度并不相同。这时应采用另一种衡量精度的标准，即相对误差。

相对误差是误差的绝对值与相应观测值之比，是个无名数，在测量上通常将其分子化为 1，即用 $K = \frac{1}{N}$ 的形式来表示。如果计算相对误差 K 时，分子采用的是中误差，则 K 又可称为相对中误差。上例前者的相对中误差为 $\frac{0.2}{200} = 1/1000$，后者为 $\frac{0.2}{1000} = 1/5000$。显然，相对中误差越小（分母越大），说明观测结果的精度越高，反之越低。

相对误差的分子也可以是闭合差或容许误差，这时分别称为相对闭合差及相对容许误差。

与相对误差相对应，中误差、极限误差和容许误差等称为绝对误差。

6.5 误差传播定律

上节阐述了用中误差作为衡量观测值精度的指标。但在实际测量工作中，某些量的大小往往不是直接观测的，而是通过其他观测值间接求得的，即观测其他未知量，并通过一定的函数关系计算求得的。表述观测值函数的中误差与观测值中误差之间关系的定律称为误差传播定律。

设 Z 为独立变量 $x_1, x_2, \cdots, x_n$ 的函数，即

$$Z = f(x_1, x_2, \cdots, x_n)$$

其中，Z 为不可直接观测的未知量，真误差为 Δ_Z，中误差为 m_Z；各独立变量 $x_i(i=1,2,\cdots,n)$ 为可直接观测的未知量，相应的观测值为 l_i，相应的真误差为 Δ_i，相应的中误差为 m_i，即有

$$x_i = l_i - \Delta_i$$

当各观测值带有真误差 Δ_i 时，函数也随之带有真误差 Δ_Z，即

$$Z + \Delta_Z = f(x_1 + \Delta_1, x_2 + \Delta_2, \cdots, x_n + \Delta_n)$$

按泰勒级数展开，取近似值有

$$Z + \Delta_Z = f(x_1, x_2, \cdots, x_n) + \left(\frac{\partial f}{\partial x_1}\Delta_1 + \frac{\partial f}{\partial x_2}\Delta_2 + \cdots + \frac{\partial f}{\partial x_n}\Delta_n\right)$$

即

$$\Delta_Z = \frac{\partial f}{\partial x_1}\Delta_1 + \frac{\partial f}{\partial x_2}\Delta_2 + \cdots + \frac{\partial f}{\partial x_n}\Delta_n$$

若对各独立变量都测定了 K 次，则其平方和的关系式为

$$\begin{aligned} \sum_{j=1}^{K}\Delta_{Zj}^2 = & \left(\frac{\partial f}{\partial x_1}\right)^2 \sum_{j=1}^{K}\Delta_{1j}^2 + \left(\frac{\partial f}{\partial x_2}\right)^2 \sum_{j=1}^{K}\Delta_{2j}^2 + \cdots \left(\frac{\partial f}{\partial x_n}\right)^2 \sum_{j=1}^{K}\Delta_{nj}^2 \\ & + 2\left(\frac{\partial f}{\partial x_1}\right)\left(\frac{\partial f}{\partial x_2}\right)\sum_{j=1}^{K}\Delta_{1j}\Delta_{2j} + 2\left(\frac{\partial f}{\partial x_1}\right)\left(\frac{\partial f}{\partial x_3}\right)\sum_{j=1}^{K}\Delta_{1j}\Delta_{3j} + \cdots \end{aligned} \tag{6-11}$$

由偶然误差的特性可知，当观测次数 $K \to \infty$ 时，式(6-11)中各偶然误差 Δ 的交叉项总和均趋向于零，又有

$$\frac{\sum_{j=1}^{K}\Delta_{Zj}^2}{K} = m_Z^2, \frac{\sum_{j=1}^{K}\Delta_{ij}^2}{K} = m_i^2$$

则

$$m_Z^2=\left(\frac{\partial f}{\partial x_1}\right)^2 m_1^2+\left(\frac{\partial f}{\partial x_2}\right)^2 m_2^2+\cdots+\left(\frac{\partial f}{\partial x_n}\right)^2 m_n^2$$

或

$$m_Z=\pm\sqrt{\left(\frac{\partial f}{\partial x_1}\right)^2 m_1^2+\left(\frac{\partial f}{\partial x_2}\right)^2 m_2^2+\cdots+\left(\frac{\partial f}{\partial x_n}\right)^2 m_n^2} \tag{6-12}$$

式(6-12)即为观测值中误差与其函数中误差的一般关系式，称为中误差传播公式，也称为误差传播定律。据此不难导出下列简单函数式的中误差传播公式，见表 6-3 所列。

表 6-3　中误差传播公式

函数名称	函数式	中误差传播公式
倍数函数	$Z=Ax$ $Z=x_1\pm x_2$	$m_Z=\pm Am$ $m_Z=\pm\sqrt{m_1^2+m_2^2}$
和差函数	$Z=x_1\pm x_2\pm\cdots\pm x_n$	$m_Z=\pm\sqrt{m_1^2+m_2^2+\cdots+m_n^2}$
线性函数	$Z=A_1x_1\pm A_2x_2\pm\cdots\pm A_nx_n$	$m_Z=\pm\sqrt{A_1^2m_1^2+A_2^2m_2^2+\cdots+A_n^2m_n^2}$

误差传播定律在测量上应用十分广泛，利用这个公式不仅可以求得观测值函数的中误差，而且还可以用来研究容许误差的确定及分析观测可能达到的精度等，下面举例说明其应用方法。

例 6-2： 在 1∶500 地形图上量得某两点间的距离 $d=234.5$ mm，其中误差 $m_d=\pm0.2$ mm，求该两点间的地面水平距离 D 的长度及其中误差 m_D。

解： $D=500d=500\times0.2345=117.25(\text{m})$；$m_D=\pm500\ m_d=\pm500\times0.0002=\pm0.10(\text{m})$。

例 6-3： 设对某一个三角形观测了其中 α、β 两个角，测角中误差分别为 $m_\alpha=\pm3.5''$，$m_\beta=\pm6.2''$，现按公式 $\gamma=180^\circ-\alpha-\beta$ 求得 γ 角值，试求 γ 角的中误差 m_γ。

解： $m_\gamma=\pm\sqrt{m_\alpha^2+m_\beta^2}=\pm\sqrt{(3.5)^2+(6.2)^2}=\pm7.1''$。

例 6-4： 已知当水准仪距标尺 75 m 时一次读数中误差 $m_{读}\approx\pm2$ mm(包括照准误差、气泡置中误差及水准标尺刻划中误差)，若以 3 倍中误差为容许误差，试求普通水准测量观测 n 站所得高差闭合差的容许误差。

解： 水准测量每一站高差为

$$h_i=a_i-b_i(i=1,2,\cdots,n)$$

则每站高差中误差为

$$m_{站}=\pm\sqrt{m_{读}^2+m_{读}^2}=\pm m_{读}\sqrt{2}=\pm2.8(\text{mm})$$

观测 n 站所得总高差为

$$h = h_1 + h_2 + \cdots + h_n$$

则 n 站总高差 h 的总误差为

$$m_{总} = \pm m_{站}\sqrt{n} = \pm 2.8\sqrt{n}\ \mathrm{mm}$$

现以 3 倍中误差为容许误差，则高差闭合差容许误差为

$$\Delta_{容} = 3 \times (\pm 2.8\sqrt{n}) = \pm 8.4\sqrt{n} \approx \pm 8\sqrt{n}\ \mathrm{mm}$$

例 6-5:函数式$\Delta y = D\sin a$，测得 $D=(225.85 \pm 0.06)\mathrm{m}$，$a = 157°00'30'' \pm 20''$，求$\Delta y$ 的中误差 $m_{\Delta y}$。

解:

$$\frac{\partial f}{\partial D} = \sin a \quad \frac{\partial f}{\partial a} = D\cos a$$

$$m_{\Delta y} = \pm\sqrt{\left(\frac{\partial f}{\partial D}\right)^2 m_D^2 + \left(\frac{\partial f}{\partial a}\right)^2 m_a^2}$$

$$= \pm\sqrt{\sin^2 a m_D^2 + (D\cos a)^2 \left(\frac{m_a}{\rho}\right)^2}$$

$$= \pm\sqrt{(0.391)^2 (6)^2 + (22585)^2 (0.920)^2 \left(\frac{20''}{206265''}\right)^2}$$

$$= \pm\sqrt{5.5 + 4.1} = \pm 3.1(\mathrm{cm})$$

例 6-6:试用误差传播定律分析视线倾斜时，视距测量中水平距离的测量精度。

解:按视距测量中水平距离的计算公式

$$D = Kl\ \cos^2 a$$

则有

$$\frac{\partial D}{\partial l} = K\ \cos^2 a$$

$$\frac{\partial D}{\partial a} = -Kl\sin 2a$$

水平距离中误差为

$$m_D = \pm\sqrt{\left(\frac{\partial D}{\partial l}\right)^2 m_l^2 + \left(\frac{\partial D}{\partial a}\right)^2 \left(\frac{m_a}{\rho}\right)^2}$$

$$= \pm\sqrt{(K\ \cos^2 a)^2 m_l^2 + (Kl\sin 2a)^2 \left(\frac{m_a}{\rho}\right)^2}$$

由于根式内第 2 项的值很小，为讨论方便起见将其略去，则有

$$m_D = \pm\sqrt{(K\cos\alpha^2)^2 m_l^2} = \pm K\cos^2\alpha \cdot m_l$$

式中，m_l 为标尺视距间隔 l 的读数中误差。因 l＝下丝读数－上丝读数，故 $m_l = \pm m_{读}\sqrt{2}$，其中 $m_{读}$ 为一根视距丝读数的中误差。

由第 3 章内容可知，人眼的最小可分辨视角为 60″。DJ6 经纬仪望远镜放大倍率为 24 倍，则人的肉眼通过望远镜来观测时，可达到的分辨视角 $r=\frac{60''}{24}=2.5''$。因此，一根视距丝的读数误差为 $\frac{2.5''}{206265''}\times D \approx 1.21\times 10^{-5}D$，以它作为读数误差 $m_{读}$ 代入 $m_l = \pm m_{读}\sqrt{2}$ 后可得

$$m_l = \pm 1.21\times 10^{-5}D\sqrt{2} \approx \pm 1.711\times 10^{-5}D$$

于是

$$m_D = \pm 100\cos^2 a \cdot (\pm 1.711\times 10^{-5}D)$$

又因视距测量时，一般情况下 a 值都不大，当 a 很小时 $\cos a \approx 1$。为讨论方便，将上式写为

$$m_D = \pm 1.711\times 10^{-3}D$$

则相对中误差为

$$\frac{m_D}{D} = \pm\frac{1.711\times 10^{-3}D}{D} = \pm 0.00171 \approx \frac{1}{584}$$

再考虑到其他因素的影响，可以认为视距精度约为 $\frac{1}{300}$。

6.6　同精度直接观测平差

6.6.1　求最或是值

设对某量进行了 n 次等精度观测，其真值为 X，观测值为 $l_1, l_2, \cdots, l_n$，相应的真误差为 $\Delta_1, \Delta_2, \cdots, \Delta_n$，则

$$\Delta_1 = l_1 - X$$

$$\Delta_2 = l_2 - X$$

$$\vdots$$

$$\Delta_n = l_n - X$$

相加得

$$[\Delta]=[l]-nX$$

等式两边同时除以 n 得

$$\frac{[\Delta]}{n}=\frac{[l]}{n}-X=L-X \tag{6-13}$$

式中，L 为观测值的算术平均值，即

$$L=\frac{l_1+l_2+\cdots+l_n}{n}=\frac{[l]}{n} \tag{6-14}$$

根据偶然误差第 4 个特性，当 $n\to\infty$ 时，$\frac{[\Delta]}{n}\to 0$，于是有 $L\approx X$，即当观测次数 n 无限多时，算术平均值就趋向于未知量的真值；当观测次数有限时，可以认为算术平均值是根据已有的观测数据，所能求得的最接近真值的近似值称为最或是值或最或然值，用最或是值作为该未知量真值的估值。每一个观测值与最或是值之差称为最或是误差，用符号 $v_i(i=1,2,\cdots,n)$ 来表示：

$$v_i=l_i-L \tag{6-15}$$

最或是值与每一个观测值的差值称为该观测值的改正数，与最或是误差绝对值相同，符号相反。可见，

$$v_1=L-l_1$$

$$v_2=L-l_2$$

$$\vdots$$

$$v_n=L-l_n$$

相加得

$$[v]=nL-[l]$$

进而得

$$[v]=0 \tag{6-16}$$

即改正数总和为零。式(6-16)可用作计算中的检核。

6.6.2 评定精度

1. 观测值的中误差

同精度观测值中误差的定义式[式(6-7)]为

$$m=\pm\sqrt{\frac{[\Delta\Delta]}{n}}$$

式中，$\Delta_i=l_i-X$。

未知量的真值 X 无法确定，真误差 Δ_i 也是未知数，故不能直接用上式求出中误差。实际工作中，多利用观测值的改正数 v_i(其意义等同于最或是误差)来计算观测值的中误差，公

式推导如下：

真误差为

$$\Delta_i = l_i - X(i=1,2,\cdots,n)$$

最或是误差为

$$v_i = l_i - L$$

两式相减得

$$\Delta_i - v_i = L - X$$

令

$$L - X = \delta$$

则

$$\Delta_1 = v_1 + \delta$$

$$\Delta_2 = v_2 + \delta$$

$$\vdots$$

$$\Delta_n = v_n + \delta$$

取平方和得

$$[\Delta\Delta] = [vv] + n\delta^2 + 2\delta[v]$$

因为

$$[v] = 0$$

所以

$$[\Delta\Delta] = [vv] + n\delta^2$$

又因为

$$\delta^2 = (L-X)^2 = \left[\frac{[l]}{n} - X\right]^2 = \frac{1}{n^2}\left[\sum_{i=1}^{n}(l_i - X)\right]^2$$

$$= \frac{1}{n^2}\sum_{i=1}^{n}\Delta_i^2 + \frac{1}{n^2}\sum_{i,j=1,i\neq j}^{n}\Delta_i\Delta_j$$

根据偶然误差特性，当 $n\to\infty$ 时，上式等号右边的第 2 项趋向于零，故有

$$\delta^2 = \frac{[\Delta\Delta]}{n^2}$$

于是有

$$\frac{[\Delta\Delta]}{n} = \frac{[vv]}{n} + \frac{[\Delta\Delta]}{n^2}$$

即

$$m^2 - \frac{1}{n}m^2 = \frac{[vv]}{n}$$

$$m^2 = \frac{[vv]}{n-1}$$

得

$$m = \pm\sqrt{\frac{[vv]}{n-1}} \tag{6-17}$$

式(6－17)为同精度观测中用观测值的改正数计算观测值中误差的公式,称为白塞尔公式。

2. 最或是值的中误差

设对某量进行 n 次同精度观测,其观测值为 l_i,$(i=1,2,\cdots,n)$,观测值中误差为 m,最或是值为 L,则有

$$L = \frac{[l]}{n} = \frac{1}{n}l_1 + \frac{1}{n}l_2 + \cdots + \frac{1}{n}l_n$$

按中误差传播关系式得

$$M = \pm\sqrt{\left(\frac{1}{n}\right)^2 m^2 + \left(\frac{1}{n}\right)^2 m^2 + \cdots + \left(\frac{1}{n}\right)^2 m^2}$$

故

$$M = \pm\frac{m}{\sqrt{n}} \tag{6-18}$$

式(6－18)即为同精度观测的未知量最或是值的中误差计算公式。

例 6-7:设对某角进行 5 次同精度观测,观测结果见表 6-4 所列,试求其观测值的中误差及最或是值的中误差。

表 6－4 观测结果

观测值	v	vv
$l_1 = 35°18'28''$	$+3$	9
$l_2 = 35°18'25''$	0	0
$l_3 = 35°18'26''$	$+1$	1
$l_4 = 35°18'22''$	-3	9
$l_5 = 35°18'24''$	-1	1
$x = \frac{[l]}{n} = 35°18'25''$	$[v]=0$	$[vv]=20$

解:观测值的中误差为

$$m=\pm\sqrt{\frac{[vv]}{n-1}}=\pm\sqrt{\frac{20}{5-1}}=\pm 2.2''$$

最或是值中误差为

$$M=\pm\frac{m}{\sqrt{n}}=\pm\frac{2.2''}{\sqrt{5}}=\pm 1.0''$$

从式(6-18)可以看出,算术平均值的中误差与观测次数的平方根成反比。因此,增加观测次数可以提高算术平均值的精度。不同的观测次数对应的算术平均值中误差,见表6-5所列。

表6-5　不同的观测次数对应的算术平均值中误差

观测次数 n	2	4	6	8	10	12	14	16
算术平均值中误差 M	$\pm 0.71m$	$\pm 0.50m$	$\pm 0.41m$	$\pm 0.35m$	$\pm 0.32m$	$\pm 0.29m$	$\pm 0.27m$	$\pm 0.25m$

以观测次数n为横坐标,算术平均值中误差M为纵坐标,并令$m=\pm 1$,则算术平均值中误差M与观测次数n的关系如图6-5所示。从图6-5中曲线可以看出,当观测次数达到了一定数值后(如6次以后),随着观测次数的增加,中误差减小得越来越慢。因此,测量一般精度的角度,要求观测1～3测回;对中等精度要求的角度,要求观测3～6测回;对精度要求很高的角度才要求观测9～24测回。

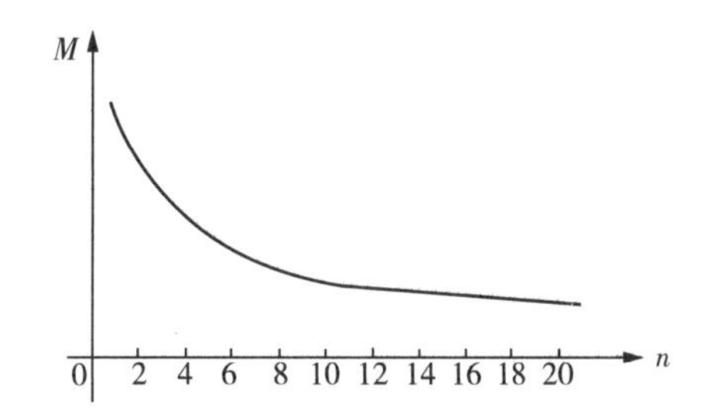

图6-5　算术平均值中误差M与观测次数n的关系

6.7　不同精度直接观测平差

在对某量进行不同精度观测时,各观测结果的中误差不同。显然,不能将具有不同可靠程度的各观测结果简单地取算术平均值作为最或是值并评定精度。此时,需要选定某一个比值来比较各观测值的可靠程度,此比值称为权。

6.7.1　权的概念

权是权衡轻重的意思,其应用比较广泛。在测量工作中是一个表示观测结果质量可靠程度的相对性数值,用P表示。

1. 权的定义

一定的观测条件,对应着一定的误差分布,而一定的误差分布对应着一个确定的中误差。对不同精度的观测值来说,显然中误差越小,精度越高,观测结果越可靠,因而应具有较大的权,故可以用中误差来定义权。

设一组不同精度观测值为 l_i，相应的中误差为 $m_i(i=1,2,\cdots,n)$，选定任一大于零的常数 λ，定义权 p_i 为

$$p_i=\frac{\lambda}{m_i^2} \tag{6-19}$$

则称 p_i 为观测值 l_i 的权。对一组已知中误差的观测值而言，选定一个 λ 值，就有一组对应的权。

由式(6-19)可以定出各观测值的权之间的比例关系为

$$p_1:p_2:\cdots:p_n=\frac{\lambda}{m_1^2}:\frac{\lambda}{m_2^3}:\cdots:\frac{\lambda}{m_n^2}=\frac{1}{m_1^2}:\frac{1}{m_2^2}:\cdots:\frac{1}{m_n^2} \tag{6-20}$$

2. 权的性质

由式(6-19)和式(6-20)可知，权具有如下的性质：

(1) 权和中误差都是用来衡量观测值精度的指标，但中误差是绝对性数值，表示观测值的绝对精度；权是相对性数值，表示观测值的相对精度。

(2) 权与中误差的平方成反比，中误差越小，权越大，表示观测值越可靠，精度越高。

(3) 权始终取正号。

(4) 由于权是一个相对性数值，对于单一观测值而言，权无意义。

(5) 权的大小随 λ 的不同而不同，但权之间的比例关系不变。

(6) 在同一个问题中只能选定一个 λ 值，不能同时选用几个不同的 λ 值，否则就破坏了权之间的比例关系。

6.7.2 测量中常用的确权方法

1. 同精度观测值的算术平均值的权

设一次观测的中误差为 m，由式(6-18)可得 n 次同精度观测值的算术平均值的中误差 $M=\frac{m}{\sqrt{n}}$。由权的定义并设 $\lambda=m^2$，则一次观测值的权为

$$p=\frac{\lambda}{m^2}=\frac{m^2}{m^2}=1$$

算术平均值的权为

$$p_L=\frac{\lambda}{\frac{m^2}{n}}=\frac{m^2}{\frac{m^2}{n}}=n \tag{6-21}$$

由此可知，取一次观测值的权为1，则 n 次观测的算术平均值的权为 n。故算术平均值的权与观测次数成正比。

在不同精度观测中引入权的概念，可以建立各观测值之间的精度比值，以便更合理地处理观测数据。例如，设一次观测值的中误差为 m，其权为 p_0，并设 $\lambda=m^2$，则

$$p_0=\frac{m^2}{m^2}=1$$

等于1的权称为单位权，而权等于1的中误差称为单位权中误差，一般用μ表示。对于中误差为m_i的观测值(或观测值的函数)，其权p_i为

$$p_i=\frac{\mu^2}{m_i^2} \tag{6-22}$$

则相应的中误差的另一表达式可写为

$$m_i=\mu\sqrt{\frac{1}{p_i}} \tag{6-23}$$

2. 水准测量中的权

设每一测站观测高差的精度相同，其中误差为$m_{站}$，则不同测站数的水准路线观测高差的中误差为

$$m_i=m_{站}\sqrt{N_i} \quad (i=1,2,\cdots,n)$$

式中，N_i为各水准路线的测站数。

取c个测站的高差中误差为单位权中误差，即$\mu=\sqrt{c}m_{站}$，则各水准路线的权为

$$p_i=\frac{\mu^2}{m_i^2}=\frac{c}{N_i} \tag{6-24}$$

同理，可得

$$p_i=\frac{c}{L_i} \tag{6-25}$$

式中，L_i为各水准路线的长度。

式(6-24)和式(6-25)说明当各测站观测高差为同精度时，各水准路线的权与测站数或路线长度成反比。

3. 距离丈量中的权

设单位长度(1 km)的丈量中误差为m，则长度为s km的丈量中误差为$m_s=m\sqrt{s}$。取长度为c km的丈量中误差为单位权中误差，即$\mu=m\sqrt{c}$，则得距离丈量的权为

$$p_s=\frac{u^2}{m_s^2}=\frac{c}{s} \tag{6-26}$$

式(6-26)说明距离丈量的权与长度成反比。

从上述几种定权公式可以看出，在定权时，并不需要预先知道各观测值中误差的具体数值。在确定了观测方法后权就可以预先确定。这一点说明可以事先对最后观测结果的精度给予估算，这在实际工作中具有很重要的意义。

6.7.3　求不同精度观测值的最或是值——加权平均值

设对某量进行n次不同精度观测，观测值分别为$l_1,l_2,\cdots,l_n$，其相应的权分别为$p_1,p_2,\cdots,p_n$，测量上取加权平均值为该量的最或是值，即

$$x=\frac{p_1 l+p_2 l_2+\cdots p_n l_n}{p_1+p_2+\cdots+p_n}=\frac{[pl]}{[p]} \tag{6-27}$$

则最或是误差为

$$v_i=l_i-L$$

将等式两边乘以相应的权得

$$p_i v_i=p_i l_i-p_i L$$

相加得

$$[pv]=[pl]-[p]L$$

即

$$[pv]=0 \tag{6-28}$$

式(6-28)可以用作计算中的检核。

6.7.4 不同精度观测的精度评定

1. 最或是值的中误差

由式(6-27)可知,不同精度观测值的最或是值为

$$L=\frac{[pl]}{[p]}=\frac{p_1}{[p]}l_1+\frac{p_2}{[p]}l_2+\cdots+\frac{p_n}{[p]}l_n$$

按中误差传播公式,最或是值 L 的中误差为

$$M^2=\frac{1}{[p]^2}(p_1^2 m_1^2+p_2^2 m_2^2+\cdots+p_n^2 m_n^2) \tag{6-29}$$

式中,$m_1, m_2, \cdots, m_n$ 为相应观测值的中误差。

若令单位权中误差 μ 等于第 1 个观测值 l_1 的中误差,即 $u=m_1$,则各观测值的权为

$$p_i=\frac{u^2}{m_i^2} \tag{6-30}$$

将式(6-30)代入式(6-29),得

$$M^2=\frac{p_1}{[p]^2}\mu^2+\frac{p_2}{[p]^2}\mu^2+\cdots+\frac{p_n}{[p]^2}\mu^2=\frac{\mu^2}{[p]}$$

则

$$M=\pm\frac{\mu}{\sqrt{[p]}} \tag{6-31}$$

式(6-31)为不同精度观测值的最或是值中误差计算公式。

2. 单位权观测值中误差

由式(6－30)可知，

$$\mu^2 = m_1^2 p_1$$

$$\mu^2 = m_2^2 p_2$$

$$\vdots$$

$$\mu^2 = m_n^2 p_n$$

相加得

$$n\mu^2 = m_1^2 p_1 + m_2^2 p_2 + \cdots + m_n^2 p_n = [pmm]$$

则

$$\mu = \pm\sqrt{\frac{[pmm]}{n}}$$

当 $n \to \infty$ 时，用真误差 Δ 代替中误差 m，衡量精度的意义不变，则可将上式改写为

$$\mu = \pm\sqrt{\frac{[p\Delta\Delta]}{n}} \tag{6-32}$$

式(6－32)为用真误差计算单位权观测值中误差的公式。类似式(6－17)的推导，可以求得用观测值改正数来计算单位权中误差的公式为

$$\mu = \pm\sqrt{\frac{[pvv]}{n-1}} \tag{6-33}$$

将式(6－33)式代入式(6－31)得

$$M = \pm\sqrt{\frac{[pvv]}{(n-1)[p]}} \tag{6-34}$$

式(6－34)即为用观测值改正数计算不同精度观测值最或是值中误差的公式。

例 6－8：在水准测量中，已知从 3 个已知高程点 A、B、C 出发，测量 E 点的 3 个高程观测值，L_i 为各水准路线的长度，求 E 点高程的最或是值及其中误差(见图 6－6)。

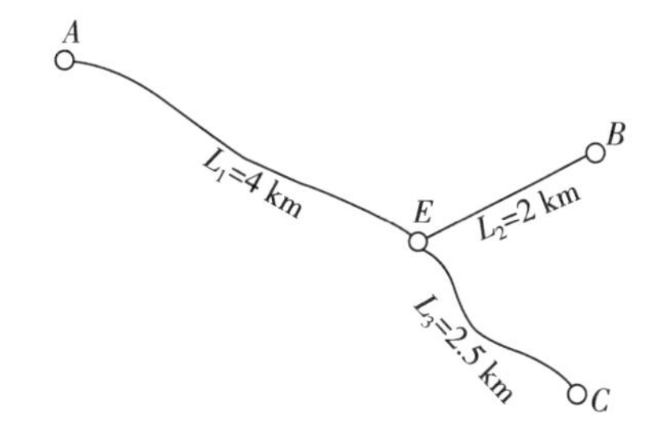

图 6－6　水准测量各高程点位置及各水准路线长度

解:取各水准路线长度 L_i 的倒数乘以 C 为权,并令 $C=1$,计算数值见表 6-6 所列。

表 6-6　计算数值

测段	高程观测值/m	水准路线长度 L_i/km	权 $P_i=\frac{1}{L_i}$	v	pv	pvv
A—E	42.347	4.0	0.25	17	4.2	71.4
B—E	42.320	2.0	0.50	−10	−5.0	50.0
C—E	42.332	2.5	0.40	2	0.8	1.6
			$[p]=1.15$		$[pv]=0$	$[pvv]=123.0$

E 点高程的最或是值为

$$H_E=\frac{0.25\times 42.347+0.50\times 42.320+0.40\times 42.332}{0.25+0.50+0.40}$$

$$=42.330(\mathrm{m})$$

单位权观测值中误差为

$$u=\pm\sqrt{\frac{[pvv]}{n-1}}=\pm\sqrt{\frac{123.0}{3-1}}=\pm 7.8(\mathrm{mm})$$

最或是值中误差为

$$M=\pm\frac{u}{\sqrt{[p]}}=\pm\frac{7.8}{\sqrt{1.15}}=\pm 7.3(\mathrm{mm})$$

6.8　点位误差

在测量中,点 P 的平面位置常用平面直角坐标(x_P,y_P)来表示。

为了确定待定点的平面直角坐标,通常将待定点与已知点进行联测,进而通过已知点的平面直角坐标和角度、边长等观测值,用一定的数学方法(如极坐标法、平差方法等)求出待定点的平面直角坐标。

由于观测条件的存在,观测值总是带有观测误差,因而根据观测值计算所获得的待定点的平面直角坐标,并不是真正的坐标值,而是待定点的真坐标值($\tilde{x}_P$,$\tilde{y}_P$)的估值($\hat{x}_P$,$\hat{y}_P$),也就是说,待定点的点位含有误差。本节对测量中常用的点位误差及评定点位精度的方法进行讨论。

6.8.1　点位真误差

1. 点位真误差的概念

如图 6-7 所示,A 为已知点,其坐标为(x_A,y_A),假设它的坐标没有误差(或误差忽略不计)，P 为待定点，其真位置的坐标为($\tilde{x}_P$,$\tilde{y}_P$)。

由(x_A,y_A)和观测值求定的 P 点平面位置($\hat{x}_P$,$\hat{y}_P$)并不是 P 点的真位置，而是最或然点位，记为 P'，在 P 和 P' 对应的这2对坐标之间存在着坐标真误差 Δ_x 和 Δ_y。

由图6－7可知，

$$\begin{cases}\Delta_x = \hat{x}_P - \tilde{x}_P \\ \Delta_y = \hat{y}_P - \tilde{y}_P\end{cases} \tag{6-35}$$

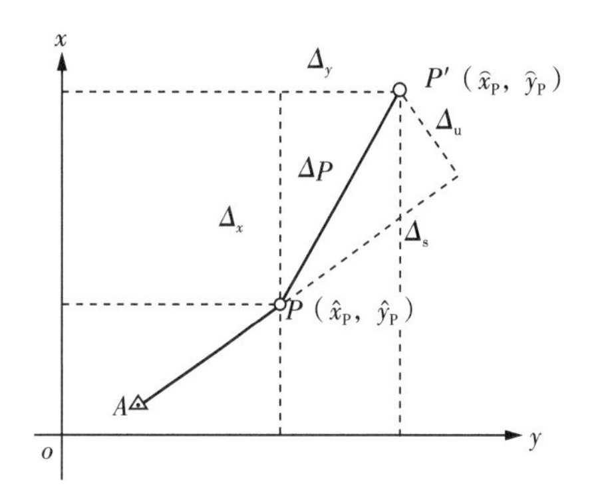

图6－7　点位误差

因 Δ_x 和 Δ_y 的存在而产生的距离 Δ_P 称为 P 点的点位真误差，简称为真位差。

由图6－7可知，

$$\Delta_P^2 = \Delta_x^2 + \Delta_y^2 \tag{6-36}$$

2. 点位真误差的随机性

P 点的最或然坐标($\hat{x}_P$,$\hat{y}_P$)是由一组带有观测误差的观测值通过计算所求得的结果，因此，它们是观测值的函数。随着观测值的不同，($\hat{x}_P$,$\hat{y}_P$)也将取得不同的数值，由式(6－35)和式(6－36)可知，会出现不同的 Δ_x 和 Δ_y 值以及 Δ_P，所以点位真误差随观测值的不同而变化，观测值误差具有随机性，所以点位真误差也具有随机性。

6.8.2　点位方差与点位中误差

1. 点位方差定义

根据方差的定义，并顾及式(6－35)，则有

$$\sigma_{x_P}^2 = E\{[\tilde{x}_P - E(\tilde{x}_P)]^2\} = E[(\tilde{x}_P - \hat{x}_P)^2] = E[\Delta_x^2]$$

$$\sigma_{y_P}^2 = E\{[\hat{y}_P - E(\hat{y}_P)]^2\} = E[(\tilde{y}_P - \hat{y}_P)^2] = E[\Delta_y^2]$$

对式(6－36)两边取数学期望，得

$$E(\Delta_P^2) = E(\Delta_x^2) + E(\Delta_y^2) = \sigma_{x_P}^2 + \sigma_{y_P}^2$$

上式中 $E(\Delta_P^2)$ 是 P 点真位差平方的理论平均值，通常定义为 P 点的点位方差，并记为 σ_P^2，于是有

$$\sigma_P^2 = \sigma_{x_P}^2 + \sigma_{y_P}^2 \tag{6-37}$$

则 P 点的点位标准差 σ_P 为

$$\sigma_P = \pm\sqrt{\sigma_{x_P}^2 + \sigma_{y_P}^2} \tag{6-38}$$

对于有限次观测，P 点的点位误差常用点位中误差 m_P 表示，依照式(6－38)，有

$$m_P = \pm\sqrt{m_{x_P}^2 + m_{y_P}^2} \tag{6-39}$$

2. 点位方差与坐标系统的无关性

如果将图6-7中的坐标系围绕原点o旋转某一角度α，得$x'oy'$坐标系(见图6-8)，则A、P、P'各点的坐标分别为(x'_A, y'_A)、$(\tilde{x}'_P, \tilde{y}'_P)$和$(\hat{x}'_P, \hat{y}'_P)$。

同理，在P和P'对应的这2对坐标之间存在着误差$\Delta_{x'}$和$\Delta_{y'}$。从图6-8中可以看出$\Delta_P^2 = \Delta_{x'}^2 + \Delta_{y'}^2$。这说明，虽然在$x'oy'$坐标系中对应的真误差$\Delta_{x'}$和$\Delta_{y'}$与$xoy$坐标系中的真误差$\Delta_x$和$\Delta_y$不同，但$P$点真位差$\Delta_P$的大小没有发生变化，即

$$\Delta_P^2 = \Delta_x^2 + \Delta_y^2 = \Delta_{x'}^2 + \Delta_{y'}^2$$

仿式(6-37)可以得出

$$\sigma_P^2 = \sigma_{x'_P}^2 + \sigma_{y'_P}^2 \tag{6-40}$$

如果再将P点的真位差Δ_P投影于AP方向和垂直于AP的方向上，则得Δ_s和Δ_u，如图6-8所示，此时有

$$\Delta_P^2 = \Delta_s^2 + \Delta_u^2$$

同理可得

$$\sigma_P^2 = \sigma_s^2 + \sigma_u^2 \tag{6-41}$$

P点的点位标准差σ_P为

$$\sigma_P = \pm\sqrt{\sigma_s^2 + \sigma_u^2} \tag{6-42}$$

式中，σ_s^2为纵向误差；σ_u^2为横向误差。

通过纵向误差、横向误差来求定点位误差，也是测量工作中一种常用的方法。

上述的σ_x^2和σ_y^2分别为P点在纵横坐标x和y方向上的点位方差，或称为x和y方向上的位差。同样，σ_s^2和σ_u^2是P点在AP边的纵向和横向上的位差。

从上面的分析可以看出，点位方差σ_P^2总是等于两个相互垂直的方向上的坐标方差之和，即点位方差的大小与坐标系的选择无关。

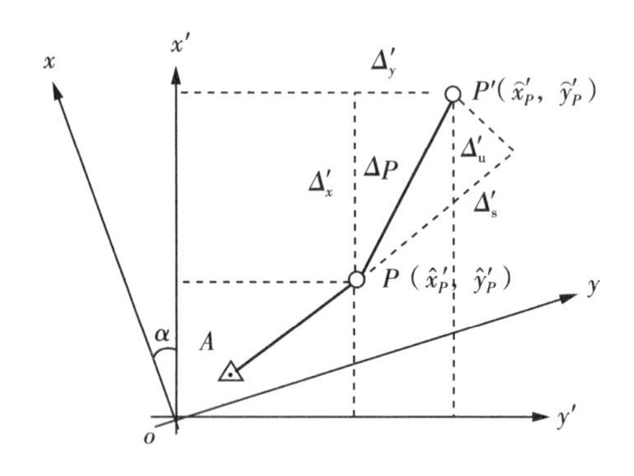

图6-8　坐标系选择后的点位误差

同样，P点的点位中误差m_P可以表示为

$$m_P = \pm\sqrt{m_s^2 + m_u^2} \tag{6-43}$$

点位中误差m_P是衡量待定点精度的常用指标之一。在应用时，只需求出P点在两个相互垂直方向上的中误差。例如，m_x和m_y(m'_x和m'_y)或m_s和m_u就可由式(6-39)或式(6-43)计算点位中误差。

3. 点位方差(中误差)的局限性

点位中误差σ_P可以用来评定待定点的点位精度，但是它只表示点位的“平均精度”，不能代表该点在某任意方向上的位差大小。而σ_x和σ_y或σ_s和σ_u等，只能代表待定点在x和y

轴方向上以及在 AP 边的纵向、横向上的位差。在有些情况下，往往需要研究点位在某些特殊方向上的位差大小。例如，在线路工程中和各种地下工程中，贯通工程是经常性的重要工作之一。如图 6-9 所示，此种工程中就需要控制在贯通点上的纵向误差和横向误差的大小，特别是横向误差（在贯通工程中称为重要方向）。此外，有时还要了解点位在哪一个方向上的位差最大，在哪一个方向上的位差最小。

为了便于求定待定点点位在任意方向上位差的大小，需要建立相应的数学模型（公式）来计算任意方向上的位差。直观形象的表达任意方向上位差的大小和分布情况，一般是通过绘制待定点的点位误差椭圆来实现的。通过误差椭圆也可以图解待定点在任意方向上的位差。相关的知识参考武汉大学出版社出版的图书《误差理论与测量平差基础》。

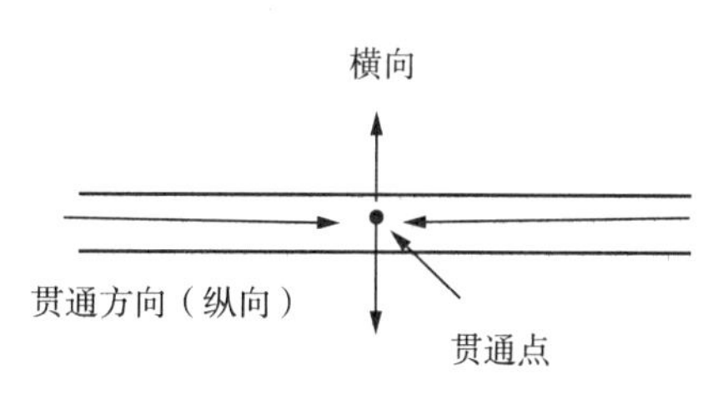

图 6-9　贯通工程

例 6-9：某测区需测定一待定点 P 的平面位置，已知附近有 2 个测量控制点 A、B，A、B、P 三点相互通视，使用全站仪进行观测，全站仪的标称精度为测角精度 $\pm 6''$，测距精度 $\pm(3\ \mathrm{mm}+10\times10^{-6}D)$，在 A 点安置全站仪测得 $D_{AP}=100.800\ \mathrm{m}$，$\beta=130°$，如果不考虑 A、B 两点的误差，试求 P 点的平面位置的测量精度。

解：设 AP 的方位角为 α_{AP}，则有

$$\alpha_{AP}=\alpha_{AB}+\beta$$

P 点的坐标为

$$X_P=X_A+D_{AP}\cdot\cos\alpha_{AP}$$

$$Y_P=Y_A+D_{AP}\cdot\sin\alpha_{AP}$$

不考虑 A、B 两点的误差，由误差传播定律可知，

$$m_x^2=D^2\cdot\sin\alpha^2 m_\alpha^2+\cos\alpha^2 m_D^2$$

$$m_y^2=D^2\cdot\cos\alpha^2 m_\alpha^2+\sin\alpha^2 m_D^2$$

且

$$m_\alpha=m_\beta=\pm 6''$$

$$m_D=\sqrt{3^2+(10\times10^{-6}\times100.800\times10^3)^2}\ \mathrm{mm}=3.16\ \mathrm{mm}$$

则 P 点的平面点位误差为

$$\begin{aligned}m_P&=\pm\sqrt{m_x^2+m_y^2}\\&=\pm\sqrt{D^2m_\alpha^2+m_D^2}\\&=\pm\sqrt{(100.800\times1000)^2\ (206265'')^2+3.16^2}=4.31(\mathrm{mm})\end{aligned}$$

6.9 最小二乘法原理及其应用

最小二乘法是数理统计中进行点估计的一种常用的方法，是测量平差求取服从正态分布的一组观测值的最或是值的基本方法。

6.9.1 最小二乘法原理

假设测得某平面三角形的3个内角观测值为$a=46°32'15''$，$b=69°18'45''$，$c=64°08'42''$，其闭合差$f=a+b+c-180°=-18''$。为了消除闭合差，需分别对三角形各个内角观测值加上改正数，以求得各角的最或是值。

令v_a、v_b、v_c分别为观测值a、b、c的改正数，于是有

$$a+v_a+(b+v_b)+(c+v_c)-180°=0$$

其中

$$v_a+v_b+v_c=+18'' \tag{6-44}$$

实际上，满足上式的改正数可以有无限多组(见表6-7)。

表6-7 改正数

改正数	第1组	第2组	第3组	第4组	第5组	…
v_a	$+6''$	$+4''$	$-4''$	$+3''$	$+6''$	…
v_b	$+6'''$	$+20''$	$+16''$	$-1''$	$+5''$	…
v_c	$+6'''$	$-6''$	$+6''$	$+16''$	$+7$	…
$[vv]$	$108''$	$452''$	$308''$	$266''$	$110''$	…

所谓最小二乘法，就是在使各个改正数的平方和为最小值的原则下，来求取观测值的最或是值，并进行精度评定。

按照最小二乘法原理，选择其中$[vv]$=最小的一组改正数，分别改正三角形各内角观测值，即得各内角的最或是值。

上表第1组改正数的$[vv]=108''$为最小的一组，故取该组改正数来改正三角形各内角观测值，可得各角的最或是值A、B、C分别为

$$A=a+v_a=46°32'15''+6''=46°32'21''$$

$$B=b+v_b=69°18'45''+6''=69°18'51''$$

$$C=c+v_c=64°08'42''+6''=64°08'48''$$

改正后各内角最或是值之和为180°。然而，在实际工作中，不可能列出许许多多组改正数来逐一试求，而是通过数学中求条件极值的方法来计算符合$[vv]$=最小的一组改正数的，

具体方法如下：

将式(6－44)写为

$$v_a + v_b + v_c + f = 0 \tag{6-45}$$

式中，$f = -18''$。

根据$[vv]$=最小，并对式(6－45)输入拉格朗日系数$-2K$，列出方程为

$$Q \equiv [vv] - 2K(v_a + v_b + v_c + f) = 最小$$

或

$$Q \equiv v_a^2 + v_b^2 + v_c^2 - 2Kv_a - 2Kv_b - 2Kv_c - 2Kf = 最小$$

取一阶导数为零

$$\begin{cases} \dfrac{\partial Q}{\partial v_a} = 2v_a - 2K = 0 \\ \dfrac{\partial Q}{\partial v_b} = 2v_b - 2K = 0 \\ \dfrac{\partial Q}{\partial v_c} = 2v_c - 2K = 0 \end{cases} \tag{6-46}$$

由式(6－46)可知，

$$K = v_a = v_b = v_c \tag{6-47}$$

将式(6－47)代入式(6－45)得

$$3K + f = 0$$

$$K = -\frac{f}{3}$$

于是有

$$v_a = v_b = v_c = -\frac{-18''}{3} = 6''$$

6.9.2　最小二乘法原理的应用

例6－10：设对某量进行n次同精度的独立观测，其观测值为l_i，试按最小二乘准则求该量的最或是值。

解：设该量的最或是值为L，则改正数为

$$v_i = L - l_i$$

按最小二乘准则，要求

$$[vv]=[(L-l)^2]=\min$$

将上式对 L 取一阶导数，并令其为零，得

$$\frac{\mathrm{d}[vv]}{\mathrm{d}L}=2[(L-l)]=0$$

由此解得

$$nL-[l]=0$$

$$L=\frac{[l]}{n}$$

上式即为式(6-14)。由此可知，取一组等精度观测值的算术平均值作为最或是值，并由此得到各个观测值的改正值，符合 $[vv]$ = 最小的最小二乘准则。

习　题

6-1　偶然误差和系统误差有什么不同？偶然误差具有哪些特性？

6-2　在测角中用正倒镜观测；水准测量中，使前后视距相等。这些规定都能消除什么误差？

6-3　什么是中误差？为什么中误差能作为衡量精度的标准？

6-4　为什么说观测次数越多，其平均值越接近真值？理论依据是什么？

6-5　绝对误差和相对误差分别在什么情况下使用？

6-6　误差传播公式中 m_Z、m_1、m_2…… 各代表什么？

6-7　有函数 $Z_1=x_1+x_2$，$Z_2=2x_3$，若存在 $m_{x_1}=m_{x_2}=m_{x_3}$，且 x_1、x_2、x_3 均独立，问 m_{Z1} 与 m_{Z2} 的值是否相同，说明其原因。

6-8　函数 $Z=Z_1+Z_2$，其中 $Z_1=x+2y$，$Z_2=2x-y$，x 和 y 相互独立，其 $m_x=m_y=m$，求 m_Z。

6-9　在图上量得一圆的半径 $r=31.34$ mm，已知测量中误差为 ± 0.05 mm，求圆周长的中误差。

6-10　若测角中误差为 $\pm 30''$，试问 n 边形内角和的中误差是多少？

6-11　在一个三角形中观测了 α、β 两个内角，其中误差 $m\alpha=\pm 20''$、$m\beta=\pm 20''$，从 180° 中减去 $\alpha+\beta$ 求出 γ 角，问 γ 角的中误差是多少？

6-12　丈量两段距离 $D_1=164.86$ m，$D_2=131.34$ m，已知 $m_{D1}=\pm 0.05$ m，$m_{D2}=\pm 0.03$ m，求它们的和与它们的差的中误差和相对误差。

6-13　进行三角高程测量，按 $h=D\tan\alpha$ 计算高差，已知 $\alpha=20^\circ$，$m_\alpha=\pm 1'$，$D=250$ m，$m=\pm 0.13$ m，求高差中误差 m_h。

6-14　在同精度观测中，观测值中误差 m 与算术平均值中误差 M 有什么区别与联系？

6-15　用水准仪测量 A、B 两点高差 10 次，得下列结果(以 m 为单位)：1.253，1.250，1.248，1.252，1.249，1.247，1.251，1.250，1.249，1.251，试求 A、B 两点高差的最或是值及其中误差。

6-16　用鉴定过的钢尺多次丈量某一段距离，得下列结果(以 mm 为单位)：329.990，329.989，329.995，329.986，329.993，329.991，329.992，329.988，329.994，试求该距离的最或是值及其相对中误差。

6-17　用比例尺在 1∶500 地形图上测量 A、B 两点间距离 6 次，得下列结果(以 mm 为单位)：37.8，

37.4,37.6,37.5,37.4,37.7,求最或是值及其中误差,同时求出地面距离及其相应的中误差。

6-18　用某经纬仪测水平角,一测回的中误差 $m=\pm 15''$,欲使测角精度达到 $m=\pm 5''$,需观测几个测回?

6-19　水准测量中,设一测站的中误差为 ± 5 mm,若1 km有15个测站,求1 km的中误差和 N km的中误差?

6-20　试述权的含义,为什么不等精度观测需用权来衡量?

6-21　用同一架经纬仪观测某角度,第1次观测了4个测回,得角值 $\beta_1=54°12'33''$,其中误差 $m_1=\pm 6''$;第二次观测了6个测回,得角值 $\beta_2=54°11'46''$,其中误差 $m_2=\pm 4''$;求该角的最或是值及其中误差。

6-22　如图6-10所示,D 点高程分别由 A、B、C 求得,各为40.645 m,40.638 m,40.627 m,求 D 点高程最或是值及其中误差。

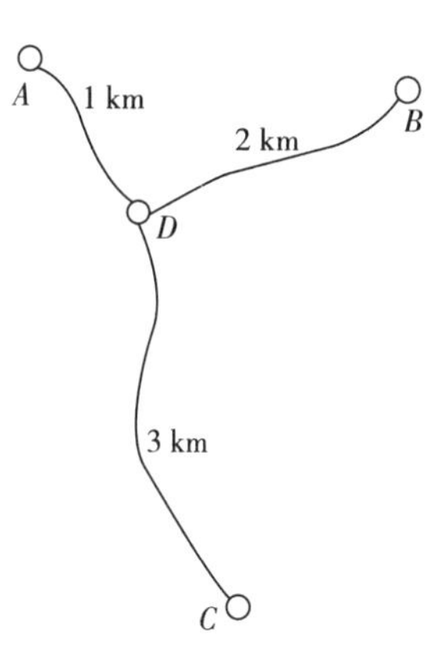

图6-10　题6-22图

6-23　使用中误差的传播公式,分析视距测量中视线水平时,视距 $D=Kl$ 的精度(以3倍中误差计,最大相对误差为多少)。

6-24　请简要叙述最小二乘法原理。

第7章　控制测量

7.1　控制测量概述

为了限制测量误差的累积，确保区域测量成果的精度分布均匀，并加快测量工作进度，测量工作要遵循“从整体到局部”和“先控制后碎部”的原则组织实施。如图7-1所示，先应从整体出发，在测区范围选择少数有控制意义的点（称为控制点），用精密的仪器和严密的测量、数据处理方法精确测定各控制点的平面坐标和高程。这种在地面上按一定规范布设并进行测量而得到的一系列相互联系的控制点所构成的网状结构称为测量控制网，在测区内，为地形测图和工程测量建立控制网所进行的测量工作称为控制测量。控制点的位置确定以后，再以各控制点为基准，确定其周围各碎部点的位置，这项工作称为碎部测量。

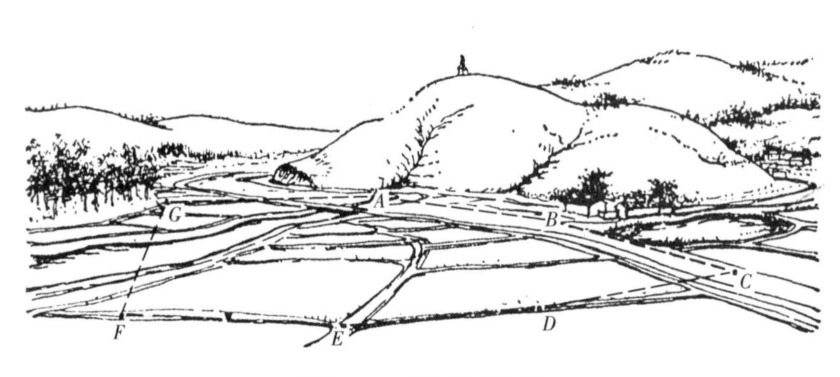

图7-1　控制点的选择

7.1.1　控制测量分类及其布设原则

控制测量包括平面控制测量和高程控制测量，控制网分为平面控制网和高程控制网。测定控制点平面位置的工作称为平面控制测量。传统的平面控制测量方法有导线测量、三角测量、GPS测量、三边测量、边角网测量和交会测量等。测定控制点高程的工作称为高程控制测量。高程控制测量的方法有水准测量和三角高程测量。根据其范围大小和功能的不同，测量控制网分为国家控制网、城市控制网和小地区。

1. 平面控制测量

进行平面控制测量的主要目的是进行点位（坐标）的传递及控制。平面控制网是以一定形式的图形把大地控制点构成网状测定网点的坐标，或通过测定网中的角度、边长和方位角推算网点的坐标。传统的平面控制网的建立，是采用三角测量、三边测量、边角测量和导线测量等方法推算网点的坐标，现在工程实践中常利用全球定位系统(GNSS)或全站仪控制和碎步同时进行的方法测量。

传统测绘中，在地面上选定一系列点构成连续三角形(见图7-2)，这种网状结构称为三角锁。测定各三角形顶点的水平角，再根据起始边长、方位角和起始点坐标来推求各顶点水平位置的测量方法称为三角测量，此时控制网称为测角网；测定各三角形的边长，再根据起始点坐标来和起始方位角推求各顶点水平位置的测量方法称为三边测量，此时控制网称为三边网或测边网；综合应用三角测量和三边测量来推求各顶点水平位置的测量方法称为边角测量，此时控制网也称为边角组合网，简称边角网。将地面上一系列的点依相邻次序连成折线形式(见图7-3)，依次测定各折线边的长度和转折角，再根据起始数据以推求各点的平面位置的测量方法称为导线测量，控制网称为导线网。利用全球定位系统(GNSS)建立的控制网称为GNSS控制网。卫星定位技术的出现大大提高了控制测量的速度和精度，已成为建立国家控制网、城市控制网和各种工程控制网的主要手段。这些控制网有两类：一类是和常规大地测量一样，地面布设控制点，只是采用卫星定位技术建立控制网；另一类是在一些地面点上安置固定的GNSS接收机，常年连续接收卫星信号，建立连续运行卫星定位导航服务系统(CORS)进行城市控制测量。

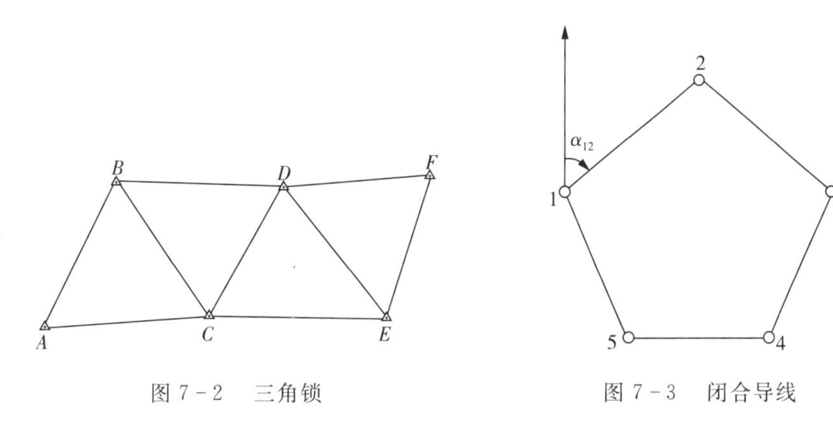

图7-2 三角锁

图7-3 闭合导线

2. 高程控制测量

高程控制网由连接各高程控制点的水准测量路线组成。通过水准测量可以求得相邻水准点之间的高差。为传算各水准点的高程，必须选择某一高程起算点，如水准原点；还需通过这一高程起算点规定一个高程起算面。

测定控制点的高程(H)所进行的测量工作称为高程控制测量。高程控制网主要采用水准测量、三角高程测量和GNSS高程测量的方法建立。用水准测量方法建立的高程控制网称为水准网。三角高程测量主要用于地形起伏较大、直接水准测量有困难的地区，为地形测图提供高程控制。GNSS高程测量可精确测定控制点的大地高，也可通过高程异常(大地水准面差距)模型将大地高转化为正常高(正高)，后者通常称为GNSS水准，一般用于地形比较平缓的地区。

3. 控制网的布设原则

控制网具有控制全局、限制误差累积的作用，是各项测量工作的依据。控制网的布设应遵循“整体控制、局部加密”“高级控制、低级加密”的原则。平面控制网和高程控制网的布设范围应相适应，一般分别单独布设，也可以布设成三维控制网。

国家制定了一系列相应的测量规范，对各种控制测量的技术要求做了详细的规定。在测量工作中应严格遵守和执行这些测量规范。

7.1.2 国家基本控制网

在全国范围内建立的平面控制网和高程控制网总称为国家基本控制网。它为统一全国范围内坐标系统和高程系统及各种工程测量提供控制依据。国家控制网按精度由高到低分别为一、二、三、四等。它的低级点受高级点控制。一等精度最高，是国家控制网的骨干；二等精度次之，是国家控制网的全面基础；三、四等是在二等控制基础上进行加密。

1. 国家平面控制网

国家平面控制网提供全国性的、统一的空间定位基准，是全国各种比例尺测图和工程建设的基本控制，也为空间科学技术和军事提供精确的点位坐标、距离和方位资料，并为研究地球大小和形状、地震监测和预报等提供重要依据。

建立国家平面控制网的传统方法是三角测量和精密导线测量。按精度分为一、二、三、四等，一、二等三角测量属于国家基本控制测量，三、四等三角测量属于加密控制测量。2000 年，国家测绘局制定了《国家三角测量规范》(GB/T 17942—2000)，并于 2000 年 8 月 1 日实施。

随着科学技术的发展和现代化高新仪器设备的应用，三角测量这一传统定位技术的大部分功能正在逐步被 GNSS 定位技术所取代。1992 年，国家测绘局制定了《全球定位系统(GPS) 测量规范》(CH 2001—1992)，其将 GPS 控制网分为 A ～ E 级，见表 7-1 所列。其中，A、B 级属于国家 GNSS 控制网。

表 7-1 GPS 控制网

项目	级别				
	A	B	C	D	E
固定误差 a/mm	≤ 5	≤ 8	≤ 10	≤ 10	≤ 10
比例误差系数 b/ppm	≤ 0.1	≤ 1	≤ 5	≤ 10	≤ 20
相邻点最小距离 /km	100	15	5	2	1
相邻点最大距离 /km	2000	250	40	15	10
相邻点平均距离 /km	300	70	15 ～ 10	10 ～ 5	5 ～ 2

2. 国家高程控制网

建立国家高程控制网的主要方法是精密水准测量。国家水准测量分为一、二、三、四等，精度依次逐级降低。一等水准测量精度最高，由它建立起来的一等水准网是国家高程控制网的骨干；二等水准网在一等水准环内布设，是国家高程控制网的全面基础；三、四等水准网是国家高程控制点的进一步加密，主要为测绘地形图和各种工程建设提供高程起算数据。三、四等水准测量路线应附合于高级水准点之间，并尽可能交叉，构成闭合环。1991 年国家标准《国家一、二等水准测量规范》(GB 12897—91) 和《国家三、四等水准测量规范》(GB 12898—91) 发布。

7.1.3　城市控制网

在城市地区建立的控制网称为城市控制网。城市控制网属于区域控制网，它是国家控制网的发展和延伸。它为城市大比例尺测图、城市规划、城市地籍管理、市政工程建设和城市管理提供基本控制点。城市控制网应在国家基本控制网的基础上分级布设。1997年建设部发布行业标准《全球定位系统城市测量技术规程》(CJJ73—1997)；1999年又发布《城市测量规范》(CJJ8—99)。为了统一全球导航卫星系统(GNSS) 技术在城市测量中的应用，以及更好地为城市建设服务，《全球定位系统城市测量技术规程》(CJJ73—2010) 颁布实施。

1. 城市平面控制网

城市平面控制网的等级划分：GNSS网、三角网和边角网的等级依次为二等、三等、四等、一级、二级；导线网的等级依次为三等、四等、一级、二级、三级。各等级平面控制网视城市规模均可作为首级网。在首级网下逐级加密；条件许可，可越级布网。城市平面控制网的主要技术要求见表7-2～表7-4所列。城市GNSS网中的三、四等稍低于表7-1中的C、D级，但与城市三角网的相应等级相当。

表7-2　三角网的主要技术要求

等级	平均边长/km	测角中误差/″	起始边边长相对中误差	最弱边边长相对中误差
二等	9	≤±1.0	≤1/300000	≤1/120000
三等	5	≤±1.8	≤1/200000(首级) ≤1/120000(加密)	≤1/80000
四等	2	≤±2.5	≤1/120000(首级) ≤1/80000(加密)	≤1/45000
一级	1	≤±5.0	≤1/40000	≤1/20000
二级	0.5	≤±10.0	≤1/20000	≤1/10000

表7-3　边角组合网边长和边长测量的主要技术要求

等级	平均边长/km	测距中误差/mm	测距相对中误差
二等	9	≤±30	≤1/300000
三等	5	≤±30	≤1/160000
四等	2	≤±16	≤1/120000
一级	1	≤±16	≤1/60000
二级	0.5	≤±16	≤1/30000

表 7-4　光电测距导线的主要技术要求

等级	闭合环及附合导线长度 / km	平均边长 / m	测距中误差 / mm	测角中误差 / ″	导线全长相对闭合差
三等	15	3000	≤±18	≤±1.5	≤1/60000
四等	10	1600	≤±18	≤±2.5	≤1/40000
一级	3.6	300	≤±15	≤±5	≤1/14000
二级	2.4	200	≤±15	≤±8	≤1/10000
三级	1.5	120	≤±15	≤±12	≤1/6000

2. 城市高程控制网

城市高程控制网主要是水准网,等级依次分为二、三、四等。城市首级高程控制网不应低于三等水准。光电测距三角高程测量可代替四等水准测量。经纬仪三角高程测量主要用于山区的图根控制及位于高层建筑物上平面控制点的高程测量。

城市高程控制网的首级网应布设成闭合环线,加密网可布设成附合路线、结点网和闭合环,一般不允许布设水准支线。

各等级水准测量的主要技术要求见表 7-5 所列。

表 7-5　各等级水准测量的主要技术要求　　（单位:mm）

等级	每千米高差中数中误差		测段、区段、路线往返测高差不符值	测段、路线的左右路线高差不符值	附合路线或环线闭合差		检测已测测段高差之差
	偶然中误差 M_{Δ}	全中误差 M_W			平原丘陵	山区	
二等	≤±1	≤±2	$\leqslant\pm 4\sqrt{L_s}$	——	$\leqslant\pm 4\sqrt{L}$		$\leqslant\pm 6\sqrt{L_i}$
三等	≤±3	≤±6	$\leqslant\pm 12\sqrt{L_s}$	$\leqslant\pm 8\sqrt{L_s}$	$\leqslant\pm 12\sqrt{L}$	$\leqslant\pm 15\sqrt{L}$	$\leqslant\pm 20\sqrt{L_i}$
四等	≤±5	≤±10	$\leqslant\pm 20\sqrt{L_s}$	$\leqslant\pm 14\sqrt{L_s}$	$\leqslant\pm 20\sqrt{L}$	$\leqslant\pm 25\sqrt{L}$	$\leqslant\pm 30\sqrt{L_i}$
图根					$\leqslant\pm 40\sqrt{L}$		

注:(1)L_s 为测段、区段或路线长度,L 为附合路线或环线长度,L_i 为检测测段长度,均以 km 计;

(2) 山区是指路线中最大高差超过 400 m 的地区;

(3) 水准环线由不同等级水准路线构成时,闭合差的限差应按各等级路线长度分别计算,然后取其平方和的平方根为限差;

(4) 检测已测测段高差之差的限差,对单程及往返检测均适用,检测测段长度小于 1 km 时按 1 km 计算。

7.1.4　工程控制网

为了工程建设而布设的测量控制网称为工程控制网。其按用途分为测图控制网、施工控制网和变形监测网三大类。其内容均包括平面控制网和高程控制网。2020 年,国家制定了《工程测量标准》(GB 50026—2020),并于 2021 年 6 月 1 日实施。

1. 施工控制网

为了工程建(构)筑物的施工放样而布设的测量控制网称为施工控制网。其分为场区控制网和建筑物控制网。场区平面控制网的坐标系统应与工程设计所采用的坐标系统相同。根据场区的地形条件和建筑物的布置情况,场区平面控制网布设成建筑方格网、导线网、三角网或三边网。场区高程控制网应布设成水准闭合环线、附合环线或结点网形,其精度应不低于三等水准。按建(构)筑物特点,建筑物平面控制网可布设成建筑基线或矩形控制网。

施工控制网的布设特点之一是当工程的某一部分要求较高的定位精度时,在大的控制网内部需要建立较高精度的局部独立控制网。

2. 变形监测网

为工程建筑物的变形观测布设的测量控制网称为变形监测网。其主要有为沉降观测布设的高程控制网(水准网)和为位移观测布设的平面控制网。变形监测多采用独立网,且具有网形较小,观测精度要求高,具有较多的多余观测值等特点。

7.1.5 图根控制网

直接为测图而建立的控制网称为图根控制网,其控制点简称为图根点。图根平面控制网一般应在测区的首级控制网或上一级控制网下,采用图根三角网、图根导线的方法布设,但不宜超过2次附合;局部地区可采用光电测距仪极坐标法和交会定点法加密图根点,亦可采用GNSS测量方法布设。图根高程控制采用水准测量和三角高程测量的方法。

图根点的密度应根据测图比例尺和地形条件而定,对于常规测图方法,平坦开阔地区图根点的密度不宜小于表7-6的规定。

表7-6　平坦开阔地区图根点的密度

测图比例尺	1∶500	1∶1000	1∶2000
图根点密度/(点/km^2)	150	50	15
每图幅图根点数(50 cm×50 cm)	8	12	15

7.2 导线测量

7.2.1 导线测量原理及方法

导线测量由于布设灵活,要求通视方向少,边长直接测定,精度均匀,适宜布设在建筑物密集视野不甚开阔的地区,如城市、厂矿等建筑区、隐蔽区和森林区,也适于用作狭长地带(如铁路、公路、隧道、渠道等)的控制测量。随着全站仪的日益普及,导线边长可以延伸,精度和自动化程度均有提高,导线测量得到了更加广泛的应用,并成为中小城市、厂矿等地区建立平面控制网的主要方法。图根导线测量的主要技术要求见表7-7所列[参见《工程测量标准》(GB 50026—2020)]。

表 7-7　图根导线测量的主要技术要求

导线长度 / m	相对闭合差	边长	测角中误差 /″		方位角闭合差	
			首级控制	加密控制	首级控制	加密控制
$\leqslant a \cdot M$	$\leqslant 1/(2000 \times a)$	≤1.5 测图最大视距	20	30	$40\sqrt{n}$	$60\sqrt{n}$

注：(1) a 为比例系数，取值宜为 1，当采用 1∶500，1∶1000 比例尺测图时，a 值可在 1～2 之间选用；

(2) M 为测图比例尺的分母，但对于工矿区现状图测量，不论测图比例尺大小，M 应取值为 500，n 为测站数；

(3) 施测困难地区导线相对闭合差，不应大于 $1/(1000 \times a)$。

根据测区的实际情况，导线可布设成以下 3 种形式。

1. 附合导线

布设在两高级控制点间的导线称为附合导线。如图 7-4 所示，从一高级控制点 B 和已知方向 AB 出发，经导线点 1、2、3、4 点再附合到另一高级控制点 C 和已知方向 CD 上。

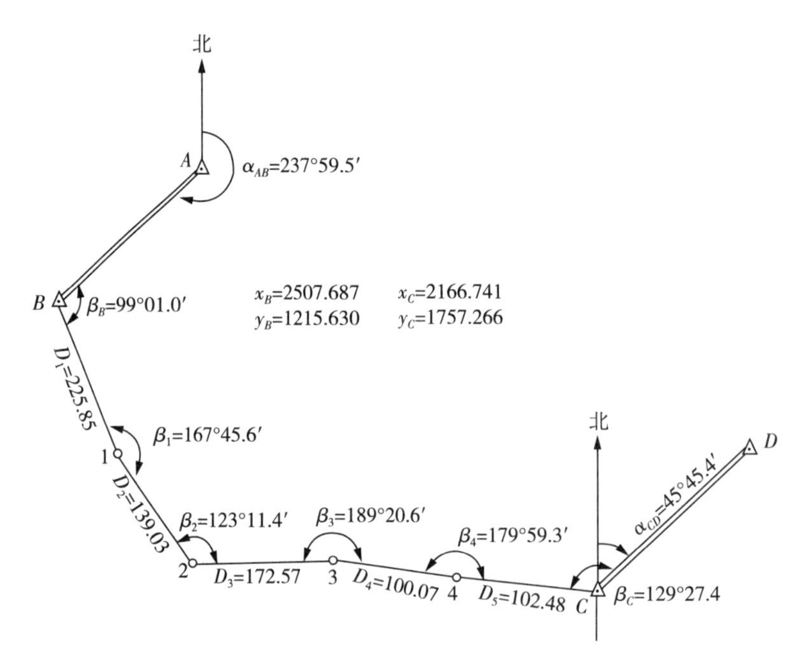

图 7-4　附合导线(单位：m)

2. 闭合导线

起讫于同一高级控制点的导线称为闭合导线。如图 7-5 所示，从高级控制点 A 和已知方向 BA 出发，经导线点 2、3、4、5，再回到 A 点形成一闭合多边形。在无高级控制点地区，A 点也可为同级导线点。

3. 支导线

仅从一个已知点和一已知方向出发，支出 1～2 个点称为支导线，如图 7-5 中的 3ab。当导线点的数目不能满足局部测图需要时，常采用支导线的形式。因为支导线缺乏校核，所以测量规范中规定支导线一般不超过 2 个点。

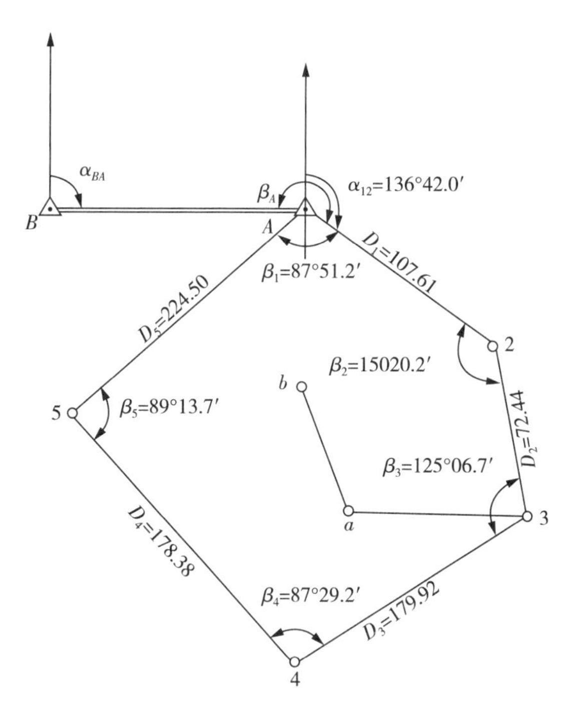

图 7－5　闭合导线和支导线(单位:m)

7.2.2　导线测量的外业工作

导线测量的外业工作包括踏勘选点、边长测量、角度测量和连接测量。

1. 踏勘选点

选点前,应尽可能收集测区及附近已有的高级控制点的有关数据和已有地形图。然后在图上大致拟定导线走向及点位,定出初步方案;再到实地踏勘,选定导线点位置。当需要分级布设时,应先确定首级导线。

确定导线点的实际位置,应综合考虑以下几个方面:

(1) 导线点应选在土质坚实、便于保存标志和安置仪器的地方,在测区内均匀分布,其周围视野要开阔,以便在施测碎部时发挥最大的控制作用。

(2) 应严格遵守测量规范中不同比例尺测图对导线点应有的个数及导线边长的规定。

(3) 相邻导线点间应通视良好。为保证测角精度,相邻边长度之比一般不应超过 3。

(4) 在采用钢尺量距时,导线点应选在地势平坦便于量距的地方。在使用电磁波测距仪测距时,则不受地形条件的限制。

(5) 应尽可能考虑日后施工放样时利用的可能性。

导线点选定后,应在地面上建立标志,并沿导线走向顺序编号,绘制导线略图。对一、二、三级导线点,一般埋设混凝土桩,如图 7－6 所示。对图根导线点,通常用小木桩打入土中,桩顶钉一小钉作为标志。为便于寻找,应量出导线点到附近 3 个明显地物点的距离,并用红漆在明显地物上写明导线点的编号和距离,用箭头指明点位方向,绘一草图,注明尺寸,称为点之记,如图 7－7 所示。

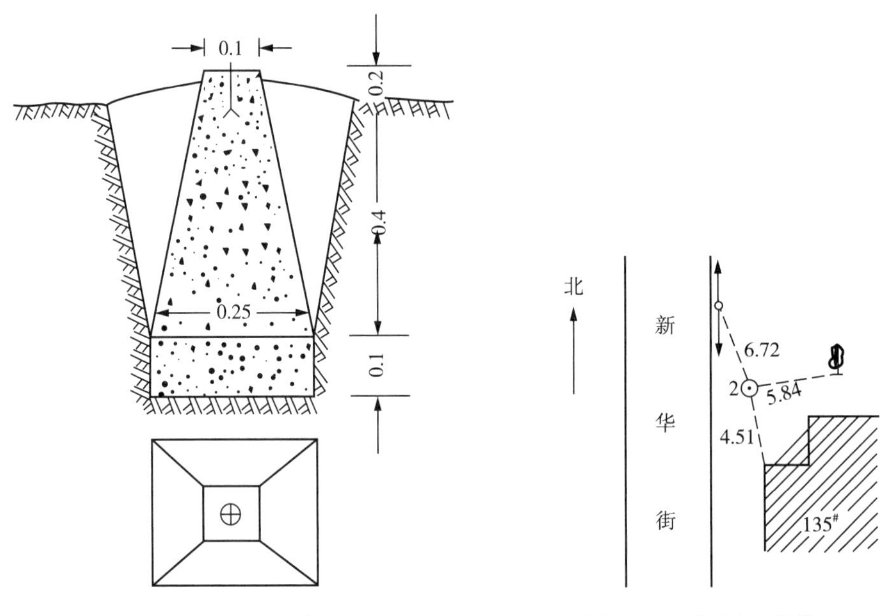

图 7-6　混凝土桩(单位:m)　　　　图 7-7　点之记(单位:m)

2. 边长测量

各级导线边长均可用光电测距仪测量,测量时要同时观测竖直角,以供倾斜改正之用。对一、二、三级导线,应在导线边一端测 2 个测回,或在两端各测 1 个测回,取其中值并加气象改正;对图根导线,只需在各导线边的一个端点上安置仪器测 1 个测回,并无须进行气象改正。

对一、二、三级导线,也可按钢尺量距的精密方法进行。钢尺必须经过检定。对于图根导线,用一般方法往返丈量,当尺长改正数大于 1/10000、量距时平均温度与检定时温度差异超过 10 ℃、坡度大于 2% 时,应分别进行尺长、温度和倾斜改正。

3. 角度测量

角度测量按测回法施测。对附合导线或支导线,一律测导线前进方向同一侧的角度,通常测左侧角度,也可都测右侧角度。闭合导线一般测内角。

4. 连接测量

导线连接角的测量叫作导线定向,其目的是使导线点的坐标纳入国家坐标系统或该地区的统一坐标系统中。对于与高级控制点连接的导线(见图 7-4),要测出连接角 β_B、β_C;对于独立导线(没有连接高等级控制点的导线),须用罗盘仪或其他方法测定起始方位角 α_{12}(见图 7-5)。

7.2.3　导线测量的内业计算

导线测量内业计算的目的是计算出各导线点的坐标(x,y)。计算之前,应全面检查抄录的起算数据是否正确、外业观测记录和计算是否有误。然后绘制导线略图,在图上相应位置注明起算数据与观测数据。

1. 附合导线计算

图 7-4 是附合导线的实例略图,其坐标计算见表 7-8 所列。

表 7-8　附合导线坐标计算

点号	观测角（左角）	改正后的角度	坐标方位角	边长/m	增量计算值		改正后的增量值		坐标		点号
					$\Delta x'$	$\Delta y'$	Δx	Δy	x	y	
1	2	3	4	5	6	7	8	9	10	11	12
$\frac{A}{B}$	+6″ 99°01′00″	99°01′06″	237°59′30″						2507.687	1215.630	B
			157°00′36″	225.85	+45 −207.911	−43 +88.210	−207.866	+88.167			
1	+6″ 167°45′36″	167°45′42″							2299.821	1303.797	1
			144°46′18″	139.03	+28 −113.568	−26 +80.198	−113.540	+80.172			
2	+6″ 123°11′24″	123°11′30″							2186.281	1383.969	2
			87°57′48″	172.57	+35 +6.133	−33 +172.461	+6.168	+172.428			
3	+6″ 189°20′36″	189°20′42″							2192.449	1556.397	3
			97°18′30″	100.07	+20 −12.730	−19 +99.257	−12.710	+99.238			
4	+6″ 179°59′18″	179°59′24″							2179.739	1655.635	4
			97°17′54″	102.48	+21 −13.019	−19 +101.650	−12.998	+101.631			
C	+6″ 129°27′24″	129°27′30″							2166.741	1757.266	C
			46°45′24″								
D											D
				$\sum D$ $= 740.00$	$\sum(\Delta x)$ $= -341.095$	$\sum(\Delta y)$ $= +541.776$					
$a'_{CD} = 46°44'48''$ $a_{CD} = 46°45'24''$ $f_B = -36''$		$f_{\beta容} = \pm 40''\sqrt{6}$ $= \pm 98''$ $\lvert f_\beta \rvert < \lvert f_{\beta容} \rvert$			$\sum(\Delta x) = -341.095$　$\sum(\Delta y) = +541.776$ $x_C - x_B = -340.946$　$y_C - y_B = +541.636$ $f_x = -0.149$　$f_y = 0.140$ $f = \sqrt{f_x^2 + f_y^2} \approx 0.20$　$K \approx \frac{0.20}{740} \approx \frac{1}{3700} < \frac{1}{2000}$						

A、B、C、D 是高级控制点，α_{AB}、α_{CD} 及 x_B、y_B、x_C、y_C 为起算数据，β_i 和 D_i 分别为角度和边长观测值，计算 1、2、3、4 点的坐标。A、B、C、D 是已知高级控制点，相对于施测的导线来说，可认为其已知坐标是无误差的标准值。这样附合导线就存在 3 个几何条件：一个方位角闭合条件，即根据已知方位角 α_{AB}，通过各 β_i 的观测值推算出 CD 边的坐标方位角 α'_{CD}，应等于已知的 α_{CD}；另二个是纵横坐标闭合条件，即由 B 点的已知坐标(x_B，y_B)，经各边、角推算求得的 C 点坐标(x'_C，y'_C)应与已知的坐标(x_C，y_C)相等。这 3 个条件是附合导线观测值的校核条件，是进行导线坐标计算与调整的基础。计算步骤如下：

(1) 坐标方位角的计算与调整。

根据式(5－19)，可推算出 CD 边的坐标方位角为

$$\alpha'_{CD}=\alpha_{AB}-n\times 180^\circ+\sum_{1}^{n}\beta_i$$

由于测角中存在误差，所以 α'_{CD} 一般不等于已知的 α_{CD}，其差数称为角度闭合差，即

$$f_B=\alpha'_{CD}-\alpha_{CD} \tag{7-1}$$

本例中 $\alpha'_{CD}=46^\circ 44' 48''$，$\alpha_{CD}=46^\circ 45' 24''$，将其代入式(7－1)得

$$f_B=46^\circ 44' 48''-46^\circ 45' 24''=-36''$$

各级导线、角度闭合差的容许值 $f_{\beta容}$ 见表 7－7 所列。图根导线的角度容许闭合差为

$$f_{\beta容}=\pm 40''\sqrt{n} \tag{7-2}$$

此例中，$n=6$，则

$$f_{\beta容}=\pm 40''\sqrt{6}\approx\pm 98''$$

若 $f_\beta>f_{\beta容}$，应重新检测角度。若 $f_B\leqslant f_{\beta容}$，则对各角值进行调整。各角度属同精度观测，所以将角度闭合差反符号平均分配(其分配值称为改正数)给各角。然后计算各边方位角。作为检核，由改正后的各角度值推算的 α'_{CD} 应与已知的 α_{CD} 相等。

(2) 坐标增量闭合差的计算与调整。

由坐标闭合条件可知，附合在 B、C 两点间的导线，如果测角和量边没有误差，各边坐标增量分别为 $\Delta x_i=D_i\cos\alpha_i$，$\Delta y_i=D_i\sin\alpha_i$。各边坐标增量之和 $\sum\Delta x_i$、$\sum\Delta y_i$ 应分别等于 B、C 两点的纵横坐标之差 $\sum\Delta x_{理}$、$\sum\Delta y_{理}$，即

$$\begin{cases}\sum\Delta x_{理}=x_C-x_B=x_{终}-x_{始}\\ \sum\Delta y_{理}=y_C-y_B=y_{终}-y_{始}\end{cases} \tag{7-3}$$

量边的误差和角度闭合差调整后的残余误差，使计算出的 $\sum\Delta x_i$、$\sum\Delta y_i$ 往往不等于 $\sum\Delta x_{理}$、$\sum\Delta y_{理}$，产生的差值分别称为纵坐标增量闭合差 f_x，横坐标增量闭合差 f_y，即

$$\begin{cases} f_x = \sum \Delta x_i - \sum \Delta x_{理} = \sum \Delta x_i - (x_{终} - x_{始}) \\ f_y = \sum \Delta y_i - \sum \Delta y_{理} = \sum \Delta y_i - (y_{终} - y_{始}) \end{cases} \tag{7-4}$$

f_x、f_y 的存在，使最后推得的 C' 点与已知的 C 点不重合，如图 7-8 所示。CC' 的距离用 f 表示，称为导线全长闭合差，可用下式计算

$$f = \sqrt{f_x^2 + f_y^2} \tag{7-5}$$

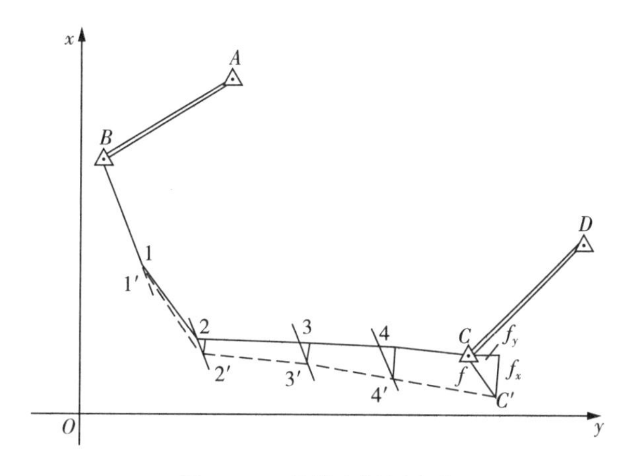

图 7-8　导线坐标闭合差

f 值和导线全长 $\sum D$ 的比值 K 称为导线全长相对闭合差，即

$$K = \frac{f}{\sum D} = \frac{1}{\frac{\sum D}{f}} \tag{7-6}$$

K 的大小反映了导线测角和测距的综合精度。不同等级导线的相对闭合差的容许值见表 7-4 所列。对于图根导线，K 值应小于 $\frac{1}{2000}$，在困难地区，K 值可放宽到 $\frac{1}{1000}$，见表 7-7 所列。若 $K \leqslant K_{容}$，说明符合精度要求，可以进行坐标增量的调整；否则应分析错误，返工重测。

例中，$f_x = -0.148$ m，$f_y = +0.140$ m，$\sum D = 740.00$ m。

$$f = \pm\sqrt{(0.149)^2 + (0.140)^2} \approx 0.20(\text{m})$$

$$K = \frac{0.20}{740} \approx \frac{1}{3700} < \frac{1}{2000}$$

调整的方法：将闭合差 f_x、f_y 分别反符号按与边长成正比的原则，分配给相应的各边坐标增量。用 V_{xi}，V_{yi} 分别表示第 i 边的坐标增量改正数，则

$$\begin{cases} V_{xi} = -\dfrac{f_x}{\sum D} \cdot D_i \\ V_{yi} = -\dfrac{f_y}{\sum D} \cdot D_i \end{cases} \tag{7-7}$$

作为检核,改正后的坐标增量总和应等于 B、C 两点的坐标差。

(3) 坐标计算。

根据起点 B 的坐标及改正后的坐标增量,按下式计算:

$$\begin{cases} x_{i+1} = x_i + \Delta x_{i,i+1} \\ y_{i+1} = y_i + \Delta y_{i,i+1} \end{cases}$$

依次计算各点坐标,最后算得的 C 点坐标应等于已知的 C 点坐标,否则计算有误。

2. 闭合导线计算

图 7-5 是闭合导线的实例略图,其坐标计算见表 7-9 所列。闭合导线的计算步骤与调整原理与附合导线相同,也要满足角度闭合和坐标闭合 3 个条件。闭合导线是以闭合的几何图形作为校核条件。这使闭合导线角度闭合差和坐标增量闭合差的计算与附合导线略有不同。

(1) 角度闭合差的计算与调整。

闭合导线一般测内角,n 边形内角之和应满足

$$\sum \beta_{理} = (n-2) \times 180°$$

角度闭合差

$$f_\beta = \sum \beta_{测} - \sum \beta_{理} = \sum \beta_{测} - (n-2) \times 180° \tag{7-8}$$

(2) 坐标增量闭合差的计算与调整。

闭合导线的起、终点为同一个点,按式(7-3)有

$$\begin{cases} \sum \Delta x_{理} = 0 \\ \sum \Delta y_{理} = 0 \end{cases} \tag{7-9}$$

按式(7-4),则坐标增量闭合差为

$$\begin{cases} f_x = \sum \Delta x_i \\ f_y = \sum \Delta y_i \end{cases} \tag{7-10}$$

改正后的坐标增量应满足

$$\sum \Delta x_i = 0$$

$$\sum \Delta y_i = 0$$

表 7－9　闭合导线坐标计算

点号	观测角（右角）	改正后的角值	坐标方位角	边长 / m	增量计算值		改正后的增量值		坐标		点号
					$\Delta x'$	$\Delta y'$	Δx	Δy	x	y	
1	2	3	4	5	6	7	8	9	10	11	12
1	−12″ 87°51′12″	87°51′00″							800.00	1000.00	1
			136°42′00″	107.61	−1 −78.32	−3 +73.80	−78.33	+73.77			
2	−12″ 150°20′12″	150°20′00″							721.67	1073.77	2
			166°22′00″	72.44	−1 −70.40	−2 +17.07	−70.41	+17.05			
3	−12″ 125°06′42″	125°06′30″							651.26	1090.82	3
			221°15′30″	179.92	−3 −135.25	−4 −118.65	−135.28	−118.69			
4	−12″ 87°29′12″	87°29′00″							515.98	927.13	4
			313°46′30″	179.38	−3 +124.10	−4 −129.52	+124.07	−129.56			
5	−12″ 89°13′42″	89°13′30″							640.05	824.57	5
			44°33′00″	224.50	−4 +159.99	−6 +157.49	+159.95	+157.43			
1									800.0	1000.00	1
2			136°42′00″								
$\sum$	540°01′00″	540°00′00″		763.85							
$f_\beta = \pm 60''$　$f_{\beta容} = \pm 40''\sqrt{n} = \pm 0.40''\sqrt{5} = \pm 89.4''$ $f = \sqrt{f_x^2 + f_y^2} = 0.22\ \text{m}$ $k = \frac{f}{\sum D} = \frac{0.22}{763.85} \approx \frac{1}{3470}$					+284.09 −283.97	+284.36 −284.17	+284.02 −284.02	+284.27 −284.27			
					$f_x = +0.12$	$f_y = +0.19$	$\sum \Delta x = 0$	$\sum \Delta y = 0$			

(3) 导线内业计算中应注意的问题。

① 内业计算中数字的取位应遵守表 7－10 的规定。

表 7－10　导线内业计算数字取位的要求

等级	角度观测值	角度改正数	方位角	边长与坐标
二级导线	1″	1″	1″	0.001 m
图根导线	0.1′	0.1′	0.1′	0.01 m

② 内业计算中，每一计算步骤都要严格进行校核。只有当方位角闭合差消除后，才能进行坐标增量的计算。

7.3　控制点加密

当原有控制点的密度不能满足测图和施工需要时，在全站仪被广泛使用的情况下，常用极坐标法进行加密，有时也可用交会法来加密少量控制点。常用的交会法有前方交会、距离交会和后方交会。

7.3.1　前方交会

如图 7－9 所示，在已知点 A、B 分别观测点 P 的水平角 α 和 β，再推求点 P 坐标的方法称为前方交会。为了检核，通常需从 3 个已知点 A、B、C 分别向点 P 进行角度观测，如图 7－10 所示。点 P 位置的精度除了与 α、β 的观测精度有关外，还与 γ 的大小有关。γ 接近 60° 时精度最高，在不利的条件下，γ 也不应小于 30° 或大于 120°。

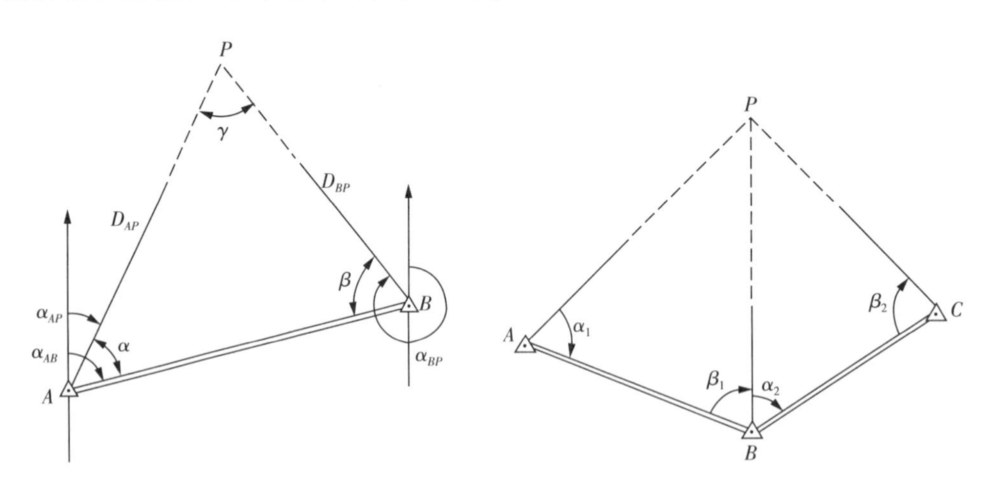

图 7－9　前方交会　　　图 7－10　带检核条件的前方交会

前方交会的计算步骤如下：

(1) 根据已知坐标计算已知边(AB) 的方位角和边长。

$$a_{AB}=\tan^{-1}\frac{y_B-y_A}{x_B-x_A}$$

$$D_{AB}=\sqrt{(x_B-x_A)^2+(y_B-y_A)^2}$$

(2) 推算 AP 和 BP 边的坐标方位角和边长。

由图 7-9 得

$$\begin{cases}\alpha_{AP}=\alpha_{AB}-\alpha\\ \alpha_{BP}=\alpha_{BA}+\beta\end{cases} \tag{7-11}$$

$$\begin{cases}D_{AP}=\dfrac{D_{AB}\sin\beta}{\sin\gamma}\\ D_{BP}=\dfrac{D_{AB}\sin\alpha}{\sin\gamma}\end{cases} \tag{7-12}$$

式中,$\gamma=180^\circ-(a+\beta)$。

3. 计算点 P 坐标

分别由点 A、B 按下式推算点 P 坐标,并校核。

$$\begin{cases}x_P=x_A+D_{AP}\cos\alpha_{AP}\\ y_P=y_A+D_{AP}\sin\alpha_{AP}\end{cases} \tag{7-13}$$

$$\begin{cases}x_P=x_B+D_{BP}\cos\alpha_{BP}\\ y_P=y_B+D_{BP}\sin\alpha_{Bp}\end{cases} \tag{7-14}$$

下面介绍一种直接计算点 P 坐标的公式:

$$\begin{aligned}x_P&=\frac{x_A\cot\beta+x_B\cot a+(y_B-y_A)}{\cot a+\cot\beta}\\ y_P&=\frac{y_A\cot\beta+y_B\cot a-(x_B-x_A)}{\cot a+\cot\beta}\end{aligned} \tag{7-15}$$

应用式(7-15)时,要注意 A、B、P 的点号须按逆时针次序排列(见图 7-9)。

7.3.2　距离交会

如图 7-9 所示,在已知点 A 上测出水平角 α 和水平距离 D_{AP},在点 B 上测出水平角 β 和水平距离 D_{BP},按式(7-11)求得 α_{AP} 和 α_{BP},即可按式(7-13)和式(7-14)计算出点 P 的 2 组坐标。2 组坐标之差若在限差之内,可取其平均值作为最后结果。

7.3.3　后方交会

如图 7-11 所示,仪器安置在特定点 P 上,观测点 P 至 A、B、C 三个已知点间的夹角 β_1、β_2,再求解点 P 坐标的方法称为后方交会。其优点是不必在多个已知点上设站观测,野外工作量少,故当已知点不易到达时,可采用后方交会确定待定点。后方交会计算工作量较大,计算公式很多,这里仅介绍一种,公式推导从略。

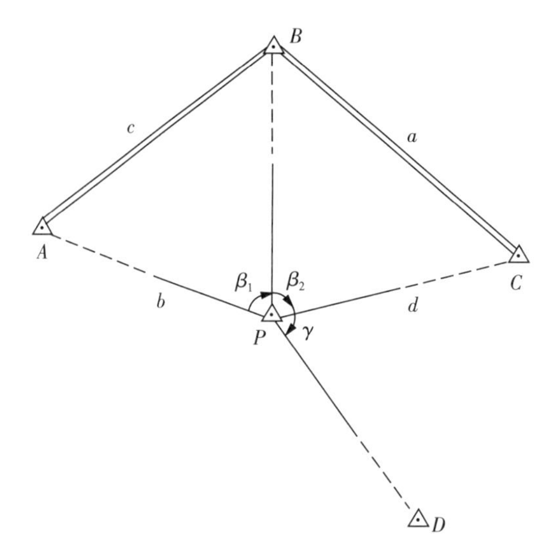

图 7-11　后方交会

1. 计算公式

$$\begin{cases} a=(x_A-x_B)+(y_A-y_B)\cot\beta_1=\Delta x_{BA}+\Delta y_{BA}\cot\beta_1 \\ b=(y_A-y_B)+(x_A-x_B)\cot\beta_1=\Delta y_{BA}+\Delta x_{BA}\cot\beta_1 \\ c=(x_B-x_C)+(y_B-y_C)\cot\beta_2=\Delta x_{CB}+\Delta y_{CB}\cot(-\beta_2) \\ d=(y_B-y_C)+(x_B-x_C)\cot\beta_2=\Delta y_{CB}+\Delta x_{CB}\cot(-\beta_2) \end{cases} \tag{7-16}$$

$$K=\frac{a+c}{b+d} \tag{7-17}$$

$$\begin{cases} \Delta x_{BP}=\dfrac{a-Kb}{1+K^2} \\ \Delta y_{BP}=\Delta x_{BP}\cdot K \end{cases} \tag{7-18}$$

则点 P 坐标为

$$\begin{cases} x_P=x_B+\Delta x_{BP} \\ y_P=y_B+\Delta y_{BP} \end{cases} \tag{7-19}$$

2. 点 P 的检查

为判断点 P 位置的精度,必须在点 P 上对第 4 个已知点再进行观测,即再观测 γ,如图 7-11 所示。

根据 A、B、C 三点算得点 P 坐标后,再算得 α_{PD},α_{PC},计算 γ'

$$\gamma'=\alpha_{PD}-\alpha_{PC} \tag{7-20}$$

将 γ' 值与观测得到的 γ 值相比较，求出差数

$$\Delta\gamma = \gamma' - \gamma \tag{7-21}$$

当交会点是图根等级时，$\Delta\gamma$ 的容许值为 $\pm 40''$。

3. 危险圆问题

当新点 P 落在不在一条直线上的 A、B、C 三点的圆周上（见图 7-12）的任何位置时，其角 β_1、β_2 均不变，因此无解；当点 P 落在此圆周近旁时，则求得的点 P 坐标精度很低。通常将过 A、B、C 三点共圆的圆周称为危险圆。

危险圆按式（7-16）、式（7-17）和下式判别：

$$\begin{cases} a + c = 0 \\ b + d = 0 \\ K = \dfrac{0}{0} \end{cases} \tag{7-22}$$

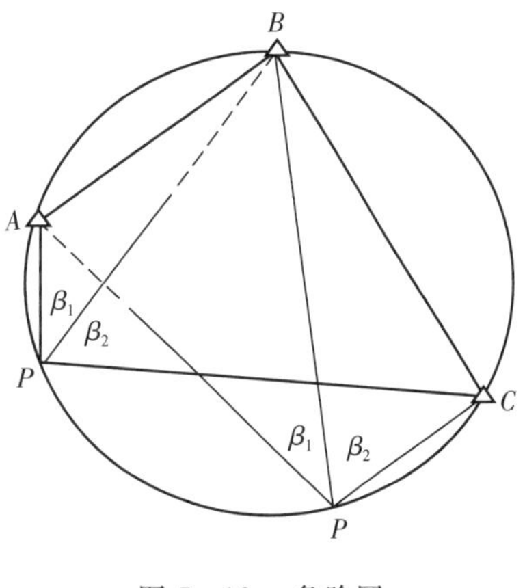

图 7-12　危险圆

为避免点 P 落在危险圆及近旁，选点时应注意：点 P 位置最好在 3 个已知点连成的三角形的重心附近；角 β 为 $30° \sim 120°$；点 P 离危险圆的距离不得小于危险圆半径的 $\frac{1}{5}$；A、B、C 三点到点 P 的距离中最大距离与最小距离之比不得超过 3∶1。

7.4　全站仪三维导线测量

传统的导线测量是将测角、测边和测高差分开进行测量，工作强度大、效率低、计算过程复杂。全站仪的普及使测角、测边和测高差同时进行并能通过内置在仪器内部的计算程序直接显示测点坐标。在图根控制测量中，用全站仪进行导线测量，可以一次求得导线点的三维坐标。

如图 7-13 所示的附合导线，控制点 A、B、C、D 坐标已知，1、2 为新建点，用全站仪三维导线测量点 1、2 坐标的具体步骤如下：

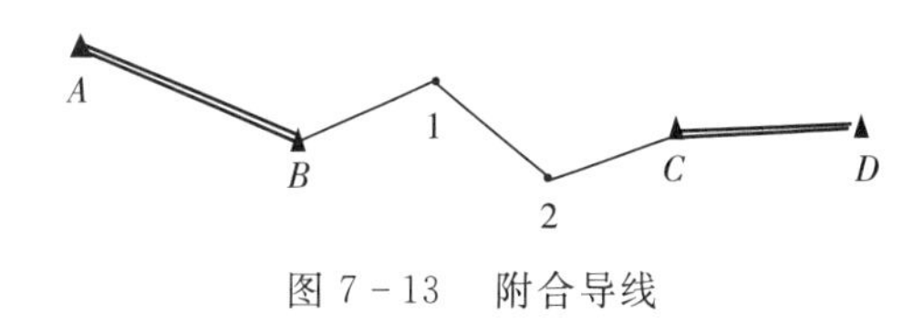

图 7-13　附合导线

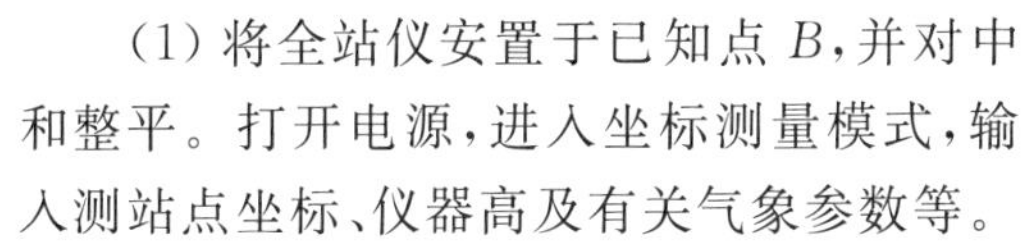

(1) 将全站仪安置于已知点 B，并对中和整平。打开电源，进入坐标测量模式，输入测站点坐标、仪器高及有关气象参数等。

(2) 按屏幕提示，进入后视定向页面，输入后视已知点 A 的坐标后，精确照准后视点 A，按回车键，完成后视定向。

(3) 顺时针方向旋转照准部，精确瞄准前视导线点 1，按测量键，记录点 1 的坐标。

(4) 移动全站仪主机至点 1，对中、整平，后视点 B，前视点 2，依步骤(1) ～ 步骤(3) 测量点 2 坐标。

(5) 依次测至点 C，测量出点 C 坐标（x_C'，y_C'，H_C'）。按式（7-23）计算点 C 的坐标闭合

差，并按式(7-5)和式(7-6)计算导线全长相对闭合差，若不超限，即可按式(7-24)计算闭合各导线点的坐标。

$$\begin{cases} f_x = X_c' - X_c \\ f_y = y_c' - y_c \\ f_h = Hc' - Hc \end{cases} \tag{7-23}$$

$$\begin{cases} X_i = X_i' = \dfrac{f_x}{\sum D} \cdot D_i \\ y_i = y_i' = \dfrac{f_y}{\sum D} \cdot D_i \\ H_i = H_i' = \dfrac{f_h}{\sum D} \cdot D_i \end{cases} \tag{7-24}$$

例如，用全站仪测量图7-13的附合导线，计算结果见表7-11所列。

表7-11 全站仪三维导线测量计算

点号	距离/m	测量坐标及改正数			改正后坐标		
		x/m	y/m	H/m	x/m	y/m	H/m
B					2507.69	1215.63	86.53
	225.85						
P_1		+0.05 2299.78	−0.04 1303.84	+0.04 80.61	2299.83	1303.80	80.65
	139.03						
P_2		+0.08 2186.21	−0.07 1384.04	+0.07 75.31	2186.29	1383.97	75.38
	172.57						
C		+0.11 2192.34	−0.10 1556.50	+0.10 70.00	2192.45	1556.40	70.10
$\sum$	537.45						
辅助计算	$f_x = x_C' - x_C = -0.11$ m $f_y = y_C' - y_C = +0.10$ m $f_h = H_C' - H_C = -0.10$ m $f = \sqrt{f_x^2 + f_y^2} = 0.15$ $K = \dfrac{f}{\sum D} \approx \dfrac{1}{3500} < \dfrac{1}{2000}$						

7.5 GNSS控制测量

卫星定位技术的出现大大提高了控制测量的速度和精度，已成为建立国家控制网、城市控制网和各种工程控制网的主要手段。这些控制网有两类：一类是和常规大地测量一样，地面布设控制点，只是采用卫星定位技术建立控制网；另一类是在一些地面点上安置固定的GNSS接收机，常年连续接收卫星信号，建立CORS进行城市控制测量。

7.5.1 GNSS控制测量精度指标

城市卫星定位网包括城市CORS网和城市GNSS网。GNSS网的精度指标通常是以网中相邻点之间的距离误差 m_D 来表示：

$$m_D = a + b \times 10^{-6} D \tag{7-25}$$

式中，D 为相邻点之间的距离，单位 km。

不同用途的GNSS网其精度是不一样的，地壳形变和国家基本控制网为A、B级，见表7-12所列。

表7-12　国家基本GPS控制网精度要求

级别	主要用途	固定误差 a/mm	比例误差 $b(10^{-6} \times D)$
A	地壳形变测量及国家高精度GPS网建立	≤5	≤0.1
B	国家基本控制测量	≤8	≤1

城市CORS网应单独布设，1个城市只应建设1个CORS网，城市CORS网的主要技术要求见表7-13所列。

表7-13　城市CORS网的主要技术要求

平均距离/km	固定误差 a/mm	比例误差 b/(mm/km)	最弱边相对中误差
40	≤5	≤1	1/800000

CORS网各基准站的绝对坐标变化量应符合要求：平面位置变化应不大于1.5 cm，高程变化应不大于3 cm。

GNSS网可以逐级布网、越级布网或布设同级全面网。GNSS网按相邻站点的平均距离和精度应划分为二等、三等、四等、一级、二级网。城市GNSS网的主要技术要求见表7-14所列。

表7-14　城市GNSS网的主要技术要求

等级	平均距离/km	a/mm	$b(1 \times 10^{-6})$	最弱边相对中误差
二等	9	≤5	≤2	1/120000
三等	5	≤5	≤2	1/80000
四等	2	≤10	≤5	1/45000
一级	1	≤10	≤5	1/20000
二级	<1	≤10	≤5	1/10000

注：当边长小于200 m时，边长中误差应小于±2 cm。

在城市CORS网基础上可进行GNSS-RTK测量，GNSS-RTK测量按精度划分为一级、二级、三级、图根和碎部。其技术要求应符合表 7－15 的规定。

表 7－15　GNSS RTK 测量的主要技术要求

等级	相邻点间距离 /m	点位中误差 /cm	相对中误差	起算点等级	流动站到单基准站间距离 /km	测回数
一级	⩾500	5	⩽1/20000	—	—	⩾4
二级	⩾300	5	⩽1/10000	四等及以上	⩽6	⩾3
三级	⩾200	5	⩽1/6000	四等及以上	⩽6	⩾3
				二级及以上	⩽3	
图根	⩾100	5	⩽1/4000	四等及以上	⩽6	⩾2
				三级及以上	⩽3	
碎部	—	图上 0.5 mm	—	四等及以上	⩽15	⩾1
				三级及以上	⩽10	

注：一级 GNSS 控制点布设应采用网络 RTK 测量技术。

7.5.2　GNSS 网形设计

常规控制测量中，控制网的图形设计十分重要。而在 GNSS 测量时由于不需要点间通视，图形设计灵活性比较大。GNSS 网设计主要考虑以下几个问题：

(1) 网的可靠性设计。GNSS 测量有很多优点，如测量速度快、测量精度高等，但是其是无线电定位，受外界环境影响大，所以在图形设计时应重点考虑成果的准确可靠。应考虑有较可靠的检验方法，GNSS 网一般应通过独立观测边构成闭合图形，以增加检查条件，提高网的可靠性。GNSS 网的布设通常有点连式、边连式、网连式及边点混合连式等方式。

① 点连式。其是指相邻同步图形（多台仪器同步观测卫星获得基线构成的闭合图形）仅用一个公共点连接［见图 7－14(a)］。这样构成的图形检查条件太少，一般很少使用。

② 边连式。其是指同步图形之间由一条公共边连接［见图 7－14(b)］。这种方案边较多，非同步图形的观测基线可组成异步观测环（称为异步环），异步环常用于观测成果质量检查。所以，边连式比点连式可靠。

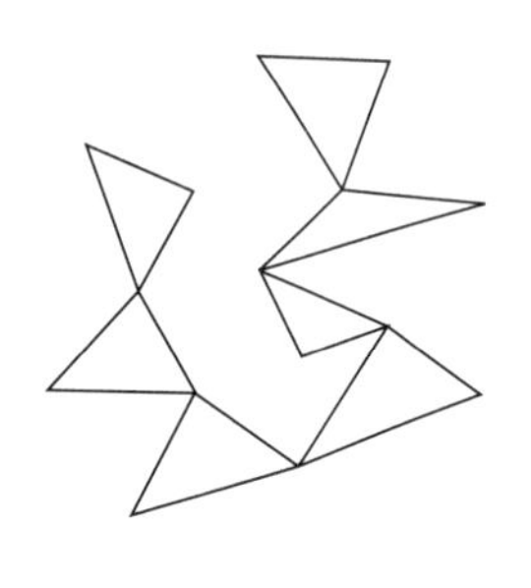
(a) 点连式（7个三角形）

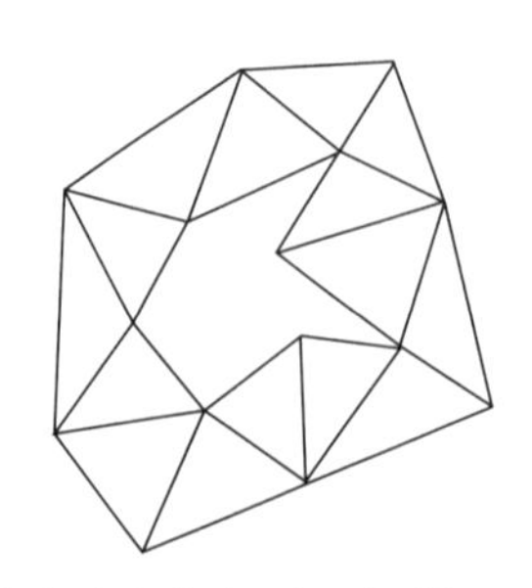
(b) 边连式（14个三角形）

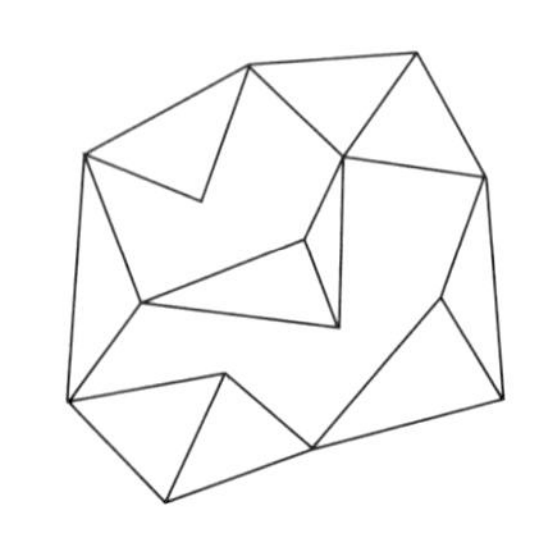
(c) 边点混合连式（10个三角形）

图 7－14　GNSS 布网方式

③ 网连式。其是指相邻同步图形之间有2个以上公共点相连接。这种方法需要4台以上的仪器。这种方法几何强度和可靠性更高，但是花费时间和经费也更多。常用于高精度控制网。

④ 边点混合连式。其是指将点连式和边连式有机结合起来，组成GNSS网，这种网布设特点是周围的图形尽量采用边连式，在图形内部形成多个异步环。利用异步环闭合差检验保证测量可靠性。

在低等级GNSS测量或碎部测量时可用星形布设，如图7-15所示。这种方式常用于快速静态测量，其优点是测量速度快，但是没有检核条件。为了保证质量可选2个点作为基准站。

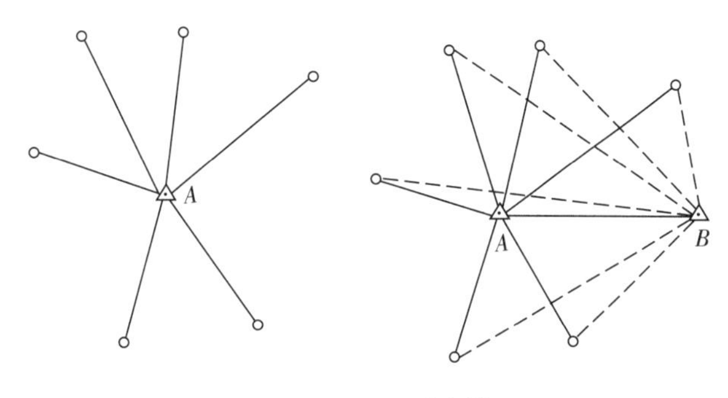

图7-15　星形布设

(2)GNSS点虽然不需要通视，但是为了便于用经典方法联测和扩展，要求控制点至少与一个其他控制点通视，或者在控制点附近300 m外，布设1个通视良好的方位点，以便建立联测方向。

(3) 为了求定GNSS网坐标与原有地面控制网坐标之间的坐标转接换参数，要求至少有3个GPS控制网点与地面控制网点重合。

(4) 为了利用GNSS进行高程测量，在测区内GNSS点应尽可能与水准点重合，或者进行等级水准联测。

(5)GNSS点尽量选在天空视野开阔、交通方便的地点，并要远离高压线、变电所及微波辐射干扰源。

7.5.3　外业观测

天线安置是GPS精密测量的重要保证，要仔细对中、整平和量取仪器高。仪器高要用钢尺互为120°方向量3次，互差小于3 mm，取平均值后输入GNSS接收机。GPS接收机应安置在距天线不远的安全处，连接天线及电源电缆，并确保无误。按规定时间打开GNSS接收机，输入测站名，要求卫星截止高度角不小于15°。一般GNSS接收机3 min即可锁定卫星进行定位，若仪器长期不用(超过3个月)，仪器内星历过期，仪器要重新捕获卫星，这就需要12.5 min。GNSS接收机自动化程度很高，仪器一旦跟踪卫星进行定位，接收机自动将观测到的卫星星历、导航文件及测站输入信息以文件形式存储在接收机内。作业员只需要定期查看接收机的工作状况，发现故障及时排除，并做好记录。接收机正常工作过程中不要随意开关电源、更改设置参数和关闭文件等。一个时段测量结束后，要查看仪器高和测站名是否有误。确保无误再关机、关电源和迁站。GNSS 接收机记录的数据有 GNSS 卫星星历和卫星钟差参数，观测历元的时刻及伪距观测值和载波相位观测值，GNSS 绝对定位结果，测站信息。

观测成果的外业检核是确保外业观测质量和实现定位精度的重要环节。所以，外业观测数据在测区时就要及时进行严格检查，对外业预处理成果，按规范要求严格检查和分析，根据情况进行必要的重测和补测，确保外业成果无误方可离开测区。

7.5.4 内业数据处理

1. 基线解算

对于 2 台及 2 台以上接收机同步观测值进行独立基线向量（坐标差）的平差计算称为基线解算，也称为观测数据预处理，其主要过程如图 7－16 所示。

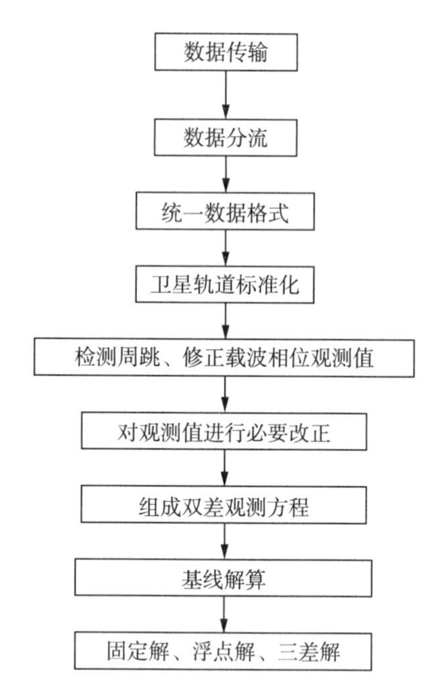

图 7－16 基线解算主要过程框图

2. 观测成果检核

（1）每个时段同步环检验。

同一时段多台仪器组成的闭合环，坐标增量闭合差应为零。由于仪器开机时间不完全一致会有误差。在检核中应检查一切可能的环闭合差，其闭合差分量要求：

$$m_x \leqslant \frac{\sqrt{n}}{5}\sigma$$

$$m_y \leqslant \frac{\sqrt{n}}{5}\sigma$$

$$m_z \leqslant \frac{\sqrt{n}}{5}\sigma$$

环闭合差限差为

$$m = \sqrt{m_x^2 + m_y^2 + m_z^2}$$

$$m \leqslant \frac{\sqrt{3n}}{5}\sigma \tag{7-26}$$

式中，σ 为规范中规定的中误差；n 为同步环的点数。

（2）同步边检验。

一条基线不同时段观测多次，有多个独立基线值。这些边称为重复边，任意 2 个时段所得基线差应小于相应等级规定精度的 $2\sqrt{2}$ 倍。

（3）异步环检验。

在构成多边形环路基线向量中，只要有非同步观测基线，则该多边形环路称为异步环，异步环检验应选择 1 组完全独立的基线构成环进行检验，应符合下式要求：

$$\begin{cases} m_x \leqslant 2\sqrt{n}\sigma \\ m_y \leqslant 2\sqrt{n}\sigma \\ m_z \leqslant 2\sqrt{n}\sigma \\ m \leqslant 2\sqrt{3n}\sigma \end{cases} \tag{7-27}$$

3. GNSS 网平差

在各项检查通过后，得到各独立基线向量和相应协方差阵，在此基础上便可进行平差计算，平差计算包括如下内容：

(1)GNSS 网无约束平差。

利用基线处理结果和协方差阵，以网中一个点的 WGS-84 三维坐标为起算值，在 WGS-84 坐标系中进行网整体无约束平差。平差结果提供各控制点在 WGS-84 坐标系中的三维坐标、基线向量和 3 个坐标差及基线边长和相应精度信息。值得注意的是，由于起始点坐标往往采用GNSS单点定位结果，其值与精确 WGS-84 地心坐标有较大偏差，所以平差后得到各点坐标不是真正的 WGS-84 地心坐标。无约束平差基线向量改正数绝对值应满足：

$$\begin{cases} V_{\Delta x} \leqslant 3\sigma \\ V_{\Delta y} \leqslant 3\sigma \\ V_{\Delta z} \leqslant 3\sigma \end{cases} \tag{7-28}$$

(2) 与地面网联合平差。

在工程中常采用国家坐标系或城市、矿区地方坐标系，需要将 GNSS 网平差结果进行坐标转换。若无条件与国家 GNSS 网联测，则可以在网中联测原有地面控制网进行三维约束平差或二维约束平差。原有点已知坐标、已知距离及已知方位角作为强制约束条件。平差结果应是在国家坐标系或地方地标系中的三维或二维坐标。

约束平差后，应用网中不参与约束平差的各控制点，将其坐标与平差后该点坐标求差进行校核。若发现有较大误差应检查原地面点是否有误。约束平差后的基线向量改正数与该基线无约束平差改正数的较差应符合下式要求：

$$\begin{aligned} \mathrm{d}v_{cx} &\leqslant 2\sigma \\ \mathrm{d}v_{cy} &\leqslant 2\sigma \\ \mathrm{d}v_{cz} &\leqslant 2\sigma \end{aligned} \tag{7-29}$$

7.6　三、四等水准测量

三、四等水准测量，除用于国家高程控制网的加密外，还常用作小地区的首级高程控制及工程建设地区内工程测量和变形观测的高程控制。三、四等水准网应从附近的国家高一级水准点引测高程。

工程建设地区的三、四等水准点的间距可根据实际需要决定，一般为 1 ～ 2 km，应埋设普通水准标石或临时水准点标志，亦可利用埋石的平面控制点作为水准点。在厂区内则注意不要选在地下管线上，距离厂房或高大建筑物不小于 25 m，距振动影响区 5 m 以外，距回填土边不小于 5 m。

现将三、四等水准测量的要求和施测方法介绍如下：

(1) 三、四等水准测量使用的水准尺通常是双面水准尺。

(2) 三、四等水准测量视线长度和读数误差的限差见表 7－16 所列。

表 7－16　三、四等水准测量视线长度和读数误差的限差

等级	标准视线长度 / m	前后视距差 / m	前后视距累计差 / m	红黑而读数差 / mm	红黑面高差之差 / mm
三	75	3	5	2	3
四	100	5	10	3	5

(3) 三、四等水准测量的观测与计算方法。

① 一个测站上的观测顺序。在一个测站上三、四等水准测量的观测顺序（见表 7－17）：照准后视尺黑面，读取下、上丝读数(1)、(2) 及中丝读数(3)（括号中的数字代表观测和记录顺序）；照准前视尺黑面，读取下、上丝读数(4)、(5) 及中丝读数(6)；照准前视尺红面，读取中丝读数(7)；照准后视尺红面，读取中丝读数(8)。这种“后 — 前 — 前 — 后”的观测顺序，主要为抵消水准仪与水准尺下沉产生的误差。四等水准测量每站的观测顺序也可以为“后 — 后 — 前 — 前”，即“黑 — 红 — 黑 — 红”。表 7－17 中各次中丝读数(3)、(6)、(7)、(8) 是用来计算高差的，因此在每次读取中丝读数前，都要注意使符合气泡的两个半像严密重合。

② 测站的计算、检核与限差。视距计算公式：后视距离(9)＝(1)－(2)，前视距离(10)＝(4)－(5)。前、后视距差(11)＝(9)－(10)，三等水准测量，不得超过 ± 3 m；四等水准测量，不得超过 ± 5 m。

前、后视距累积差计算公式：本站(12)＝前站(12)＋本站(11)。三等水准测量不得超过 ± 5 m，四等水准测量不得超过 ± 10 m。

同一水准尺黑、红面读数差计算公式：前尺(13)＝(6)＋K_1－(7)，后尺(14)＝(3)＋K_2－(8)。三等水准测量不得超过 ± 2 mm，四等水准测量不得超过 ± 3 mm。K_1、K_2 分别为前尺、后尺的红黑面常数差。

高差计算公式：黑面高差(15)＝(3)－(6)，红面高差(16)＝(8)－(7)。

检核计算公式：(17)＝(14)－(13)＝(15)－(16) ± 0.100。三等水准测量不得超过 3 mm，四等水准测量不得超过 5 mm。

高差中数计算公式：$(18)=\frac{1}{2}[(15)+(16)\pm 0.100]$。

观测时，若发现本测站某项限差超限，应立即重测本测站。只有各项限差均检查无误后，方可搬站。

表 7-17　三、四等水准测量观测手簿

测 A 至 B　　日期 1993 年 5 月 10 日　　仪器：上光 60252

开始 7 时 05　　天气晴、微风　　观测者：李　明

结束 8 时 07　　成像　清晰稳定　　记录者：肖　钢

测站编号	点号	后尺 下丝 / 上丝 后视距离 前后视距差	前尺 下丝 / 上丝 前视距离 累积差	方向及尺号	中丝水准尺读数 黑色面	中丝水准尺读数 红色面	K＋黑－红	平均高差	备注
		(1) (2) (9) (11)	(4) (5) (10) (12)	后 前 后－前	(3) (6) (15)	(8) (7) (16)	(14) (13) (17)	(18)	
1	A～转 1	1.587 1.213 37.4 －0.2	0.755 0.379 37.6 －0.2	后 前 后－前	1.400 0.567 ＋0.833	6.187 5.255 ＋0.932	0 －1 ＋1	＋0.8325	
2	转 1～转 2	2.111 1.737 37.4 －0.1	2.186 1.811 37.5 －0.3	后 02 前 02 后－前	1.924 1.998 －0.074	6.611 6.786 －0.175	0 －1 ＋1	－0.0745	
3	转 2～转 3	1.916 1.541 37.5 －0.2	2.057 1.680 37.7 －0.5	后 01 前 02 后－前	1.728 1.868 －0.140	6.515 6.556 －0.041	0 －1 ＋1	－0.1405	
4	转 3～4 转	1.945 1.680 26.5 －0.2	2.121 1.854 26.7 －0.7	后 02 前 01 后－前	1.812 1.987 －0.175	6.499 6.773 －0.274	0 ＋1 －1	－0.1745	
5	转 4～B	0.675 0.237 43.8 ＋0.2	2.902 2.466 43.6 －0.5	后 01 前 02 后－前	0.466 2.684 －2.218	5.254 7.371 －2.117	－1 0 －1	－2.2175	

③ 总检核计算。

总检核计算：

$$\sum(9)-\sum(10)=182.6-183.1=-0.5$$

$$\frac{1}{2}[\sum(15)+\sum(16)\pm 0.100]=1/2[-1.774+(-1.675)-0.100]=-1.7745$$

$$\sum(18)=-1.7745$$

在每测站检核的基础上，应进行每页计算的检核：

$$\sum(15)=\sum(3)-\sum(6)$$

$$\sum(16)=\sum(8)-\sum(7)$$

$$\sum(9)-\sum(10)=\text{本页末站}(12)-\text{前页末站}(12)$$

测站数为偶数时，

$$\sum(18)=\frac{1}{2}[\sum(15)+\sum(16)]$$

测站数为奇数时，

$$\sum(18)=\frac{1}{2}[\sum(15)+\sum(16)\pm 0.100]$$

④ 水准路线测量成果的计算与检核。

三、四等附合或闭合水准路线高差闭合差的计算、调整方法与普通水准测量相同（参见 3.5 节）。

当测区范围较大时，要布设多条水准路线。为了使各水准点高程精度均匀，必须把各线段连在一起，构成统一的水准网。水准网一般采用最小二乘原理进行平差，从而求解出各水准点的高程，具体计算方法参考武汉大学出版社出版的图书《误差理论与测量平差基础》。

7.7 三角高程测量

当地面两点间地形起伏较大而不便于施测水准时，可采用三角高程测量的方法测定两点间的高差，从而求得高程。该法较水准测量精度低，常用作山区各种比例尺测图的高程控制。

7.7.1 三角高程测量原理

三角高程测量的基本原理：根据由测站的照准点所观测的竖直角和两点间的水平距离来计算两点间的高差。如图 7－17 所示，已知 A 点高程 H_A，欲求 B 点高程 H_B。可将仪器安置在 A 点，照准 B 点目标顶端 N，测得竖直角 α，量取仪器高 i 和目标高 S。

如果已知 AB 两点间的水平距离 D，则高差 h_{AB} 为

$$h_{AB}=D\cdot\tan\alpha+i-S \tag{7-30}$$

如果用测距仪测得 AB 两点间的斜距 D'，则高差 h_{AB} 为

$$h_{AB}=D'\cdot\sin\alpha+i-S \tag{7-31}$$

B 点高程为

$$H_B=H_A+h_{AB}$$

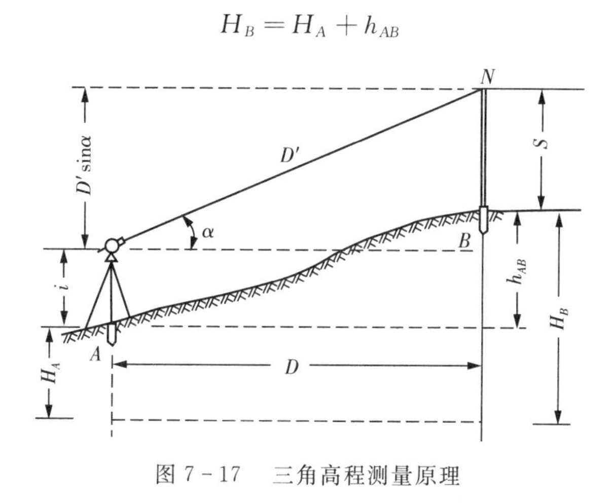

图 7-17　三角高程测量原理

7.7.2　地球曲率和大气折光对高差的影响

式(7-30)和式(7-31)是在假定地球表面为水平面(把水准面当作水平面),认为观测视线是直线的条件下导出的。当地面上两点间的距离小于300 m时是适用的;当两点间的距离大于300 m时,就要顾及地球曲率的影响。需要加地球曲率改正,也称为球差改正。同时,观测视线受大气垂直折光的影响而成为一条向上凸起的弧线,必须加入大气垂直折光差改正,称为气差改正。以上两项改正合称为球气差改正,简称为二差改正。

如图7-18所示,O为地球中心,R为地球曲率半径($R=6371$ km),A、B 为地面上两点,D 为 A、B 两点间的水平距离,R' 为过仪器高 P 点的水准面曲率半径,PE 和 AF 分别为过 P 点和 A 点的水准面。实际观测竖直角 α 时,水平线交于 G 点,GE 就是由于地球曲率而产生的高程误差,即球差,用符号 c 表示。由于大气折光的影响,来自目标 N 的光沿弧线 PN 进入仪器望远镜,而望远镜却位于弧线 PN 的切线 PM 上,MN 即为大气垂直折光带来的高程误差,即气差,用符号 γ 表示。

由于 A、B 两点间的水平距离 D 与曲率半径 R' 的比值很小,如当 $D=3$ km时,其所对圆心角约为 2.8′,故可认为 PG 近似垂直于 OM,则

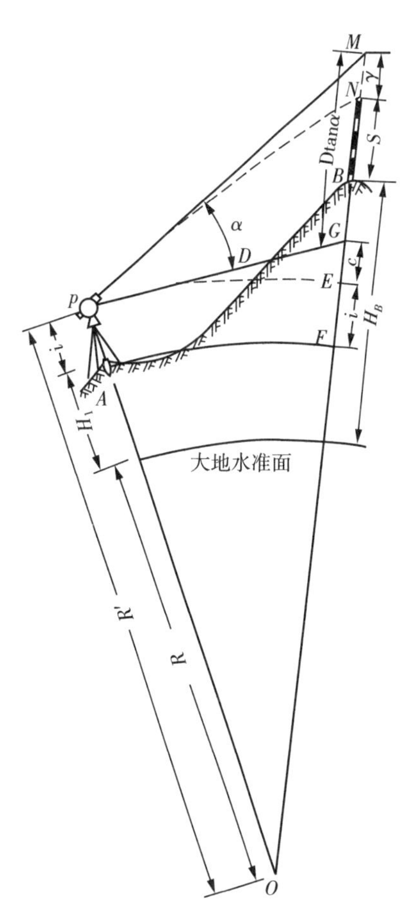

图 7-18　地球曲率和大气折光对三角高程的影响

$$MG = D \cdot \tan\alpha$$

于是，A、B两点高差为

$$h = D \cdot \tan\alpha + i - s + c - \gamma \tag{7-32}$$

令 $f = c - \gamma$，则公式为

$$h = D \cdot \tan\alpha + i - s + f \tag{7-33}$$

从图 7-18 可知，

$$(R' + c)^2 = R'^2 + D^2$$

即

$$c = \frac{D^2}{2R' + c}$$

c 与 R' 相比很小，可略去，并考虑到 R' 与 R 相差甚小，故以 R 代替 R'，则上式变为

$$c = \frac{D^2}{2R}$$

根据研究，因大气垂直折光而产生的视线变曲的曲率半径约为地球曲率半径的 7 倍，则

$$\gamma = \frac{D^2}{14R}$$

则二差改正为

$$f = c - \gamma = \frac{D^2}{2R} - \frac{D^2}{14R} \approx 0.43\,\frac{D^2}{R}\text{m} = 6.7 \times D^2\ \text{cm} \tag{7-34}$$

式中，D 为水平距离，单位 km。

表 7-18 给出了 1 km 内不同距离的二差改正数。

表 7-18　二差改正数

D/km	0.1	0.2	0.3	0.4	0.5	0.6	0.7	0.8	0.9	1.0
f/cm	0	0	1	1	2	2	3	4	6	7

三角高程测量一般都采用对向观测，即由 A 点观测 B 点，又由 B 点观测 A 点，取对向观测所得高差绝对值的平均数可抵消两差的影响。

7.7.3　三角高程测量的观测和计算

三角高程测量分为一、二级，其对向观测高差较差应分别不大于 $0.02D$ m 和 $0.04D$ m(D 为平距，以 km 为单位)。若符合要求，取两次高差的平均值。

对图根小三角点进行三角高程测量时，竖直角 α 用 DJ6 级经纬仪测 1～2 个测回，为了减少折光差的影响，目标高应不小于 1 m，仪器高 i 和目标高 s 用皮尺量出，取至 cm。表 7-19 为三角高程测量计算实例。

表7-19　三角高程测量计算实例

待求点	B	
起算点	A	
	往	返
平距 /m	341.23	341.23
竖直角 α	+14°06′30″	-13°19′00″
$D\cdot\tan\alpha$/m	+85.76	-8.077
仪器高 i/m	+1.31	+1.41
目标高 v/m	-3.80	-4.00
两差改正 /m	+0.01	+0.01
高差 /m	+83.37	-83.36
平均高差 /m	+83.36	
起算点高程 /m	279.25	
待求点高程 /m	362.61	

三角高程测量路线应组成闭合或附合路线。如图7-19所示，三角高程测量可沿 $A—B—C—D—A$ 闭合路线进行，每边均取对向观测。观测结果列于图上，其路线高差闭合差 f_h 的容许值按下式计算

$$f_{h容}=\pm0.05\sqrt{\sum D^2}\,(\mathrm{m}) \tag{7-35}$$

式中，D 为水平距离，单位为km。

若 $f_h\leqslant f_{h容}$，则将闭合差按与边长成正比分配给各高差，再按调整后的高差推算各点的高程。

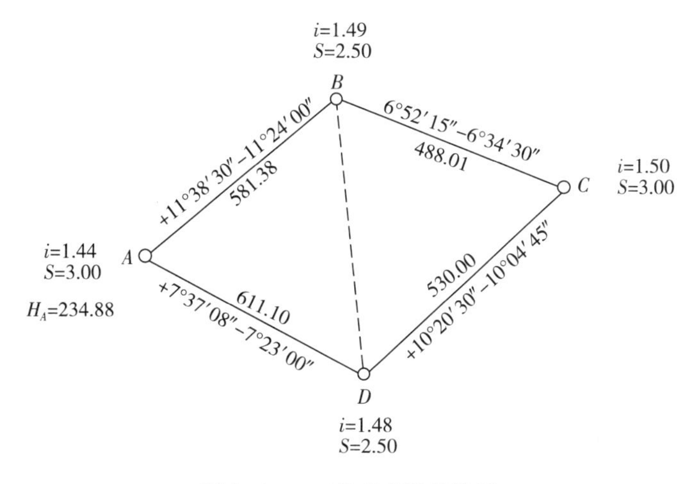

图7-19　三角高程测量路线

习　　题

7－1　测量工作的基本原则是什么？为什么？

7－2　控制测量的目的是什么？建立平面控制网的方法有哪些？各有何优缺点？

7－3　选定控制点应该注意哪些问题？

7－4　导线布置的形式有哪些？

7－5　怎样衡量导线测量的精度？导线测量的闭合差是怎样规定的？

7－6　计算图 7－20 中附合导线各点的坐标值。

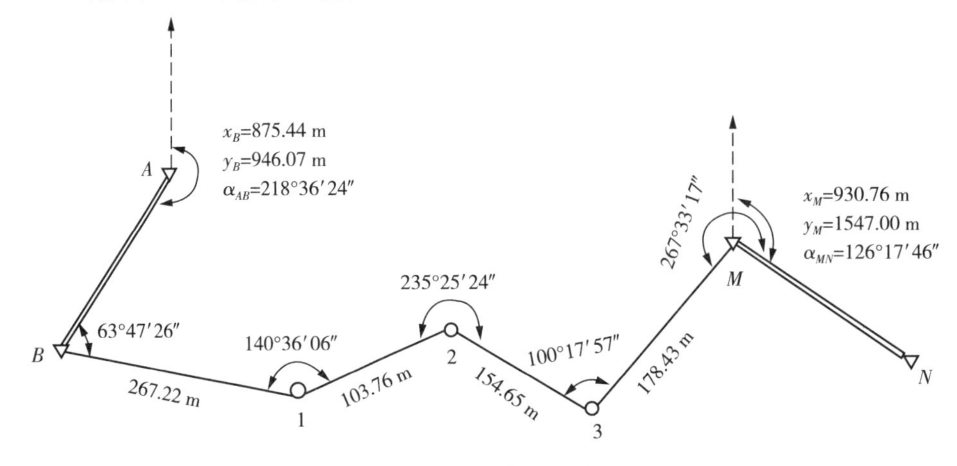

图 7－20　题 7－6 图

7－7 计算表 7－20 中闭合导线各点坐标值。

表 7－20　闭合导线计算

点号	观测角（右角）	改正后的角值	坐标方位角	边长/m	增量计算值		改正后的增量值		坐标		点号
					$\Delta x'$	$\Delta y'$	Δx	Δy	X	Y	
1	2	3	4	5	6	7	8	9	10	11	12
1	128°39′18″								800.00	1000.00	1
			136°42′00″	199.36							
2	85°12′24″										2
				150.23							
3	124°18′30″										3
				183.45							
4	125°15′30″										4
				105.42							
5	76°36′12″										5
				185.26							
1											1
2											
$\sum$											

7-8　前方交会和后方交会各需要哪些已知数据？各适用什么场合？

7-9　用前方交会法测定点 p，已知数据和观测数据如下：$X_A = 4636.45$ m，$Y_A = 1054.54$ m，$X_B = 3873.96$ m，$Y_B = 1772.68$ m，$\alpha = 35°34'36''$，$\beta = 47°56'24''$，试计算点 p 坐标。

7-10　用后方交会法测定点 p，已知数据和观测数据如下：$X_A = 4512.97$ m，$Y_A = 1554.71$ m，$X_B = 5144.96$ m，$Y_B = 16083.07$ m，$X_C = 4374.87$ m，$Y_C = 16564.14$ m，$\beta_1 = 106°14'26''$，$\beta_2 = 118°58'18''$，试计算点 p 坐标。

7-11　按图 7-19 上的数据计算点 B、C、D 的高程。

第8章　数字测图

大数据时代，测量和制图信息需求不断增长，地图信息技术快速升级，测绘地理信息行业面临新的机遇与挑战。在“智慧地球”的背景下，信息化测绘正向着智能化、知识化和普适化方向发展。大比例尺地形图作为智慧城市基础地理信息建设中重要的基础数据，其数据获取方式和成果表现形式发生了翻天覆地的变化：由传统的单点获取到面式获取数据、由传统的单一视角到多视角，由传统的手工绘图、数字化成图到4D产品和5D产品，三维模型及智能服务也越来越受到重视。以全站仪、GNSS、无人机和三维激光扫描等为代表的数字化和智能化测绘，使大比例尺数字测图实现了三维坐标数据自动采集、传输与处理，保证了测绘精度，提高了测绘工作效益。广义上说，数字测图包括利用电子全站仪、GNSS-RTK或其他测量仪器进行的野外数字测图，利用手扶数字化仪或扫描数字化仪对传统方法测绘原图的数字化以及航空摄影、遥感和无人机倾斜摄影等信息获取的处理。利用上述技术将采集到的地形数据传输到计算机，并由功能齐全的成图软件进行数据处理、建库和成图显示，再经过编辑和修改，生成符合要求的地形图，需要时用绘图仪或打印机完成地形图和相关数据的输出。

8.1　全站仪数字测图

技术进步使得越来越多的国内生产企业掌握了制造技术，全站仪价格持续下降，已经成为普通测量设备。全站仪能同时测定距离、角度和高差，自动提供三维坐标，仪器野外采集的数据结合计算机、绘图仪以及相应软件可实现自动化测图。全站仪已成为野外数字测图的常规设备。

全站仪数字测图首先要建立测区控制坐标系统，一般先进行控制测量，然后碎步测量，也可以控制测量与碎步测量同时进行。进行数据采集时，首先设立测站点，设立的站点应该在视野开阔的区域，且易标记处，然后连接相关设备与仪器进行数据的采集。应根据实际地形情况选择观测点，并且要尽可能将误差控制在限差内，以确保测量数据的准确性，提高测量精度。内业时将采集到的数据通过设备传输到计算机中，使用专业的成图软件，结合测量现场绘制的草图和实际地形，进行地形图的绘制或者修补，然后添加文字注记，完成地貌特征绘制。

8.1.1　全站仪坐标测量原理

全站仪坐标测量的实质是依据极坐标测量原理，通过测量角度和距离间接求出两点间的坐标增量，从而得到待测点的坐标。全站仪三维坐标测量方法：通过后视定向确定坐标北方向，从而在全站仪测站点建立测区正确的坐标系统。如图 8-1 所示，地面上 2 个已知点 A、B 的坐标和桩位，假设将全站仪主机架设在点 A 上，对中、整平以后，进入坐标测量界面，根据界面提示输入仪器的测站点 A 的坐标及测站高、目标高等，进入后视定向界面，输入后视点 B 的坐标，将全站仪望远镜十字中心瞄准点 B 棱镜中心，按确认键，全站仪根据内置的程序自动解算出 AB 正确的方位角，计算原理如下：

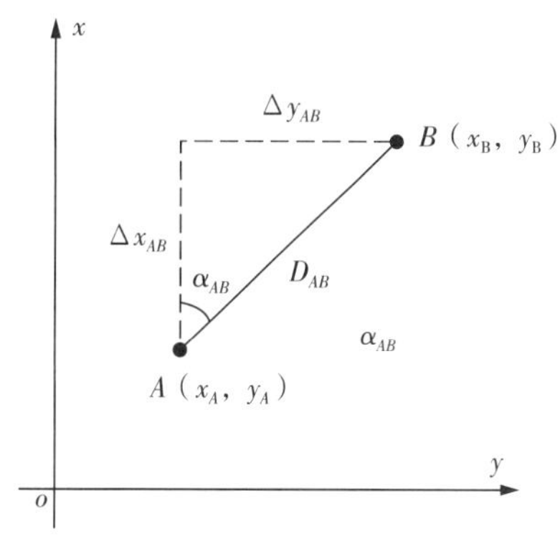

图 8-1　推算坐标方位角

(1) 先计算 AB 的象限角 α，$\tan\alpha = |\Delta Y/\Delta X| = |X_B - X_A| / |Y_B - Y_A|$，$\alpha = \arctan|\Delta Y/\Delta X|$。

(2) 计算方位角：$\alpha_{AB} = \alpha$，$\Delta Y > 0$，$\Delta X > 0$（第一象限）；$\alpha_{AB} = 180° - \alpha$，$\Delta Y > 0$，$\Delta X < 0$（第二象限）；$\alpha_{AB} = 180° + \alpha$，$\Delta Y < 0$，$\Delta X < 0$（第三象限）；$\alpha_{AB} = 360° - \alpha$，$\Delta Y < 0$，$\Delta X > 0$（第四象限）。

至此，在该测站全站仪建立了正确的坐标系统，这一过程称为后视定向。全站仪后视定向合格后，将全站仪瞄准待测点 C（见图 8-2），直接按测量键即可测出点 C 坐标。在此过程中，全站仪实际上直接测出 AC 边坐标方位角 β 和 AC 的距离，自动调用内置坐标正算程序得出点 C 坐标，计算原理如下：

$$x_C = x_A + \Delta x_{AC}$$

$$y_C = y_A + \Delta y_{AC}$$

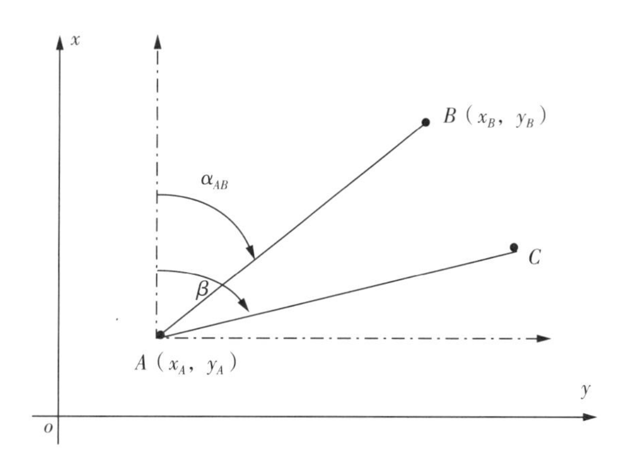

图 8-2　待测点坐标推算

顾及测点高程，测量过程中还需量取测站仪器高及测点目标高（测站设置和后视定向界面已输入）。全站仪坐标测量程序通过测站设置和后视定向两个模块输入相关已知数据，观测测站点至待测点的方向、天顶距和斜距，利用全站仪内部自带的坐标解算程序，计算出待测点的三维坐标。如下述公式所示：

$$\begin{cases} X_C = X_A + D \cdot \cos\beta \\ Y_C = Y_A + D \cdot \sin\beta \\ H_C = H_A + D \cdot \tan\theta + I - V \end{cases} \tag{8-1}$$

$$\begin{cases} X_C = X_A + S \cdot \cos\theta \cdot \cos\beta \\ Y_C = Y_A + D \cdot \cos\theta \cdot \sin\beta \\ H_C = H_A + D \cdot \sin\theta + I - V \end{cases} \tag{8-2}$$

式(8-1)和式(8-2)中，D 为平距；S 为斜距；β 为 AC 坐标方位角；θ 为垂直角；I 为测站仪器高；V 为目标高。

8.1.2 全站仪数据采集

1. 采集前的准备工作

测图前应根据测图任务书或合同书实地踏勘，确定测图范围，并收集测区内人文、交通、控制点和植被等信息，特别是测区已有的控制点成果、等级导线点成果、水准点成果等，以便作为图根测量的起算数据。这些已知成果应包括施测单位、施测年代、等级、精度、比例尺、规范依据、平面坐标系统、高程系统、投影带号和标石保存情况等详细情况。

测图前还应根据实际情况做好人员、仪器的选择与检验等准备工作。草图法测图时，作业人员一般配置最少为 3 人：观测、领尺、跑尺各 1 人。领尺员是小组核心成员，负责画草图和内业成图。跑尺员的多少与小组测量人员的操作熟练程度有关，操作较熟练时，跑尺人员可安排 2 ～ 3 人。一般外业观测 1 天，内业处理 1 天，或者白天外业观测，晚上完成内业处理。

用全站仪测图时，所需要的测绘仪器工具有全站仪、三脚架、棱镜、对中杆、备用电池、充电器、数据线、对讲机、钢尺（或皮尺）、小卷尺（量仪器高用）和记录用具等。

全站仪的检定也是一项非常重要的工作。按照相关规范规程的规定，在完成一项重要测量任务时，必须检验其性能与可靠性，合格后方可参加作业。应遵循相关规范进行有关检验工作，并出具检定证书，同时还要准确地测定棱镜常数。

2. 图根控制测量

控制测量一般遵循“由整体到局部，先控制后碎部，从高级到低级”的原则，其主要步骤：先在测区范围内建立高等级的控制网，根据技术设计的要求选择合适的布点密度，在高等级控制网的基础上布设图根控制测量。在实际测量中，可以同时进行控制测量和碎步测量。

根据测区实际测量条件，图根控制布设的主要形式是附合导线、闭合导线或结点导线网，为了确保地物点的测量精度，施测一类地物点应布设一级图根导线，施测二、三类地物点可布设二级图根导线。图根点标志尽量采用固定标志。位于水泥地、沥青地的普通图根点一般采用十字、水泥钉或铆钉作为其中心标志，周边用红油漆绘出方框及点号。要求相邻图根点应相互通视。在全站仪图根控制测量中，一般选择测角精度 2″ 以内、测距精度 3 + 2 ppm 以内的全站仪。

3. 碎步测量

由于全站仪数据采集具有精度高、速度快、测量范围大、人工干预少和不易出错等特点，目前大比例尺数字测图野外数据采集常采用控制和碎步同时进行。因全站仪品牌众多，所以操作方法不尽完全相同，但其坐标数据采集的主要操作步骤如下：

(1) 准备工作。在测站点(等级控制点和图根控制点) 安置全站仪，完成对中和整平工作，并量取仪器高。其中，全站仪的对中偏差不应大于 5 mm，仪器高和棱镜高量取应精确至 1 mm。测出测量时测站周围的温度和气压，并输入全站仪；根据实际情况选择测量模式(如反射片、棱镜和无合作目标)，当选择棱镜测量模式时，应在全站仪中设置棱镜常数；检查全站仪中角度和距离的单位设置是否正确。

(2) 测站设置、定向与检核。测站设置：建立文件(项目和任务)，为便于查找，文件名称根据习惯(如测图时间) 或个性化等方式命名。建好文件后，将需要用到的控制点坐标数据录入并保存至该文件中。打开文件，进入全站仪野外数据采集功能菜单，进行测站点设置。键入或调入测站点点名及坐标、仪器高和测站点编码(可选)。定向：选择较远的后视点(已知点) 作为后视定向点，输入或调入后视点点号及坐标和棱镜高，或设置后视坐标方位角(全站仪水平读数与坐标方位角一致)，精确瞄准后视点后按确认键。检核：定向完毕后，应照准某一已知点按测量键，将测量值与该已知点的坐标和高程比较，作为测站检核。检核点的平面坐标较差不应大于图上 0.2 mm，高程较差不应大于 1/5 的基本等高距。

如果大于上述限差，必须分析产生差值的原因，解决差值产生的问题，重新定向。该检核点的坐标必须存储，以备后期进行数据检查及图形与数据纠正。每站数据采集结束时应重新检测标定方向，检测结果若超出上述两项规定的限差，其检测的碎部点成果必须重新计算，并应检测不少于 2 个碎部点。

(3) 数据采集。测站定向与检核结束后，进行碎部点三维坐标测量。输入碎部点的点名、编码(可选) 和棱镜高后开始测量。存储碎部点坐标数据，然后按照相同的方法测量并存储周围碎部点坐标。注意：当棱镜高有变化时，在测量该点前必须重新输入棱镜高，再测量该碎部点坐标。

8.1.3　全站仪作业模式

1. 全站仪野外测记草图模式

全站仪野外测记草图模式通过全站仪采集碎部点三维坐标信息，自动纪录于电子手簿或其他存储设备；碎部点的属性信息在现场手工记录并绘制草图，内业时把数据传输到计算机中参考草图编辑成图。该法可由 3 ～ 4 人作业，其工作步骤如下：

(1) 测站中安置全站仪，量取仪器高，将后视点名、坐标、高程、仪器高以及反射镜高度输入全站仪内。

(2) 照准后视点进行定向，锁定度盘，并测算后视点坐标，若与后视点已知坐标相符，则进行碎部测量；否则查找原因，进行改正。

(3) 立镜员选点，领尺员绘草图，仪器观测员照准棱镜，按回车键将测量信息输入在记录载体上。领尺员绘草图要反映、记录碎部点的属性信息和连接关系，且要与仪器的信息一致，特别是点号要标注正确位置，如图 8 - 3 所示。

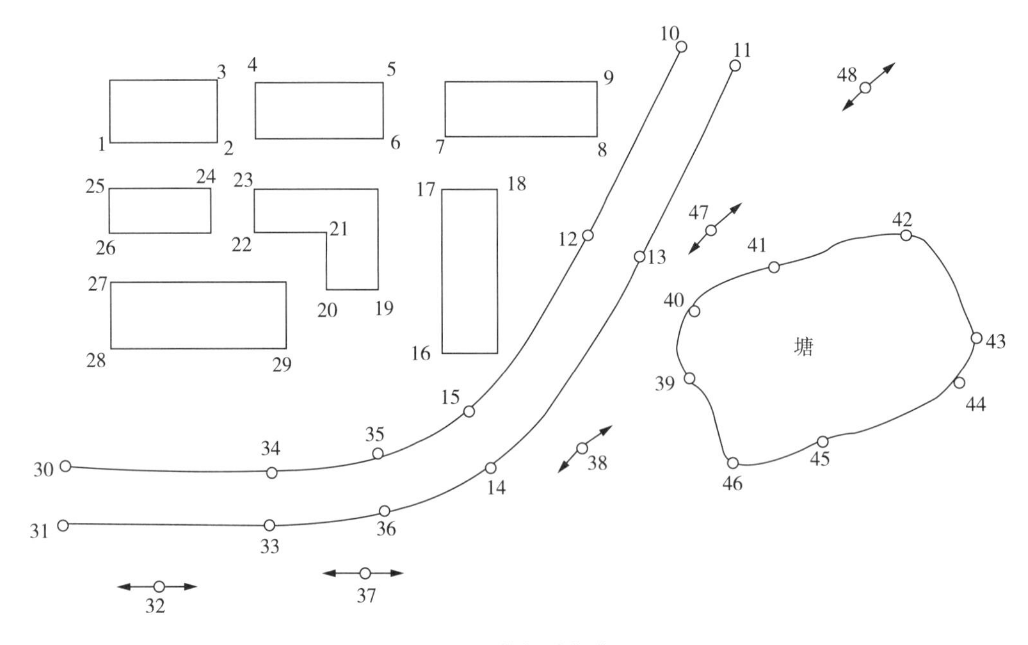

图 8-3　数据采集草图

野外测记法也可用地形编码进行测绘，其工作步骤与草图法基本一致。计算机可根据地形编码，识别后转换为地形图符号的内部码，以制成数字地形图。但遇有复杂地形时，仍需绘制草图以表示真实地形。现有的测图系统都有地形编码作业方式，但使用的地形编码方法不尽相同。

2. 直接利用全站仪内存模式

直接利用全站仪内存模式是使用全站仪内存或自带记忆卡，把野外测得的数据通过一定的编码方式直接记录，同时野外现场绘制复杂地形草图供室内成图时参考对照。因此，其操作过程简单，无须附带其他电子设备，直接存储野外观测数据，纠错能力强，可进行内业纠错处理。随着全站仪存储能力的不断增强，用此方法进行小面积地形测量时具有一定的灵活性。

地形点的点位信息用坐标、高程及点的编号表示，并输入计算机。用地形编码作业，点的属性信息需要地形编码表示，因此必须要有使用方便、编码简单和容易记忆的地形编码。计算机就可根据地形信息码识别地物和地貌从而成图。地形信息编码的方案有多种，请参考相关手册，在此不做介绍。

3. 全站仪结合电子平板模式

全站仪结合电子平板模式是以便携式计算机作为电子平板，通过通信线直接与全站仪通信、记录数据，实时成图。因此，它具有图形直观、准确性强和操作简单等优点，即使在地形复杂地区也可现场测绘成图，避免野外绘制草图。目前，这种模式的开发与研究相对比较完善，随着便携式计算机的性能和测绘人员的综合素质不断提高，它将符合今后的发展趋势。

电子平板法不足之处是电子屏幕在较强的阳光直射下给屏幕操作造成困难，且电脑也容易损坏，供电电源也不方便。但是，这些系统大部分既能用电子平板法测图，也能用测记法测图。

8.2 GNSS－RTK 测图

GNSS－RTK 是一种利用 GNSS 载波相位观测进行实时动态相对定位的测量技术。进行 RTK 测量时，位于基准站上的 GNSS 接收机通过数据通信链，实时地把载波相位观测值和已知的测站坐标等信息播发给在附近工作的流动用户。这些用户根据基准站坐标及自己所采集的载波相位观测值，利用 RTK 数据处理软件解算自己的三维坐标并估算其精度，实现实时定位。GNSS－RTK 测图主要有基准站法和网络 RTK 法。

8.2.1 基准站法

传统的 RTK 测量设备包括 GNSS 接收机、数据通信链和 RTK 处理软件三大部分，它们的构成如图 8－4 所示。

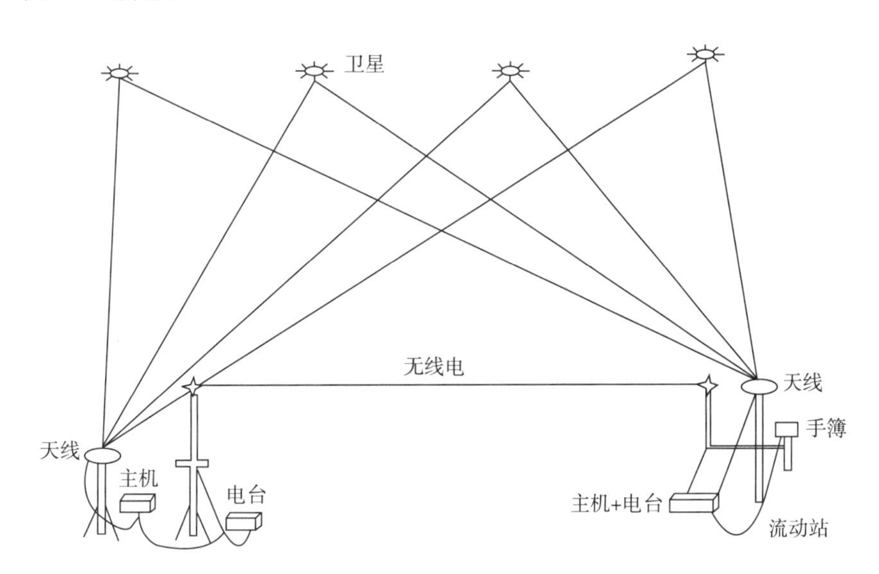

图 8－4　基准站法 RTK 测量

1. GNSS 接收机

在进行 RTK 测量时，至少需配备 2 台 GNSS 接收机。一台接收机安装在基准站上，观测视场中所有可见卫星；另一台或多台接收机在基准站附近进行观测和定位，这些站常被称为流动站。

2. 数据通信链

数据通信链的作用是把基准站上采集的载波相位观测值及测站坐标等信息实时传递给流动站。

3. 架设与设置基准站

基准站是 RTK 测量系统中固定不动的点，基准站位置的视场应开阔，用电台进行数据传输时，基准站宜选择在测区相对较高的位置；用移动通信进行数据传输时，基准站必须选择在测区有移动信号的位置;选择无线电台通信方法时,应按约定的工作频率进行数据链设置,以避免串频。在测区内选好基准站的位置后,连接好基准站的测量设备,然后开启主机,利用 GNSS 接收机的功能键设置工作模式和数据链。

4. 安装与设置移动站

移动站由接收机和手簿两个部分构成,连接完成后也需要设置工作模式和数据链,设置方法同基准站。

5. 使用手簿软件

手簿软件是对 GNSS 接收机进行设置和数据处理的工具,具有项目设置、坐标系统设置、设置基准站和设置移动站等功能。

8.2.2 网络 RTK 法

网络 RTK 是在传统 RTK 和差分 GNSS 的基础上发展起来的一种新技术,通常在一个区域内建立多个(不少于 3 个)GNSS 参考站,网状覆盖该区域,并以这些基准站中的一个或多个为基准计算和发播 GNSS 改正信息,从而对该区域内的 GNSS 用户进行实时改正的定位。该测量方式又称为 GNSS 网络 RTK 或多基准站网络 RTK。

利用多基站网络 RTK 技术建立的 CORS 已成为城市 GNSS 应用的发展热点之一。CORS 由基准站网、数据处理中心、数据传输系统、数据播发系统和用户应用系统组成,各基准站与监控分析中心间通过数据传输链路连接成一体,形成专用网络。

1. 基准站网

基准站网由范围内均匀分布的基准站组成,负责采集 GNSS 卫星观测数据并输送至数据处理中心,同时提供系统完好性监测服务。

2. 数据处理中心

数据处理中心用于接收各基准站数据,进行数据处理,形成多基准站差分定位用户数据。中心 24 h 连续不断地根据各基准站所采集的实时观测数据自动生成对应于流动站点位的虚拟参考站,并通过现有的数据通信网络和无线数据播发网,向各类用户提供码相位、载波相位差分修正信息,以便实时解算出流动站的精确点位。

3. 数据传输系统

各基准站数据通过光纤专线传输至监控分析中心,数据传输系统包括数据传输硬件设备及软件控制模块。

4. 数据播发系统

数据播发系统通过移动网络、UHF 电台和 Internet 等形式向用户播发定位导航数据。

5. 用户应用系统

用户应用系统包括用户信息接收系统、网络 RTK 定位系统、事后和快速精密定位系统以及自主式导航系统和监控定位系统等。用户服务子系统可以分为毫米、厘米、分米和米级用户系统等,还可以分为测绘与工程用户(厘米、分米级)、车辆导航与定位用户(米级)、高精度用户(事后处理)和气象用户等几类。

CORS 彻底改变了传统 RTK 测量作业方式,在网络 RTK 中,有多个基准站,用户不需要建立自己的基准站,用户与基准站的距离可扩展到上百公里。传统 RTK 工作至少需要

2台 接收机,外业工作中搬运烦冗,而网络 RTK 只需要1台带有 GPRS 模块的接收机,通过连接软件登入当地 CORS 即可获取厘米级定位坐标,大大减轻了外业工作的劳动强度。其主要优势体现在如下几个方面:

(1) 改进了初始化时间、扩大了有效工作的范围。

(2) 采用连续基站,用户随时可以观测,使用方便,提高了工作效率。

(3) 拥有完善的数据监控系统,可以有效地消除系统误差和周跳,增强差分作业的可靠性。

(4) 用户不需架设参考站,真正实现单机作业,降低了费用。

(5) 使用固定可靠的数据链通信方式,减少了噪声干扰。

(6) 提供远程 Internet 服务,实现了数据的共享。

(7) 扩大了 GNSS 在动态领域的应用范围,更有利于车辆、飞机和船舶的精密导航。

(8) 为建设数字化城市提供了新的契机。

CORS 在世界范围内已得到了广泛的应用,当前国内用网络 RTK 技术在建或建成的连续运行卫星定位系统的城市有深圳、广州、成都、天津、北京、上海、武汉、苏州、东莞、青岛、常州、南京和合肥等。合肥市的卫星定位综合服务系统由合肥市测绘设计研究院于2007年5月开始筹建,2007年12月2日通过省级验收。该系统是基于 GPS+GLONASS 的双卫星连续运行参考站。外业检测结果表明,正常情况下(卫星条件和定位点周边环境较好),系统初始固定解的解算时间一般小于20 s,系统内符合精度的 X 和 Y 坐标检测中误差为 ±0.7 cm,高程检测中误差为 ±1.5 cm,外符合精度平面和高程最大误差不大于6 cm,X 和 Y 坐标检测中误差为 ±2.3 cm,高程检测中误差为 ±2.9 cm。系统能够在合肥市域内完成厘米级至分米级的实时定位,经过后处理可达到毫米级精度。

GNSS-RTK 是一种全新实时动态测绘技术,它以载波相位观测为基础,融合 GNSS 测量技术和数据传输技术进行实时差分定位。近年来,随着 GNSS-RTK 技术的迅速发展,国产接收机价格的大幅降低,RTK 的应用优点日益凸显。GNSS-RTK 测绘的优点:作业效率高,作业要求较少,通视影响小,测量点位移动少,工作任务较为轻松,测量距离长,误差对下一个环节的影响较小。其缺点:与全站仪相比,在准确度和稳定性方面还存在着一定的差距,还需要提升。

8.3　全站仪及 GNSS-RTK 组合测图

RTK 以其单机作业、作业范围大和作业效率高的优势,在图根控制测量、野外数据采集和施工放样等领域取代全站仪成为数字化地形测量数据采集的重要手段。但由于 GNSS 定位要求天空开阔的固有缺陷及精度限制等,使 GNSS-RTK 不可能全面取代全站仪,实际工作中二者常相互组合,取长补短,共同完成任务,从而提高工作效率。

8.3.1　测区坐标系统转换

GNSS-RTK 测量是在 WGS-84 坐标系中进行的,而测图及工程测量是在国家坐标系或地方坐标系中进行的，这之间存在坐标转换的问题；GNSS-RTK测量的高程是WGS-84系统的大地高，而工程测量及测图作业通常采用正常高，二者的高程差值为高程异常，当要采用GNSS-RTK来获得所测点的正常高时，就存在二者之间的转换问题。如果测区没有坐标转换参数，未知高程异常函数，在进行GNSS-RTK测量之前，应测定坐标转换参数和高程异常。若仅进行图根平面控制点测量，用GNSS RTK测量之前应先在已知平面控制点进行测量，以求解坐标转换参数，在进行坐标转换时有四参数和七参数两种转换方法，前者需要至少2个点，而七参数至少需要3个以上的平高控制点；若同时布设图根三维控制网，还要在已知水准点(一般不得少于2个)进行测量，对于地形起伏较大的测区，应在不少于6个已知水准点上进行测量，以推求高程异常函数。当得到测区的坐标转换参数及高程异常函数后，在测区中部地势较高和视野开阔的一个已知点上架设基准站，用流动站测定碎部点的方式测定图根控制点坐标。GNSS-RTK定位不产生误差累计，流动站在10 km(在较平坦区域可至15 km)范围内测定的控制点坐标，完全可以满足图根控制点的精度要求。

8.3.2 控制测量

在进行碎部测量之前需要进行控制点的布设和测量。控制点的主要任务是用作GNSS-RTK测量的基准站。控制点的布设要遵循GNSS控制点的基本选择原则。因为要将它作为GNSS-RTK测量的基准站，所以需要特别注意以下几点：

(1) 点位应选择在位置较高的地方。例如，高楼的顶部，RTK测量需要在控制点安置基准站，并把基准站的差分信号发播出去，位置较高的地方有利于差分信号的传播。

(2) 控制点点数应合理。例如，在30 km^{2}以内的测区，布设2～3个控制点为宜。RTK电台发射信号的覆盖范围一般为5～20 km，基准点的差分信号必须覆盖整个测区。对于小于5 km^{2}的测区，可以只布设1个控制点。为了保证其测量的精度，控制点间的连线尽量可以将测区范围覆盖。如图8-5所示，这样的控制点选取，测区内的测点精度更高。控制点的测量方法可以采用快速静态相对定位模式，网形的连接采用边连式，GNSS接收机最好用双频GNSS接收机。测图对控制点的坐标要求不是很高，一般2 cm的精度足够满足要求，因此控制测量的时段长度以小时为宜。为了将控制点的坐标与国家坐标系或地方坐标系联系起来，需要联测2个以上的有国家坐标系或地方坐标系坐标的点。数据处理可以采用随机软件，卫星星历采样广播星历即可满足要求。

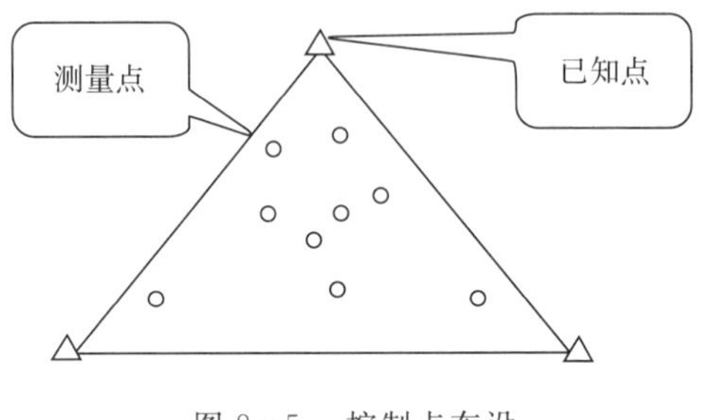

图8-5 控制点布设

8.3.3 碎部点测量

在测区通信讯号无遮挡情况下，一般采用"1个基准站+多个流动站"的作业模式进行碎步测量，RTK测量碎部点作业有"点模式"和"线模式"两种。碎部点的测量常采用"点模式"作业，每进行1次数据记录就可以测量1个点。测量第1个点时先进行仪器连接，即将

GNSS天线、GNSS主机、差分信号接收天线和控制器等部件连接好。碎部点测量步骤如下：

(1) 架设基准站。在测区一个位置较高、视野开阔的已知点上整置基准站GNSS接收机(扫描图8-6二维码查看)，在其附近架设数传电台的天线，连接有关电缆，量取基准站仪器(天线)高，打开GNSS接收机。

图8-6　架设基准站

(2) 基准站设置。启动基准站工作手簿(控制器)，先建立新工程作业，然后进行坐标系有关设置、坐标及高程转换参数设置，或直接测定转换参数(有一点、两点和三点校正法的区别，最好选择三点校正法)，再进行电台类型、电台通道参数、仪器天线高、天线类型和记录原始数据模式等项目设定，随后进入测量模式。

(3) 流动站设置。在基准站附近连接好流动站设备，再在流动站手簿中设置流动站有关项目，如电台通道数(一定要与基准站一致)、对中杆天线高度、天线类型和存储方式等，然后立直对中杆并启动移动站接收机，如果无线电台和卫星信号接收正常，移动站开始初始化，以确定整周模糊度，通常在1 min内得到固定解。

(4) 采集碎部点。用控制器启动GNSS主机，建立该测量任务的数据文件。数据文件可存储在控制器上，也可以存储在GNSS主机中。建议文件名称采用“测区＋日期＋组号”的形式。进行参数设置并选择RTK的测量模式为“点模式”或“测量点”，输入天线高和测站名称，开始RTK测量。工作手簿显示固定解后，即可进行碎部测量。将流动站对中杆立于地形特征点上，待显示的固定解数据稳定后，记录存储点位信息。

RTK测量接收信号卫星数在6颗及以上成果才较为可靠。作业应避开中午及下午两三点时间。同时，尽量在天气良好的状况下作业，避免雷雨天气。在数据通信信号受影响的点位，为提高效率可将仪器移到开阔处或升高天线，待数据作业时锁定卫星链锁定后，再小心无倾斜地移回待定点或放低天线。

在RTK测量无法覆盖的地区采用全站仪碎步测量，每个全站仪测量小组一般需要配置1名观测员、1名绘图员和2名跑镜员。碎部测量的主要流程包括上站、定向、碎部点测量和绘制草图等(前面已介绍)。

8.4　无人机在数字测图中的应用

航空摄影测量的数据采集方式是我国获取地图数据重要的技术手段。全站仪和RTK等仪器野外作业需要逐点采集定位数据，作业人员野外劳动强度大，总体作业效率不高。随着小型飞机、无人机低空摄影测量或机载三维激光扫描地形测量技术的迅速发展，全站仪或RTK的逐点测量变成了“面”的测量，作业速度快、效率与经济效益得以大幅提升，并在地形起伏平缓、植被覆盖及地物较少区域的大比例尺地形测量中得到了广泛应用。

8.4.1　无人机测绘相关概念

1. 无人机系统

无人机全称无人驾驶飞行器(Unmanned Aerial Vehicle，UAV)，它利用无线电遥控或自备程序控制装置进行操纵。无人机系统主要包括飞控系统、导航系统、动力系统和数据传输系统等。

无人机遥感(UAV Remote Sensing,UAVRS)是利用先进的无人驾驶飞行器技术、遥感传感器技术、遥测遥控技术、通信技术、GNSS定位技术和POS定位、定姿技术获取目标区域综合信息的遥感方式,具有自动化、智能化和专业化的特点。它克服了传统航空遥感受制于长航时、大机动、恶劣气象条件和危险环境等的影响,弥补了卫星因天气和时间无法获取感兴趣区信息的空缺,可提供多角度、大范围和宽视野的高分辨率影像信息。无人机测绘是无人机遥感的一种特殊应用,通过无人机平台对目标区域进行低空航空摄影测量,然后利用地面处理系统对数据进行处理,最终制作出目标区域的正射影像图、数字地形图以及三维地物模型,快速实现地理信息的获取。无人机测绘是航空遥感领域的一个崭新的发展方向,为大比例尺地形图测绘提供了技术支撑,在基础地理信息测绘、地理国情监测和地理信息应急监测方面发挥了无可替代的作用。

2. 无人机测图的设备

无人机测图设备由硬件和软件组成,硬件主要包含无人机飞行平台和任务载荷系统,软件主要包含飞行控制地面站软件、建模软件和三维测图软件。

(1) 无人机飞行平台由飞机机体、飞控系统、数据链系统、发射回收系统和电源系统等部分组成。无人机飞行平台是负载和搭载任务设备进行数据采集的飞行器,飞行器按结构可分为固定翼、旋翼及复合翼。

固定翼由动力装置产生前进的推力或拉力,由机身的固定机翼产生升力,类似于常规飞机,需要跑道或弹射器才可以发射,不能空中悬停,需要较快的速度保持飞行姿态。由于飞行安全限制,距拍摄物体较远,获取的影像分辨率较低,但固定翼无人机的飞行时间、航程和速度具有明显优势。

旋翼由动力装置产生旋翼驱动力,由相对于机身旋转的旋翼产生升力。3个及以上的旋翼组成的无人机称为多旋翼无人机。多旋翼无人机可搭载高精度导航定位系统,能空中悬停、近距离、多角度和高重叠采集拍摄物信息,定位精度可达到厘米级,生成高精度三维模型。但作业速度及作业时长通常小于固定翼无人机。多旋翼无人机以其拍摄精度高、定位精度高、操作门槛低等优势成为目前测绘领域运用最广泛的无人机。

复合翼又称为垂直起降固定翼,产生升力的装置既包含固定机翼也包含旋翼,它解决了固定翼无人机起降难的问题,也减少了作业时长。

固定翼无人机适合大范围和低分辨率作业任务。垂直起降固定翼无人机适合中等范围和低分辨率任务,旋翼无人机适合小范围和高分辨率任务。

(2) 任务载荷系统主要包含光学相机摄影系统和激光雷达系统。无人机搭载的光学相机摄影系统是采用可见光成像原理获取地表影像,在地表覆盖较密集的区域能获取表面植被数据,却无法准确获取地形信息。激光雷达系统集成了GNSS、IMU激光扫描仪和数码相机等光谱成像设备。主动传感系统(激光扫描仪)利用返回的脉冲可获取探测目标的距离、坡度、粗糙度和反射率等信息,而被动光电成像技术可获取探测目标的数字成像信息。这些信息经过地面的信息处理可以生成逐个地面采样点的三维坐标,最后经过综合处理可以得到沿一定条带的地面区域三维定位与成像结果。

(3) 不同种类的无人机测图软件可应用在无人机测图的不同阶段：飞行控制地面站软件是无人机测图数据采集阶段航线规划及飞行参数设置使用；建模软件是数据采集完成后，进行空三处理、二维或三维建模使用；三维测图软件是利用模型进行室内三维测图使用。

8.4.2　无人机测图工作流程

无人机测图是指利用无人机飞行平台搭载光学摄影系统或激光雷达系统获取地表真实影像或激光点云，再利用专门的数据处理软件建立精细的地表三维模型，并根据用户的要求生产相关的测绘产品和成果数据。

利用无人机进行大比例尺地形图测绘的关键，就是基于某种无人机平台搭载的非量测型相机获取满足要求的测区影像数据。无人机航拍工作开展中的相机不具备直接测量性能，为此在三角测量过程中，需要对测绘系统中的相片畸变给予控制，保障所获取到的图案能够呈现出无人机航拍期间所捕捉到的真实影像；同时，需要应用 GNSS 技术对无人机上升高度给予计算，经由地面指挥系统将此信息发送到无人机接受系统中，确保无人机的正常运行以及航拍影像的清晰度。无人机低空航拍主要步骤包括收集资料和现场踏勘、编写项目实施计划和技术方案设计书、外业像控点布设和测量等。

1. 收集资料和现场踏勘

无人机测图数据采集前应根据项目需求与甲方沟通，收集项目实施所涉及的信息和数据，明确项目成果提交的格式、坐标系统投影系统和精度指标验收依据等。同时，通过多种渠道收集目标区相关的控制点资料及卫星遥感影像数据和地形数据，如通过搜索互联网站、政府门户网站、地图网站和行政区划网站等收集项目所在地的基本情况，包括行政区划、地理位置、行政区划地图、高清卫星影像地貌和地物特征、建筑物形态(密集程度、高度等)、交通情况、天气情况、民风民俗和相关政府机构等。通过现场踏勘详细了解目标区周边的地理环境信息、道路交通信息、地形地貌信息和无人机飞行的最低限高信息等，选取测区周围可用于无人机起飞降落的空地，可以预先选取 3 ～ 5 个初步的备选点，熟悉进场路线，查看周围有没有高大建筑物和比较高的山地等信息，根据现场情况综合考虑无人机航飞高度是否符合要求，以免发生设计航高小于建筑物高度的情况发生，确定最终的无人机起飞降落场地。

2. 编写项目实施计划书和技术设计书

项目实施计划书主要包括项目简要、区域、承担单位、组织机构、资金、成果要求、技术路线、进度计划和成果验收等情况。技术设计书按照项目程序安排包括倾斜摄影、外业控制、外业调绘、三维建模、数字正射影像生产、核心要素数字线划图生产和对象化要素采集等。

3. 外业像控点布设和测量

像控点测量作业应按照外业控制点测量技术设计书的要求组织、布设和施测像控点，通常情况下采用 GNSS - RTK 施测。

倾斜摄影的像控点布设方法是按照一定的格网间距均匀布设的，而不必考虑航线数和基线数的间隔。外业控制点布设的格网间距一般与摄影分区的范围和影像地面分辨率相关。

为了及时检查三维模型的精度，实现高精度的大比例地形图测绘的精度要求，需要在测区范围内布设一定数量的像控点，根据测区地形特点，像控点布设时通常注意以下几点：

（1）像控点标志的尺寸在 60 cm × 60 cm 以上。

（2）选作像控点的位置在方圆 2 m 内不能有遮挡物。

（3）为防止像控点位置发生变化，选作像控点的区域以硬化路面为主，不能选在松软易变区域。

（4）像控点方圆 2 m 内要平坦，不能有明显起伏，如果相片刺点时刺点位置稍微偏差就会造成高程精度超标。

（5）可以借助地面或建筑物顶上已有的具有直角、锐角等具有明显特征的夹角顶点（注意：顶点的周围要平坦、无遮挡），如地面上的路标等。

（6）选作像控点的区域不宜选在公共使用频繁的地面。因为这些地面不利于保护像控点，容易被人为占用（如停车占用、物品摆放等）。

（7）制作像控点时选用的颜色与地面的主色调反差越大越好，如水泥路面不宜选用白色。

（8）像控点测量时要达到图根控制点及以上精度。

（9）布设控制点时要考虑重叠度和相机的幅面，大体估算每曝光 1 次的地面覆盖区域，能够在 5 张影像上（至少要 2 张）同时找到同一像控点为最佳。

4. 倾斜摄影飞行

无人机重量较轻，易受到风的影响，导致航摄姿态稳定性较差。同时无人机飞行高度一般较低，影像覆盖面较小，平台的不稳定会使影像的畸变变大。所以，外业航飞应选择风速较小、能见度高和光线充足的天气执行航飞任务，保证所获取影像的清晰度高，航向重叠度、旁向重叠度、相片的俯仰角、旋偏角、横滚角和航带弯曲度等技术指标都能满足设计要求，不会出现航拍漏洞。飞机起飞前要对相机拍照功能正常与否进行试拍，确定相机功能正常以后再起飞。执行倾斜摄影飞行的单位应及时向有关单位申请飞行空域，并在实施飞行前对任务区进行现场踏物，准确掌握任务区的地貌和地物特征，特别是要标识出任务区及周边 2 km 范围内的高大建筑物、高压线塔和飞行禁区范围。如根据现场情况需要对摄影分区和航高等进行调整时，应征得甲方的同意，并确定最终的摄影分区范围线、影像地面分辨率、航向和旁向重叠度等参数。执行倾斜摄影飞行的机组，应根据倾斜摄影技术设计书的要求和给定的参数进行航线设计和飞行任务安排，报送每日飞行计划，做好飞行日志，提交相应的成果。

5. 倾斜影像三维建模

倾斜影像三维建模步骤：对所有倾斜影像进行检查；研究摄影分区、飞行架次和照片数量，配准照片定位数据，剔除试片和空片等；根据三维建模软件和计算机集群的计算能力，在摄影分区的基础上进行计算分区；根据计算分区范围将照片导入三维建模软件中进行三维建模计算。

6. 测绘产品生产

按照测绘产品生产技术设计书的要求制作相应的测绘产品。标准测绘产品主要包括 3DM（3D Model）三维实景模型、DSM（Digital Surface Model）数字表面模型、DEM（Digital Elevation Model）数字高程模型、DOB（Digital Object Model）对象化模型、DOM（Digital

True－Orthphoto Map）数字正射影像图和DLG（Digital Line Graphic Map）数字线划图。

7. 编写总结报告并提交成果

完成所有倾斜摄影三维建模和测绘产品生产工作后，需要编写项目执行的总结报告，并提交成果。

8.5　数字测图内业

数字测图的内业一般都需要专业的数字测图软件来完成，数字测图软件是数字测图系统中重要的组成部分。目前，国内市场上比较成熟的数字测图软件主要有广州南方数码科技股份有限公司的CASS系列、北京山维科技股份有限公司的EPS三维测图系列、北京威远图易数字科技有限公司的SV300系列以及广州开思测绘软件有限公司的SCS系列等。其中，CASS系列软件是众多数字测图软件中功能完备、操作方便、市场占有率较高的主流软件之一。CASS系统提供了"草图法""简码法""电子平板法"和"原图数字化成图"等多种成图作业模式。本节以"草图法"为例介绍成图过程，主要包括数据文件读入、定显示区、设置成图比例尺、展绘碎部点、图形编辑与符号配置、图廓整饬和成果输出。

（1）数据文件读入。数据文件可采用CASS软件中的"读取全站仪数据"菜单功能完成读入，步骤如下：① 连接计算机和全站仪：用全站仪数据传输线连接计算机。② 数据传输：启动CASS软件在〖数据〗下拉菜单（见图8－7）中点击〖读取全站仪数据〗菜单图标，进入〖全站仪内存数据转换〗对话框，如图8－8所示。③ 选择仪器类型：在〖仪器〗下拉列表中选择相应的全站仪，点击鼠标左键确定。④ 设置通信参数：设置通信参数包括通讯口、波特率、校验、数据位和停止位等。⑤ 输入CASS坐标文件名及路径（见图8－9）：在对话框最下面空白栏里输入想要保存的文件名，以 .dat 形式命名，最后点击〖转换〗，完成数据传输。

图8－7　数据处理下拉菜单

图8－8　〖全站仪内存数据转换〗对话框

图 8-9　执行〖选择文件〗操作的对话框

(2) 定显示区。定显示区的作用是根据输入坐标数据文件的数据大小定义屏幕显示区域的大小，以保证所有点可见，选择测点点号定位成图法。输入点号坐标点数据文件名C:\CASS70\DEMO\YMSJ.DAT(见图 8-10)后，命令区提示〖读点完成！共读入 60 点〗。

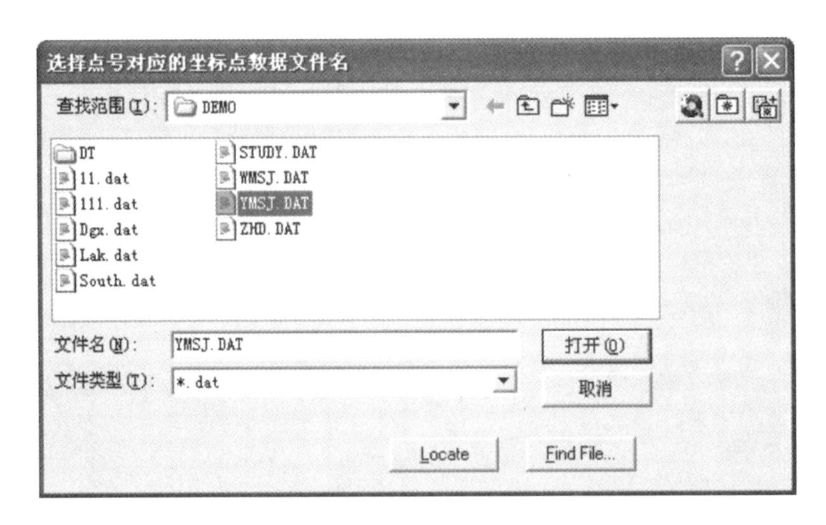

图 8-10　〖选择点号对应的坐标数据文件名〗对话框

(3) 设置成图比例尺。选择〖绘图处理〗菜单下的〖设置成图比例〗子菜单，在命令行输入成图比例尺。

(4) 展绘碎部点。选择〖绘图处理〗菜单下的〖展点〗子菜单，根据对话框提示选择坐标文件读入。

(5) 图形编辑与符号配置。选择地物编辑和右侧屏幕菜单相应功能，根据草图信息绘图。

(6) 图廓整饰。在完成图形编辑后，应增加图廓及图廓内外注记信息，包括图名、图号、比例尺、成图时间、坐标系统、高程基准和图式标准等。

(7) 成果输出。完成图廓整饰后，清除图内的废点、废块等，然后存盘或出图。

8.6 数字测图的主要特点

数字测图与传统地形测绘方法相比，其特点非常明显：

(1) 自动化程度高。数字测图采用全站仪在野外采集数据，自动记录存储，并直接传输给计算机进行数据处理、绘图，不但提高了工作效率，而且减少了错误的产生，使绘制的地形图精确、美观、规范。同时数字测图由计算机处理地形信息，建立数据库，并能生成数字地图和电子地图，有利于后续的成果应用和信息管理工作。

(2) 精度高。数字测图的精度主要取决于对地物和地貌点的野外数据采集的精度，而其他因素(如微机数据处理、自动绘图等误差)对地形图成果的影响都很小，测点的精度与比例尺大小无关。

(3) 使用方便。数字测图采用解析法测定点位坐标，与绘图比例尺无关；利用分层管理的野外实测数据，可以方便地绘制不同比例尺的地形图或不同用途的专题地图，实现了一测多用，同时便于地形图的管理、检查、修测和更新。

(4) 为 GIS 提供基础数据。地理空间数据是地理信息系统(GIS)的信息基础，数字测图可提供适时的空间数据信息，以满足 GIS 的需求。

习　题

8-1　数字测图常用方法有哪些?

8-2　简述全站仪坐标法测量步骤。

8-3　请以校园为例，设计一套 1∶500 地形图测图方案。

8-4　简述无人机数字测图与传统数字测图有何异同。

8-5　数字测图的特点有哪些?

第9章　地形图基础知识及应用

9.1　测绘空间信息与地图

9.1.1　数据与大数据

1. 信息与数据

随着现代科学技术的不断发展，人类社会进入信息时代。信息是近代科学的专门术语，现在已经广泛应用于社会的各个领域。信息作为一个广义的概念，我们可简单地描述为客观事物在人们头脑中的反映。

信息由数据来表达，通过对不同数据间的联系和解释来反映事物的客观状态。因此，信息与数据密不可分。数据是对客观事物进行定位（地理位置）、定性（本质特征及其与其他相关事物的联系）和定量（几何形状和数量）描述的原始材料，包括数字、文字、符号、图形和影像等形式，因此这里的数据也是广义的。数据只有经人的解释，理解其内涵，并赋予一定的意义后，才能成为信息。例如，测量工作中，测出若干个点的坐标，这仅仅是一组数据，如果所测的是某一固定物体，如控制点、电线杆或墙角等，那么在记录存储或绘图表示时，必须有一定的说明，或用一定的符号，或按一定的规则设定其编码，才能让人们理解其意义。又如将一建筑物按一定比例缩绘在图纸上，并直接量取其图形面积的数值，若已知建筑物图形缩小的比例，那么通过人们对量测数据的加工处理后，将能得到该建筑物实际占地面积的信息；若再赋给特定的符号、编码或文字说明，还能得到该建筑物的类型、层数、属性等相关信息。可见，数据是信息的载体，信息通过数据对自然事物真实描述来反映事物的客观状态。

数据可以不改变所描述事物的内涵，而以不同的表达形式（如数字、符号、文字、图形、各类编码等），让人们去接受、理解或用不同的仪器、设备（如测量仪器、计算机等）进行采集、运算（数据处理）、存储和传输，即信息可以独立于数据的不同表现形式而存在，可以选择不同的数据形式发送和接收，更方便地在不同媒介中传输。因此，信息具有广泛的传输性。

有用的信息之所以能广泛传输，是因为信息可独立于事物本身而存在，其表现形式被赋予了一定的规则，这样人们才能理解。因此，信息可以传输给多个用户，使多用户共享，故信息具有共享性。

自然界有万事万物，信息数不胜数。但是人们所关心、认识并加以科学处理和分析的多数信息是对人类的生存、进步和社会发展有决策影响的信息，或者是某一地域、行业和应用于某一专门用途的实用信息。因此，信息又具有适用性。例如，一幅世界地图可以反映世界各国在地球上的分布和地理位置的信息，但它无法满足人们对某个国家的交通路线、旅游点分布等信息的了解，更无法满足人们对某个城市的街道、单位、商业网点、公交线路等信息的认识。如果有一幅全国或某一城市的交通旅游图，这个问题就迎刃而解了。

事物是运动、变化、发展的，因此信息也随着时间的推移在日新月异的变化，新信息必然部分或全部地取代原有的信息，而被取代的信息将成为历史，不能再成为用于决策的有用信息。另外，人的感官以及各种测试手段、数据处理方法的局限性，对信息资源的识别和开发难以做到全面，因此信息除了具有客观性、传输性、共享性和适用性之外，还具有时效性和不完全性的特征。

2. 大数据

大数据是信息爆炸时代产生的海量数据和与之相关的技术创新的产物。大数据通常指无法在可容忍的时间内用传统 IT 技术和软硬件工具对其进行感知、获取、管理处理和服务的数据集合，具有 Volume（大量）、Velocity（更新快）、Variety（多样）、Value（价值）和 Veracity（真实性）的“5V”特征。大数据不仅数据规模大（> TB），而且类型及结构复杂，不是当前的数据管理、存储、处理软件和硬件体系在可接受时间内能解决的；大数据是高容量、高速率、高度多样的信息资产，需要新的数据处理方式来强化决策支持、观点发现和过程优化；大数据隐含着更准确的事实研究结果，大数据量可显著提高机器学习算法的准确性，大数据集上的简单算法能比小数据集上的复杂算法产生更好的结果，因此大数据间相关关系超越因果关系。

大数据本身都是在一定的时间和空间内发生的，其描述内容都离不开时空参照。因此，从时空视角来看，大数据还表现出以下几个特点：

（1）数据来源的泛在性。大数据以“无时不有、无处不在”为基本特征，时间和空间是大数据广泛存在的基本前提，也是承载大数据所记录对象的基本框架。刘经南院士认为，大数据的数据源主要分为两大方面：物理世界和人类社会。物理世界的数据主要是通过传感器、科学观测获得的，如地理时空数据、气象环境数据、生物体征数据、卫星遥感数据和天文观测数据等。人类社会的数据是来自人类社会活动产生的数据，如社交网络数据、金融贸易活动数据、经济产业数据、军事安全数据、车辆交通数据、通信信息数据和视频监控数据等。

（2）时空隐喻的普遍性。大数据的载体形式多样，大多都具有非结构化的特点，这也导致许多大数据并不直接与时空相关联，大数据中的时空信息隐式存在。

（3）时空粒度的多样化。大数据涵盖了宏观、微观等各级尺度范围的数据，数据的时空粒度逐步多样化，也使得数据碎片化、零散化的现象普遍存在。

（4）时空动态的显著性。大数据更加强调数据所记录对象位置的连续表达和属性的实时变化。例如，基于手机信令数据的人类行为预测、利用网络数据监测流行病趋势及通过测绘大数据监测国土资源变化等都揭示了大数据的时空动态性和应用潜力。

大数据给测绘地理信息系统部门及行业带来巨大的机遇和挑战，大数据技术的意义就在于能够使用测绘地理信息来帮助相关部门行业实现更大的进步和发展，同时面临全新的机遇及挑战，通过对大数据技术合理的运用，测绘信息部门及产业将在未来工作活动中创建出更多的大数据，而大数据也将协同测绘地理信息部门及产业实现更好的发展。这就要求我国地理信息部门以及相关行业在大数据时代变革机遇影响下，对工作业务流程的实际需求等用大数据技术来进行考核、发现商机、实现全新业务转型，从而适应时代的发展需求。

9.1.2 测绘空间信息与地图

1. 地理空间数据与地理信息

(1) 地理空间数据。地理空间数据就是指人们通过测量所得到的地球表面上地物和地貌空间位置的数据。尽管地球上地物位置、形状各异，地貌高低起伏、复杂多样，但总可以在某一特定的参考坐标系统下，通过对特定点位的测量，确定某点的空间位置或点与点之间的相对位置(这也是测量工作的实质)，并通过相关点位的结合形成线或面。以点、线和面这3种基本的元素，再加上必要的说明和注记，即可完成对研究实体空间位置的描述。例如，用点的坐标和相应的符号，可表示不同的平面和高程控制点或某些固定地物(如电杆、水井、独立树等)；用不同的线型和符号，可区分河流、铁路和公路等；用规则或不规则的面实体和面状符号，既可表示不同类型、形状建筑物，又可区分植被的类型等。

地理空间数据如同其他数据一样亦有多种表示、存储和使用的形式。它可以由位置组合变量的表格形式表示，也可以地理空间数据库的形式由计算机存储，供人们使用，但地图才是地理空间数据最直观、历史最悠久、最易被人们认识和使用的表示形式。

(2) 地理信息。地理信息是指与所研究对象的空间地理分布有关的信息。它是表示地表物体及环境固有的数量、质量、分布特征、属性、规律和相互联系的数字、文字、音像和图形等的总称。人们从认识地理实体到掌握地理信息，并利用信息作为决策的依据，是人类认识自然和改造自然的一个飞跃。地理信息不仅包括所研究实体的地理空间位置和形状，还包括对实体特征的属性描述。例如，应用于土地管理的地理信息，不仅能反映某一点位的坐标或某一地块的位置和形状、面积等，还能反映该地块的权属、土壤类型、污染状况、植被情况、气温和降雨量等多种信息；用于市政管网管理的地理信息，不仅能反映各类地下管道的线路位置、埋设深度、宽度等信息，还能反映管线的性质(如电缆、煤气、自来水等)、管道的材料、直径以及权属、施工单位、施工日期和使用寿命等信息。因此，地理信息除具有一般信息所共有的特征外，还具有区域性和多维数据结构的特征和明显的时序特征。将这些采集到的与研究对象相关的地理信息和与研究目的相关的各种因素有机地结合，并由现代计算机技术统一管理和分析，从而对某一专题产生决策支持，就形成了地理信息系统(Georgraphic Information System，GIS)。通常将地理信息中反映研究实体空间位置的信息称为基础地理信息。基础地理信息的载体是地理空间数据，它是地理信息和建立GIS的基础。

2. 测绘位置大数据

测绘位置大数据是指具有或隐含地理位置信息的大数据。现实世界大约80%的数据都与空间位置有关，空间大数据是大数据的重要组成部分。测绘位置大数据除具有位置、规模、速度、多样、真实及价值特征外，还具有混杂性、复杂性和稀疏性等特点。受到GNSS测量手段的精度影响、通信可靠性和用户使用习惯等影响，测绘位置大数据表现出混杂性。复杂性指单体数据记录的信息量小、分析时间长，移动对象的记录量大、维度高、数据复杂。受采样手段和采用对象群体习惯的影响，测绘位置大数据稀疏现象十分明显。

测绘位置大数据主要来源于地理数据、轨迹数据和空间媒体数据，具体可分为以下5类：

（1）地图数据。其主要指数字矢量线划地图、数字栅格地图、数字正射影像地图和数字高程模型。

（2）遥感影像数据。其以卫星遥感影像数据为主，如0.5 m分辨率影像覆盖全国一次的数据量约65 TB，主要有8种数据：① 可见光影像数据；② 微波遥感影像数据；③ 红外影像数据；④ 激雷达扫描点云数据；⑤ 航空遥感影像数据；⑥ 地面遥感影像数据；⑦ 地下地质雷达数据：地下空间和管线数；⑧ 水下声呐探测数据：水下地形和水底地貌地质地物数据。

（3）大地基准数据。其主要有4种类型：① 时间基准数据：地面与卫星原子钟组维持的时间数据；② 重力基准数据：地球重力场模型参数和重力观测点重力，目前我国重力格网数据量达1 TB；③ 空间基准数据；④ 气象模型参数数据。

（4）轨迹数据。轨迹数据指通过GNSS、RFID等测量手段及网络签到等方法获得的用户活动数据，可以被用来反映用户的位置和用户的社会偏好及相关交通等情况。其类型主要有个人轨迹数据、群体轨迹数据、交通轨迹数据和物流数据等。

（5）与位置相关的空间媒体数据。空间媒体数据指包含空间位置与时间标记的数字化的文字、图形、图像、声音、视频影像和动画等媒体数据，主要来源于移动通信数据、社交网络、微博、微信、搜索引擎数据、在线电子商务数据和城市监控摄像头数据等。

3. 地图的概念

地图是由数学所确定的经过综合概括并用形象符号表示的地球表面在平面上的图形。同时，地图能在一定范围内，根据其具体用途有选择地表示各种自然现象和社会现象的分布、状况和相互联系。因此，地图必须包括3个方面的内容，即数学要素、几何要素（地形要素）和地图综合。

（1）数学要素。其是指地球上的实际点位或物体形态在地图上表示时，必须严格遵循的映射函数关系，如坐标系统、高程系统、地图投影以及分幅和比例关系等。

（2）几何要素。其又称为地形要素，所谓地形就是地球上地物和地貌的总称，地形要素就是统一规范的地物和地貌符号。

（3）地图综合。其主要是指由地图图幅比例的限制或数据采集能力的局限等因素所造成的，或制作某些专用地图的具体需要所采取的，对某些现象（如某些细部地物、次要地物，或与专题无关的自然和社会现象等）表示的合理取舍和综合概况。

地图通常是经正射投影得到的等角投影图，即将地面点沿铅垂方向投影到投影面上，保持投影前后交线的交角不变。因此，正射投影又称为等角投影。在正射投影中小范围内的图形保持了相似性。若地图覆盖范围较大时，因投影面是地球椭球，要将地面点位绘在平面图纸上，必须顾及地球曲率的影响（参阅有关专业书籍）。在普通测量学中，因测量、绘图的范围较小，可以用测区局部水平基准面作为投影面进行正射投影，得到所需的各类地图。

地图包括既表示地球上地物位置和分布，又表示地表高低起伏形态的普通地图和地形图、在图上仅表示地物平面位置的平面图，还包括详细客观地表示某种自然要素或社会要素的专题地图（如城市交通图、旅游图以及资源、人口分布图和地籍图等）。

人们认识的地图通常是绘制在纸上的，它具有直观性强、使用方便等优点，但也存在着易损、不便保存和难以更新等缺点。随着现代科学的不断发展，尤其是数字化测绘技术和电子计算机的广泛使用，近年来，在地图家族中先后出现了数字地图和电子地图等新成员。

数字地图是指用全数字的形式描述地图要素的属性、空间位置和相互关系信息的数据集合。其信息的采集采用数字化测量手段，通过计算机对数据进行传输、存储和管理，实现了对地理空间数据信息的自动化采集、实时更新、动态管理和现代化应用。

电子地图是数字地图符号化处理后的数据集合，它具有地图的符号化数据特征，是以多种媒体显示地图数据的可视化产品。其能快速实现图形的平面、立体和动态跟踪显示，供人们在屏幕上阅读和使用，也可随时打印在纸上。电子地图一般与数据库连接，能进行查询、统计和空间分析。

数字地图和电子地图的出现，已经对国民经济和国家建设的许多行业和学科、专业带来了革命性的变化。随着社会的不断进步，为了满足国家实现现代化、自动化、科学化管理的迫切需要，数字地图和电子地图必将在国民经济建设和国防建设中发挥更大的作用。

9.2 地形图的基本知识

地形图是按一定的比例，用规定的符号表示地物、地貌平面位置和高程的正射投影图。它不仅充分反映出地面高低起伏的自然地貌，而且把经过改造的人为环境也比较详尽地反映在图上。

在国民经济建设和国防建设的各项工程规划、设计阶段，均需要地形图提供有关工程建设地区的自然地形结构和环境条件等资料，以便使规划、设计符合实际情况。因此，地形图是制定规划、进行工程建设的重要依据和基础资料。

除了普通地形图以外，在线路工程（如铁路、公路、地下管道、水上航道工程等）的规划、设计、施工中，还需具有能反映某一特定方向线上地面高低起伏状态，并按一定的比例尺缩绘的图，这种图称为断面图。其中，沿线路方向延伸的断面图称为纵断面图；与线路方向垂直，相对于线路两侧有一定宽度的断面图称为横断面图。

9.2.1 地形图的比例尺

1. 地形图比例尺的意义

要把地球表面多维的景物和现象描写在二维有限的平面图纸上，必然遇到大与小的矛盾。解决矛盾的办法就是按照一定数学法则，运用符号系统，经过制图概括，将有用信息缩小表示。当制图区域比较小、景物缩小的比率也比较小时，采用各方面比较小的地图投影，且图面上各处长度缩小的比例都可以看成是相等的。这种情况下，地形图比例尺的含义是地形图上任意一线段的长度与地面上相应线段的实际水平长度之比。当制图区域相当大，制图时对景物的缩小比率也相当大时，所采用的地图投影比较复杂，地图上的长度也因地点和方向不同而有所变化。在这种图上所注明的比例尺含义，实质上是在进行地图投影时对地球半径缩小的比率，通常称之为地图主比例尺。地图经过投影后，体现在地图上只有个别的点或线才没有长度变形。换句话说，只有在这些没有变形的点或线上，才可以用地图上注明的主比例尺进行量算。

2. 地图比例尺的种类

传统地图上的比例尺通常有数字比例尺、文字比例尺和图解比例尺等几种表现形式。

(1) 数字比例尺。数字比例尺一般用分子为1的分数形式表示。在地形图上，数字比例尺通常书写于图幅下方正中处。设图上某直线的长度为 d，地面上相应的水平长度为 D，则图的比例尺为

$$\frac{d}{D}=\frac{1}{\frac{D}{d}}=\frac{1}{M} \tag{9-1}$$

式中，M 为比例尺分母。当图上1 cm代表地面上水平长度10 m时，该图的比例尺为1/1000，一般写成1∶1000。

我国把1∶10000、1∶250000、1∶50000、1∶100000、1∶250000、1∶500000和1∶1000000比例尺作为国家基本地图的比例尺系列。比例尺的大小是以比例尺的比值来衡量的，比例尺的分母越大，比例尺越小；反之，分母越小，则比例尺越大。通常称1∶500、1∶1000、1∶2000、1∶5000和1∶10000比例尺的地形图为大比例尺地形图；1∶25000、1∶50000和1∶100000为中比例尺地形图；1∶250000、1∶500000和1∶1000000为小比例尺地形图。

(2) 文字比例尺。用文字注解的方法表示。例如，“百万分之一”或“图上1 cm相当于实地10 km”。

(3) 图解比例尺。图解比例尺又称为图示比例尺，主要包括直线比例尺、斜分比例尺和复式比例尺。为了用图方便，避免或减小由图纸伸缩而引起的误差，在绘制地形图时，通常在地形图上同时绘制直线比例尺，用图形加注记的形式表示。

如图9-1所示，在一直线上截取若干相等的线段(一般为2 cm或1 cm)，称为比例尺的基本单位，再把最左端的一个基本单位分成10等份(或20等份)，图9-1是1∶2000的直线比例尺，其基本单位为2 cm，所表示的实地长度应为40 m，分成10等份后，每等份2 mm所表示的实地长度即为4 m。图示距离等于实地118 m。

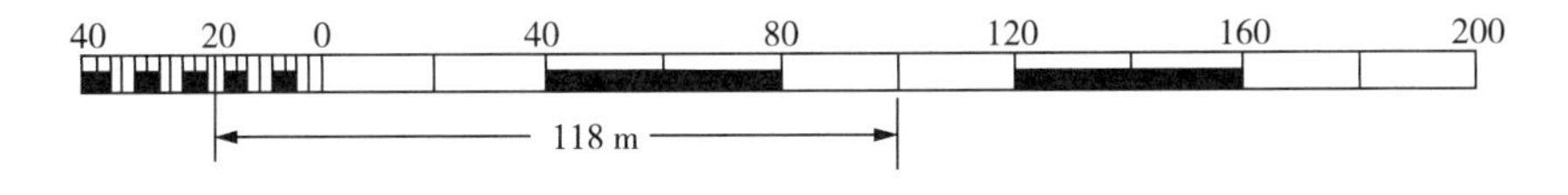

图9-1　1∶2000的直线比例尺

随着数字地图的出现，地图比例尺出现了与传统比例尺相对而言的一个新概念——无级比例尺。无级比例尺没有一个具体的表现形式。在数字制图中，计算机里存储了物体的

实际长度、面积和体积等数据，并且根据需要可以很容易按比例任意缩小或放大这些数据，因此没有必要将地图数据固定在某一种比例尺上，因此称之为无级比例尺。

3. 比例尺的精度

在传统地形图上，受人眼最小视角的限制（正常眼睛的分辨能力通常认为是0.1 mm）地形图上 0.1 mm 所代表的实地长度称为比例尺的精度。数字地形图是用坐标数字表示地形要素，其精度是测量坐标的精度，与比例尺无关，故不存在比例尺精度。

在传统地形图上，根据比例尺精度可以确定在测图时丈量地物应准确到什么程度。例如，测绘 1∶1000 比例尺地形图时，其比例尺精度为 0.1 mm×1000=0.1 m，因此丈量地物的精度只需 0.1 m（小于 0.1 mm 在图上表示不出来）。另外，当规定了要表示于图上的地物最短长度时，根据比例尺精度，可以确定测图比例尺。例如，欲表示在图上的地物最短线段的长度为 0.2 m，则应采用的测图比例尺不得小于$\frac{0.1\ \text{mm}}{0.2\ \text{m}}=\frac{1}{2000}$。

表 9－1 为各种不同比例尺的精度。由表 9－1 可见比例尺越大，表示地物和地貌的情况越详细，精度就越高；反之，比例尺越小，表示地面情况就越简略，精度就越低。同时必须指出，同一测区面积，采用较大的比例尺测图往往比采用较小的比例尺测图的工作量和投资成本增加数倍，因此采用多大的比例尺测图，应从实际需要的精度出发。工程规划、设计、施工工作中需要采用哪几种比例尺的地形图，也应根据实际需要的精度来要求甲方提供相应比例尺的地形图，不应盲目追求更大比例尺的地形图。

表 9－1　各种不同比例尺的精度

比例尺	1∶500	1∶1000	1∶2000	1∶5000	1∶10000
比例尺精度 /m	0.05	0.10	0.20	0.50	1.00

通常在工程建设的初步规划设计阶段使用 1∶2000、1∶5000 和 1∶10000 的地形图，在详细规划设计和施工阶段应使用 1∶2000、1∶1000 和 1∶500 的地形图。选用地形图比例尺的一般原则：

（1）图面所显示地物、地貌的详尽程度和明晰程度能否满足设计要求。

（2）图上平面点位和高程的精度是否能满足设计要求。

（3）图幅的大小应便于总图设计布局的需要。

（4）在满足以上要求的前提下，尽可能选用较小的比例尺测图。

9.2.2　地物符号

地形图作为地理空间数据的一种形式，是基础地理信息的载体，之所以能够被人们广泛认识和接受，是由它的规范性决定的。地形是地物和地貌的总称，人们通过地形图去了解地形信息，那么地面上的不同地物、地貌就必须按统一规范的符号在地形图上表示，这个规范就是《国家基本比例尺地图图式　第 1 部分：1∶500、1∶1000、1∶2000 地形图图式》（GB/T 20257.1—2017）。其中，地物符号根据地物的大小、测图比例尺和描绘方法的不同，可分为以下 4 类，表 9－2 为部分地形图图例。

表 9－2　部分地形图图例

符号名称	符号式样			符号细部图
	1∶500	1∶1000	1∶2000	
三角点 a. 土堆上的 张湾岭、黄土岗 —— 点名 156.718、203.623—— 高程 5.0—— 比高	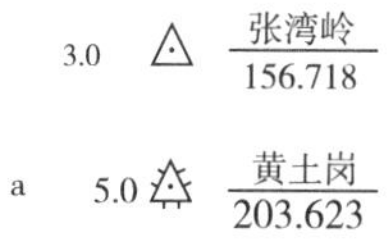 3.0 张湾岭/156.718 a 5.0 黄土岗/203.623			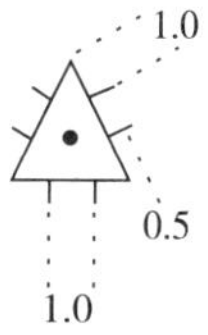 1.0 0.5 1.0
导线点 a. 土堆上的 Ⅰ16、Ⅰ23—— 等级、点号 84.46、94.40—— 高程 2.4—— 比高	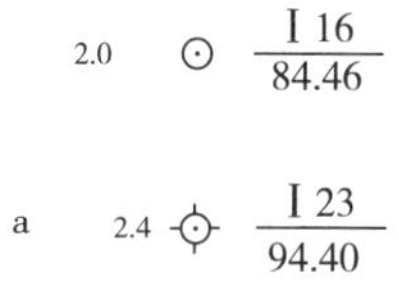 2.0 Ⅰ16/84.46 a 2.4 Ⅰ23/94.40			
埋石图根点 a. 土堆上的 12、16—— 点号 275.46、175.64—— 高程 2.5—— 比高	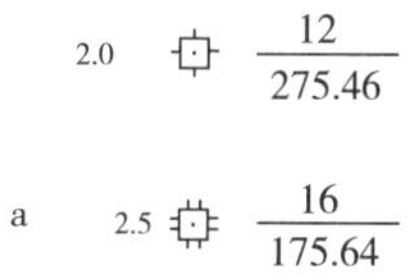 2.0 12/275.46 a 2.5 16/175.64			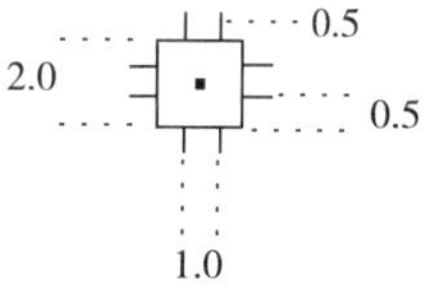 0.5 2.0 0.5 1.0
不埋石图根点 19—— 点号 84.47—— 高程	 2.0 19/84.47			
水准点 Ⅱ—— 等级 京石 5—— 点名点号 32.805—— 高程	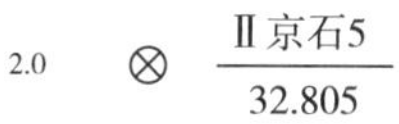 2.0 Ⅱ京石5/32.805			
涵洞 a. 依比例尺的 b. 半依比例尺的	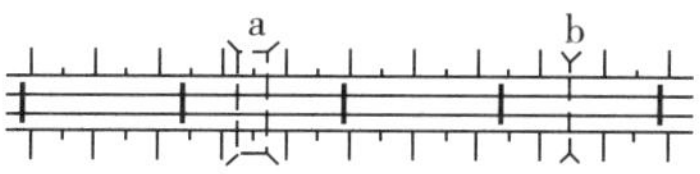 a b			a 45° 1.2 0.6 1.0 b 90° 1.0
干沟 2.5—— 深度	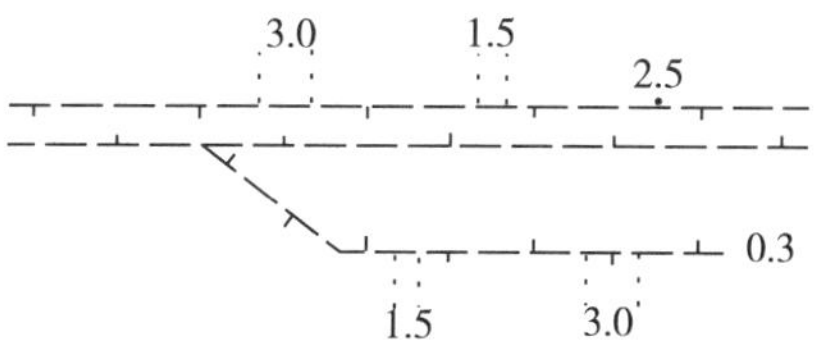 3.0 1.5 2.5 0.3 1.5 3.0			

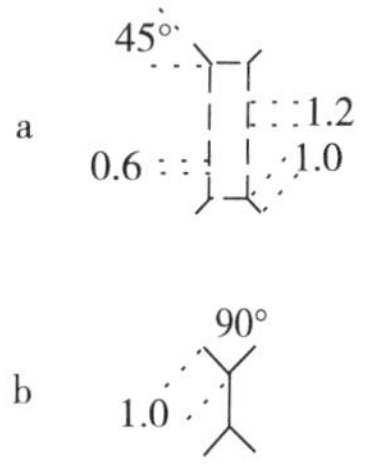

（续表）

符号名称	符号式样			符号细部图
	1∶500	1∶1000	1∶2000	
单幢房屋 a. 一般房屋 b. 裙楼 b1. 楼层分割线 c. 有地下室的房屋 d. 简易房屋 e. 突出房屋 f. 艺术建筑 混、钢——房屋结构 2、3、8、28——房屋层数 (65,2)——建筑高度 －1——地下房屋层数	a 混1　b1 0.1 b 混3 混8 0.2 c 混3-1　d 简2 e 钢28 f 艺28 0.2　艺(65.2) 0.2		ac d 3 b 3 8 0.1 0.2 ef 28 1.0	f 2.5 0.5
廊房(骑楼)、飘楼 a. 廊房 b. 飘楼	a 混3 1.0 2.5 0.5　b 混3 2.5 0.5			
围墙 a. 依比例尺的 b. 不依比例尺的	a 10.0 b 10.0 0.5 0.3			
柱廊 a. 无墙壁的 b. 一边有墙壁的	a 1.0 0.5 1.0 b			
台阶	0.6 1.0 1.0			
室外楼梯 a. 上楼方向	砼8 a			
内部道路	1.0 1.0			

1. 比例符号

有些地物的轮廓较大(如房屋、运动场、湖泊和森林等),它们的形状和大小可依比例尺缩绘在图上,这样的符号称为比例符号。在用图时,可以从图上量得它们的大小和面积。

2. 非比例符号

有些地物(如三角点、水准点、独立树、里程碑和钻孔等),轮廓较小,无法将其形状和大小依比例画到图上,则不考虑其实际大小,而采用规定的符号表示,这种符号称为非比例符号。

非比例符号不仅形状大小不依比例绘出,而且符号的中心位置与该地物实地的中心位置关系,也随各种不同的地物而异。所以,在测图或用图时应注意以下几点:

(1) 规则的几何图形符号(如圆形、正方形、三角形和星形等),以图形几何中心点为实地地物的中心位置。

(2) 宽底符号(如烟囱、水塔等),以符号底部中心为实地地物的中心位置。

(3) 底端为直角的符号(如独立树、路标等),以符号直角顶点为实地地物的中心位置。

(4) 几何图形组合符号(如路灯、消火栓等),以符号下方的图形几何中心为实际地物的中心位置。

(5) 不规则的几何图形,又没有宽底或直角顶点的符号(如山洞、窑洞等),以符号下方两端的中心为实地地物的中心位置。

3. 半比例符号(线形符号)

对于一些带状延伸地物(如道路、通讯线、管道和垣栅等),其长度可依测图比例尺缩绘,而宽度无法依比例表示的符号称为半比例符号。因此,可以从图上量取它们的长度,而不能确定它们的宽度。其符号的中心线,一般表示其实地地物中线位置。但城墙和垣栅等,其准确位置在其符号的底线上。

4. 地物注记

用文字、数字或特有符号对地物加以说明称为地物注记。诸如城镇、工厂、河流、道路的名称,桥梁的长宽及载重量,江河的流向、流速及水深,道路的去向,森林、果树等的类别,等等,都用文字、数字或配以特定符号加以注记说明。

这里应指出:在地形图上,对于某些地物(如房屋、运动场等),究竟是采用比例符号还是非比例符号,主要取决于测图比例尺大小。测图比例尺越大,不依比例描绘的地物就越多。在测绘地形图时,必须按照 GB/T 20257.1—2017 中的规定绘图。

9.2.3　地貌符号

地貌是指地表面的高低起伏状态,它包括山地、丘陵和平原等。在地形图上表示地貌的方法主要是用等高线法。因为用等高线表示地貌,不仅能表示地面的起伏形态,而且还能表示地面的坡度和地面点的高程。

1. 等高线概念

等高线是地面上高程相等的相邻点连续形成的闭合曲线。如图 9-3(a) 所示,有一位于平静湖水中的小山头,山顶被湖水恰好淹没时的水面高程为 100 m,假设水位下降了 5 m,此时水面与山坡就有一条交线,而且是闭合曲线,曲线上各点的高程是相等的,这就是高程为

95 m 的等高线。当水位每下降 5 m 时，山坡周围就分别留下 1 条交线，这就是高程为 90 m、85 m、80 m、75 m 的等高线，投影到水平面 H 上，再按规定的比例尺缩绘到图纸上，就可得到用等高线表示这一山头的地貌图。

因小范围的水面相当于一个水平面，那么等高线又可认为是用高程不同但高差 h 相等的若干水平面 H_i 截取山头或地面，其截线分别沿铅垂方向投影到同一个水平面 H 上所得到的一组闭合曲线，如图 9－3(b) 所示。

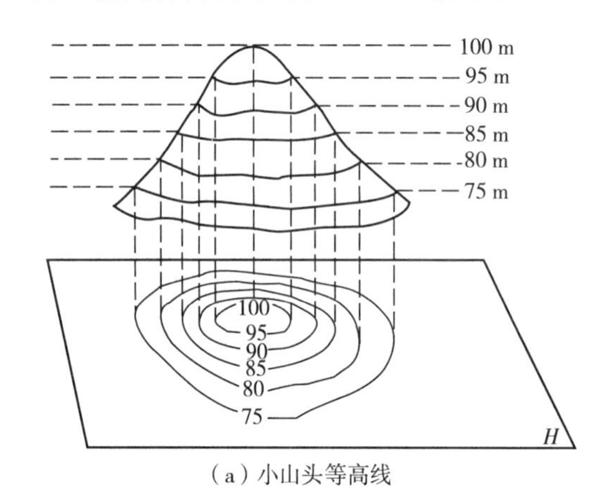

（a）小山头等高线

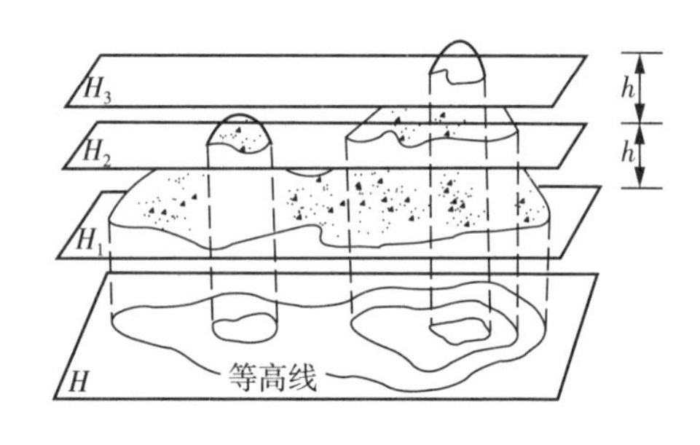

（b）复杂地貌等高线

图 9－3　等高线

2. 等高距和等高线平距

相邻等高线之间的高差称为等高距，常以 h 表示。图 9－3 中的等高距为 5 m。在同一幅地形图上，等高距是相同的。

相邻等高线之间的水平距离称为等高线平距，常以 d 表示。因为同一地形图上的等高距是相同的，所以等高线平距 d 的大小将反映地面坡度的变化。如图 9－4 所示，地面上 CD 段的坡度大于 BC 段，其等高线平距 cd 就小于 bc；相反，地面上 CD 段的坡度小于 AB 段，从图上明显看出：CD 段的平距大于 AB 段的平距。由此可见，等高线平距越小，地面坡度就越大；平距越大，则坡度越小；平距相等，坡度相同（图 9－4 上 AB 段的坡度相同，相应的等高线平距相等）。因此，我们可以根据地形图上等高线的疏、密来判定地面坡度的缓、陡。

显然，地形图上等高距越小，显示地貌就越详细；反之，地形图上等高距越大，显示地貌就越简略。但等高距过小时，图上的等高线就过于密集，从而影响图面的清晰度。所以，在测绘地形图时，应根据测图比例尺和测区地面起伏的程度来合理选择等高距。

3. 典型地貌的等高线

地面上地貌的形态是多样的，对它进行仔细分析后，就会发现它们不外乎是山丘、洼地、山脊、山谷和鞍部等几种典型地貌的综合形态。了解和熟悉用等高线表示典型

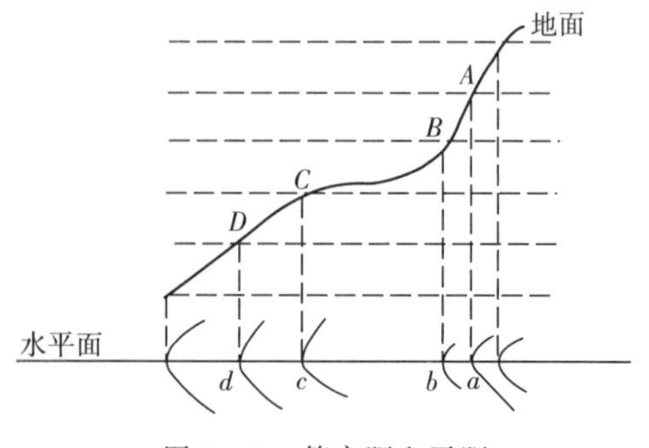

图 9－4　等高距和平距

地貌的特征，将有助于识读、应用和测绘地形图。

(1) 山丘、洼地及其等高线。如图9-5(a)所示为洼地及其等高线，如图9-5(b)所示为山丘及其等高线。山丘和洼地的等高线都是一组闭合曲线。在地形图上区别山丘或洼地的方法：凡是内圈等高线的高程注记大于外圈者为山丘，小于外圈者为洼地。如果没有高程注记，则用示坡线来表示。

示坡线是垂直等高线的短线，它指示的方向是下坡方向。如图9-5所示，示坡线从内圈指向外圈者，说明中间高，四周低，由内向外为下坡，故为山丘；其示坡线从外圈指向内圈者，说明中间低，四周高，由外向内为下坡，故为洼地。

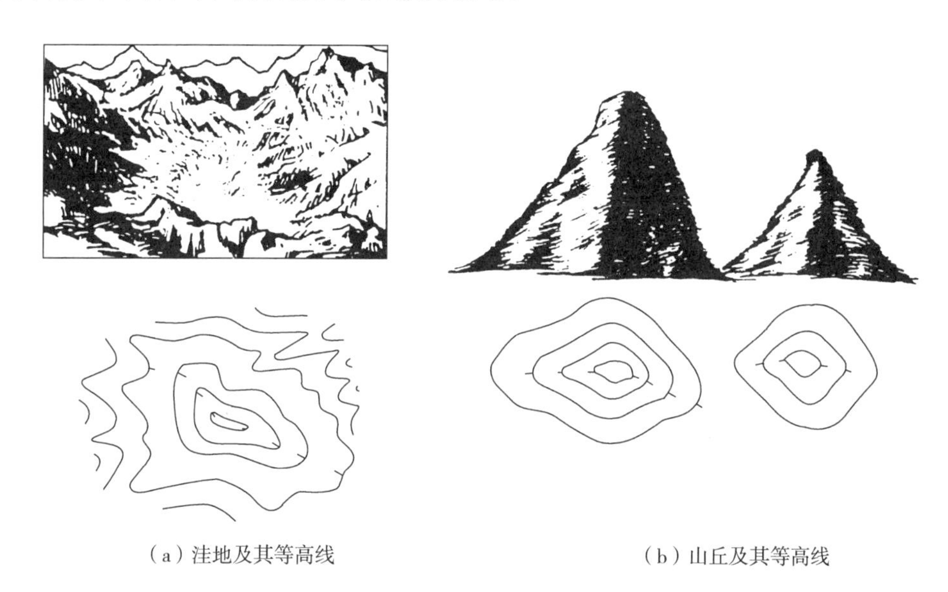

(a) 洼地及其等高线　　(b) 山丘及其等高线

图9-5　洼地、山丘及其等高线

(2) 山脊、山谷及其等高线。山的凸棱由山顶延伸至山脚者称为山脊。山脊最高的棱线称为山脊线，因雨水以山脊线为界流向山体两侧，故山脊线又称为分水线。山脊等高线表现一组凸向低处的曲线，如图9-6(a)所示，图中点划线是山脊线。

相邻二山脊之间的凹部称为山谷，其两侧叫作谷坡，两谷坡相交部分叫作谷底。谷底最低点连线称为山谷线，也称为集水线。如图9-6(b)所示，山谷等高线表现为一组凸向高处的曲线，图中的点划线是山谷线。

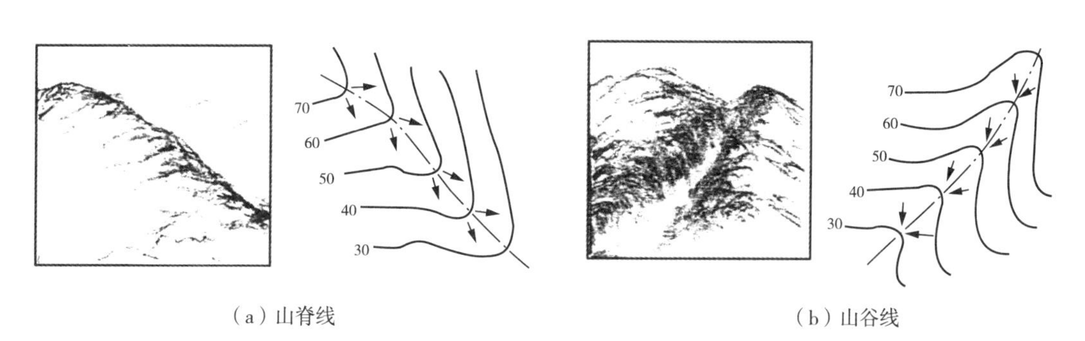

(a) 山脊线　　(b) 山谷线

图9-6　山脊、山谷及其等高线

（3）鞍部。相邻两山头之间呈马鞍形的低凹部位称为鞍部，如图 9－7 所示。

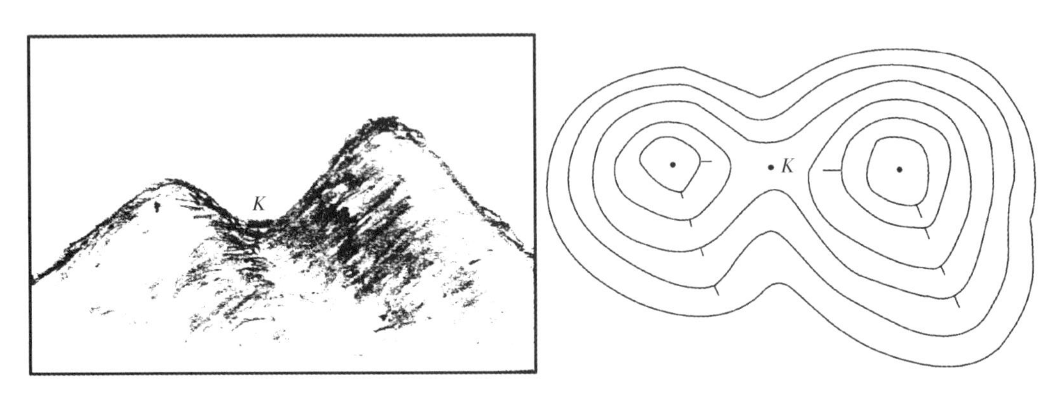

图 9－7　鞍部及其等高线

鞍部（K 点处）往往是山区道路必经之地，又称为垭口。因为是两个山脊与两个山谷的会合点，所以鞍部等高线是两组相对的山脊等高线和山谷等高线的对称组合。

（4）陡崖。陡崖是坡度在 70° 以上的陡峭崖壁，有石质和土质之分，采用特定符号表示。

还有某些变形地貌，如滑坡、冲沟、悬崖、崩崖等，其表示方法亦可参见 GB/T 20257.1—2017 标准。掌握了典型地貌的等高线，就不难了解地面复杂的综合地貌，如图 9－8 所示为某地区的综合地貌和等高线图。

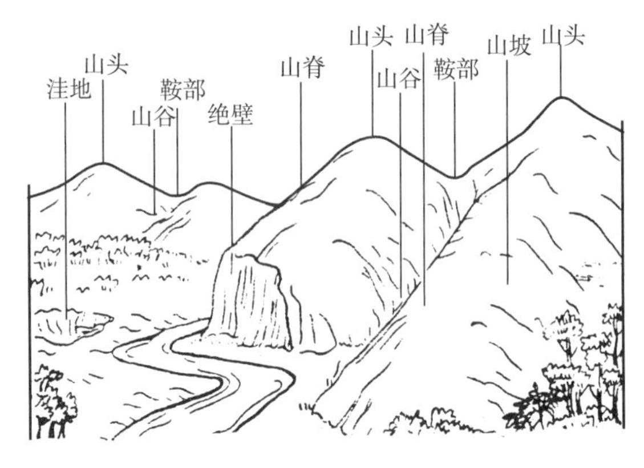

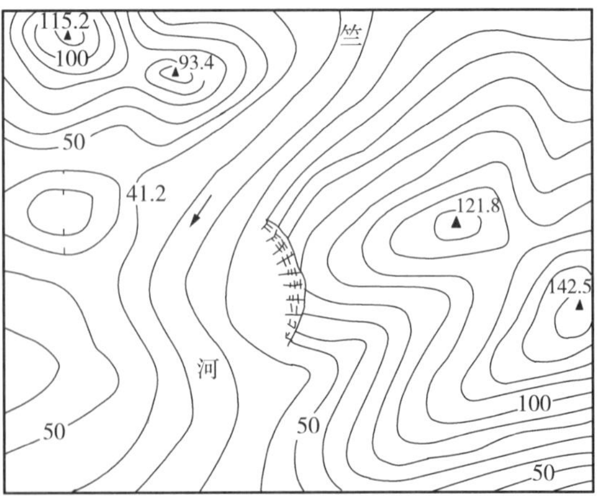

图 9－8　某地区的综合地貌和等高线图

4. 等高线的分类

（1）首曲线。在同一幅地形图上，按规定的等高距绘制的等高线称为首曲线，也称为基本等高线。如图 9－9 中的 102 m、104 m、106 m 和 108 m 等各条等高线。

（2）计曲线。为了读图方便，每 5 倍于等高距的等高线均加粗描绘称为计曲线。如图 9－9 中的 100 m 等高线。

（3）间曲线。有时只用首曲线不能明显表示局部地貌，图式规定用 1/2 等高距描绘的等高线称为间曲线，又称为半距等高线，在图上用长虚线描绘，如图 9－9 中的 101 m、107 m 等高线。

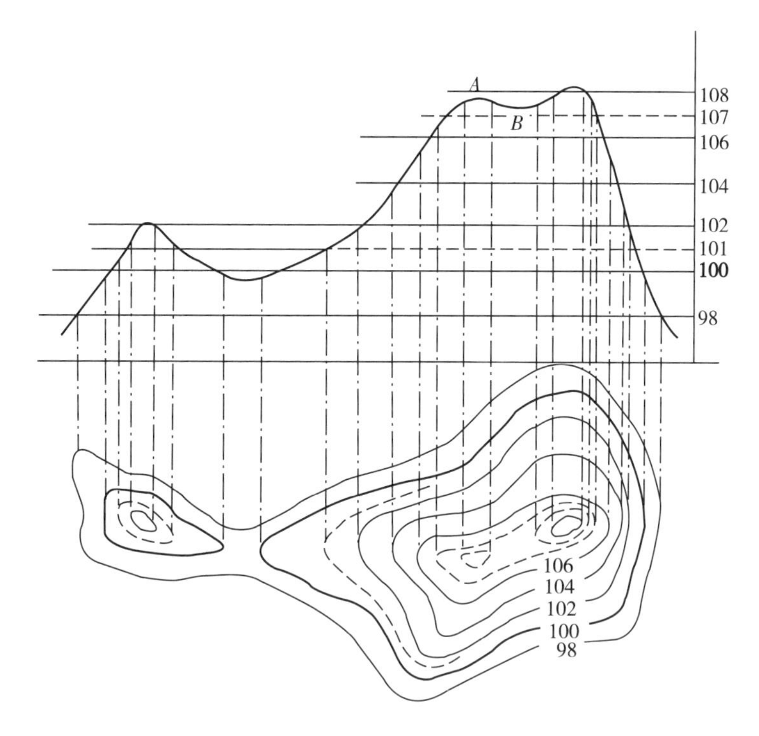

图9-9　计曲线和间曲线

5. 等高线的特性

(1) 同一条等高线上，各点的高程必相等。

(2) 等高线是闭合曲线，如不在同一图幅内闭合则必在图外或其他图幅中闭合。

(3) 不同高程的等高线不能相交。但某些特殊地貌，如陡崖等是用特定符号表示其相交或重叠的。

(4) 一幅地形图上等高距相等。等高线平距小，表示坡度陡，平距大则表示坡度缓，平距相等则表示坡度相同。

(5) 等高线与山脊线、山谷线成正交。

9.2.4　地形图的分幅编号与图廓注记

为了便于测绘、使用和保管地形图，按照GB/T 20257.1—2017标准的规定和方法，将大面积的地形图进行分幅和编号。

地形图的分幅编号可分为两类：一类是按坐标格网划分的正方形或矩形分幅法，另一类是按经纬线划分的梯形分幅法。

1. 正方形或矩形分幅编号与图廓注记

1∶500、1∶1000、1∶2000地形图一般采用50 cm×50 cm正方形分幅或40 cm×50 cm矩形分幅。1∶5000地形图也可采用40 cm×40 cm正方形分幅。表9-3为不同比例尺的图幅大小。

表 9-3　不同比例尺的图幅大小

比例尺	内幅大小/cm	实地面积/km	一幅 1∶5000 的图幅所包含本图幅的数目
1∶5000	40×40	4	1
1∶2000	50×50	1	4
1∶1000	50×50	0.25	16
1∶500	50×50	0.0625	64

上述大比例地形图的编号一般采用图廓西南角坐标公里数编号法。如图 9-10 所示，该图廓西南角的坐标 $x=3420.0$ km，$y=521.0$ km，故其编号为 3420.0—521.0（x 坐标在前，y 坐标在后）。1∶500 地形图取至 0.01 km，而 1∶1000、1∶2000 地形图取至 0.1 km。

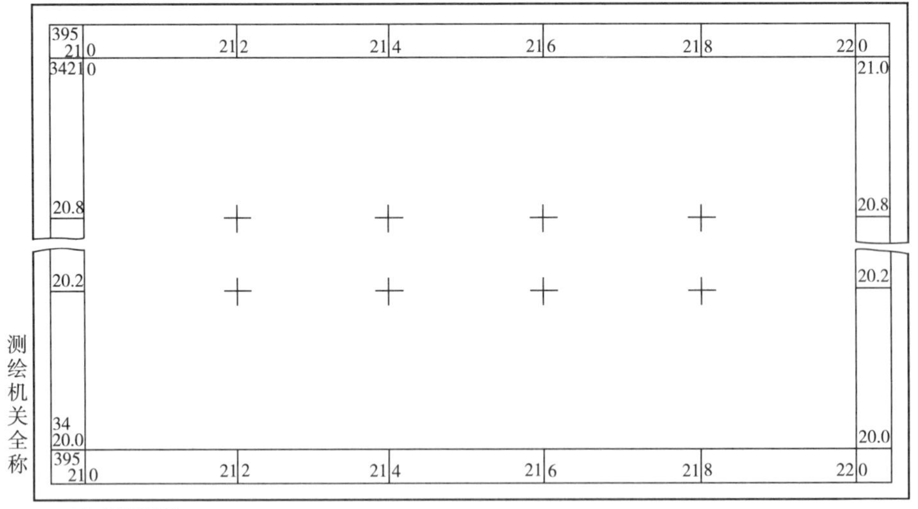

图 9-10　地形图图廓

大比例尺地形图往往是小地区或带状地区的工程设计和施工用图，也可用各种代号进行编号。例如，可以用测区与阿拉伯数字结合的方法。如图 9-11(a) 所示，将测区按统一顺序进行编号，又称为顺序编号，一般从左到右，从上到下用阿拉伯数字 1、2、3、4…… 编定，如图 9-11(a) 中编号为 ××-10(×× 为测区)。还可用行列编号法。如图 9-11(b) 所示，一般以字母为代码(如 A、B、C、D……)标示行号,由上到下排列;以数字为代码(如 1、2、3……)标示列号,从左到右排列,并以先行后列编定,如图 9-11(b)中编号为 B-4。

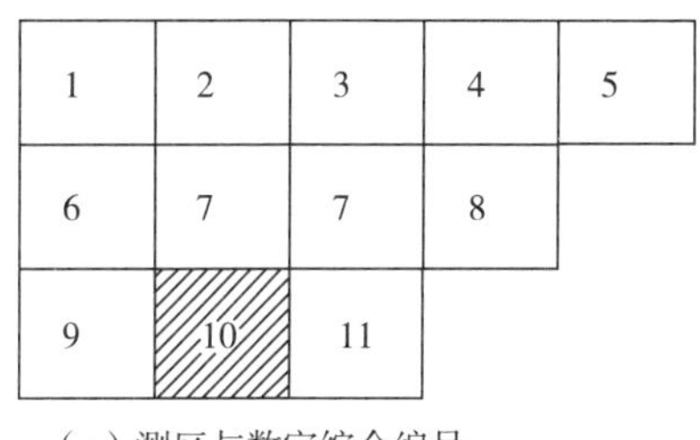

(a)测区与数字综合编号

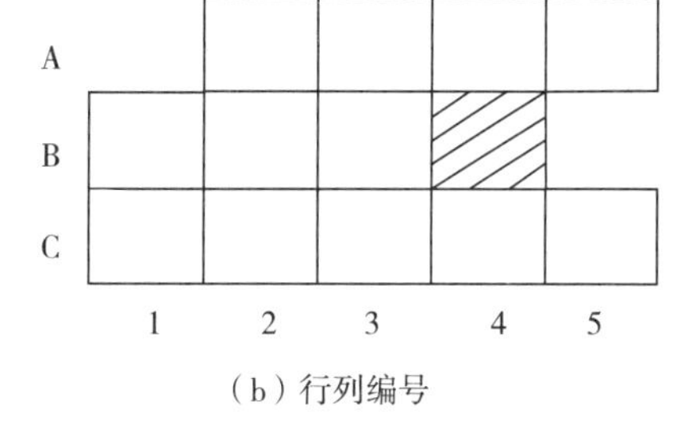

(b)行列编号

图 9-11　地形图编号

1∶500、1∶1000、1∶2000 等大比例尺地形图的图廓及图外注记(详见图 9-10),主要包括如下内容:

(1)图名、图号。图名即本幅图的名称,一般以所在图幅内主要地名来命名。图名选取有困难时,也可不注图名,仅注图号。图名和图号应注写在图幅上部中央,且图名在上,图号在下。

(2)图幅接合表(接图表)。图幅接合表绘在图幅左上角,说明本图幅与相邻图幅的关系,供索取相邻图幅时用。图幅接合表可采用图名注出,也可采用图号(仅注有图号时)注出。

(3)内、外图廓和坐标网线。图廓是地形图的边界,采用矩形分幅的大比例尺地形图只有内图廓和外图廓。内图廓就是地形图的边界线,也是坐标格网线。在内图廓外四角处注有坐标值,在内图廓的内侧,每隔 10 cm 绘有 5 mm 长的坐标短线,并在图幅内绘制为每隔 10 cm 的坐标格网交叉点。外图廓是图幅最外边的粗线,一般起装饰作用。

(4)其他图外注记。在外图廓的左下方应注记测图日期、测图方法、平面和高程坐标系统、等高距及地形图图式的版别。在外图廓下方中央应注写比例尺。在外图廓的左侧偏下位置应注明测绘单位全称。

2. 梯形分幅编号与图廓注记

梯形分幅是按经纬线划分的,又称为国际分幅。按国际上的统一规定,梯形分幅应以 1∶1000000 比例尺的地形图为基础,实行全球统一的分幅和编号。

(1)1∶1000000 地形图的分幅和编号。整个地球表面用子午线分成 60 个 6° 纵列,由经度 180° 起,自西向东用数字 1、2、3…… 编号。同时,由赤道起分别向北向南直到纬度 88° 止,每隔 4° 纬度圈分成 22 个横行,用字母 A ～ V 编号。图 9-12 为 1∶1000000 地形图分幅编号情况。我国图幅范围为东经 72° ～ 138°,北纬 0° ～ 56°,行号从 A ～ N 计 14 行,列号从 43 ～ 53 计 11 列。

如图 9-12 所示,1∶1000000 地形图是由纬差 4° 的纬圈和经差 6° 的子午线所形成的梯形,图号由"图幅行号(字符码)和图幅列号(数字码)"组成。例如,北京某地的纬度为北纬 39°54′23″,经度为东经 116°28′13″,其所在 1∶1000000 地形图的图号为 J50;合肥某地的纬度为北纬 31°53′00″,经度为东经 117°16′00″,其所在 1∶1000000 地形图的图号为 H50。

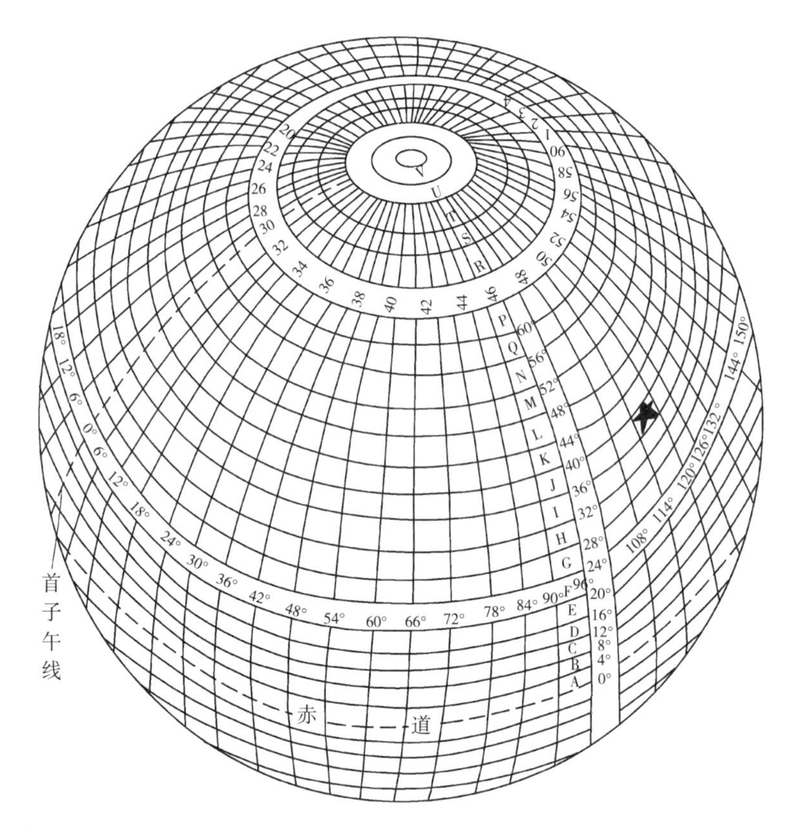

图 9－12　1∶1000000 地形图编号情况

(2)1∶500000～1∶5000 地形图的分幅和编号。根据国标 GB/T 13989—2012《国家基本比例尺地形图分幅和编号》的规定，1∶500000～1∶5000 地形图均以 1∶1000000 地形图为基础，按规定的经差和纬差划分图幅，即将 1∶1000000 地形图按所含各比例尺地形图的纬差和经差划分为若干行和列(图幅关系见表 9－4)，横行从上到下、纵列从左到右按顺序分别用 3 位数字码表示(不足 3 位者前面补零)，各比例尺地形图分别采用不同的字符代码加以区别。按上述地形图分幅的方法，1∶500000～1∶5000 地形图的编号应由十位编码组成，如图 9－13 所示。

表 9－4　不同比例尺的图幅关系

比例尺		$\frac{1}{1000000}$	$\frac{1}{500000}$	$\frac{1}{250000}$	$\frac{1}{100000}$	$\frac{1}{50000}$	$\frac{1}{25000}$	$\frac{1}{10000}$	$\frac{1}{5000}$
图幅范围	经差	6°	3°	1°30′	30′	15′	7′30″	3′45″	1′52.5″
	纬差	4°	2°	1°	20′	10′	5′	2′30″	1′15″
行列数量关系	行数	1	2	4	12	24	48	96	192
	列数	1	2	4	12	24	48	96	192

（续表）

比例尺	$\frac{1}{1000000}$	$\frac{1}{500000}$	$\frac{1}{250000}$	$\frac{1}{100000}$	$\frac{1}{50000}$	$\frac{1}{25000}$	$\frac{1}{10000}$	$\frac{1}{5000}$
比例尺代码		B	C	D	E	F	G	H
不同比例尺的图幅数量关系	1	4	16	144	576	2304	9216	36864
		1	4	36	144	576	2304	9216
			1	9	36	144	576	2304
				1	4	16	64	256
					1	4	16	64
						1	4	16
							1	4

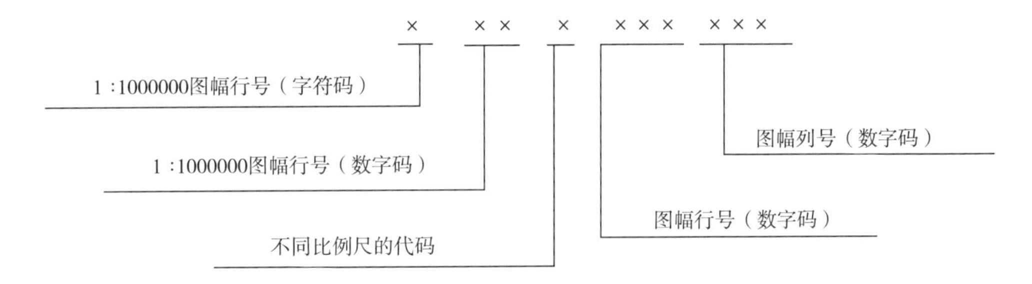

图 9－13　各种比例尺地形图分幅关系

例如，如图 9－14 所示，北京某地的 1∶500000 地形图的编号，即斜线部分的图幅编号为 J50B001001。该地所在 1∶250000 地形图的图幅编号为 J50C001002（见图 9－15）。其他比例尺地形图的分幅编号方法可依此类推，不再详述。

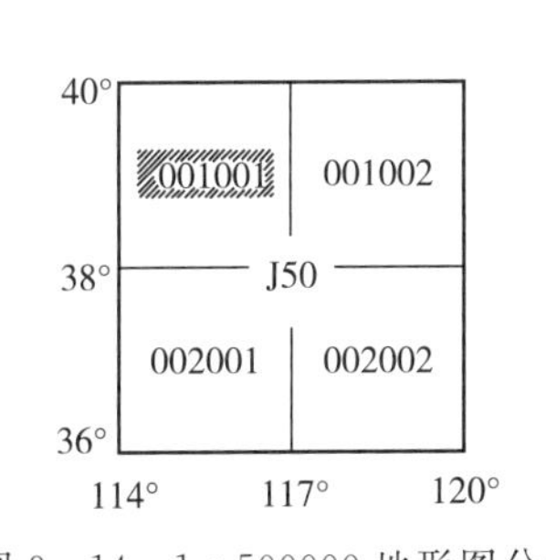

图 9－14　1∶500000 地形图分幅

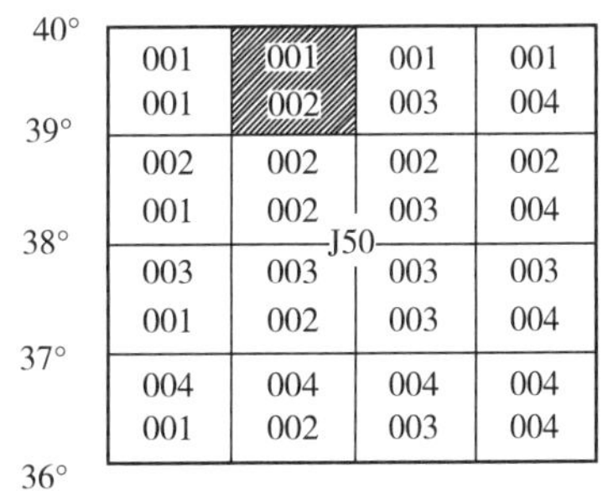

图 9－15　1∶250000 地形图分幅

综上所述，地形图采用统一的分幅编号，既可避免重复，又能防止疏漏。用图时，若知道了某幅图的编号，就很容易确定它的地理位置和比例尺的大小。这给测绘、保存和使用地形图创造了有利的条件。

按照梯形分幅法统一编号的各种比例尺地形图，其图廓如图 9-16 所示。图 9-16 中西图廓经线是东经 122°15′，南图廓线是北纬 39°50′。内图廓、外图廓之间为分图廓，绘成若干段黑白相间等长的线段，其长度表示实地经差或纬差 1′。分图廓与内图廓之间，注记了以公里为单位的平面直角坐标值，如图 9-16 中 4412 表示纵坐标为 4412 公里（从赤道起算），其余的 13、14 等，其坐标公里数的千、百位 44 从略。横坐标为 21436，21 为该图幅所在的高斯投影带带号，436 表示该纵线的横坐标公里里数。

在按梯形分幅的中、小比例尺地形图外图廓下方偏右位置，还绘有真子午线方向 A、磁子午线方向 A_m 和坐标纵轴方向 α（中央子午线）之间的角度关系图，称为三北方向图，如图 9-17 所示。可根据该图上标注的子午线收敛角 γ 和磁偏角 δ 进行三者间的相互换算。此外，在南、北内图廓线上还绘有标志点 P 和 P'，两点的连线即为该图幅的磁子午线方向，因此可使用罗盘仪将地形图进行实际定向。

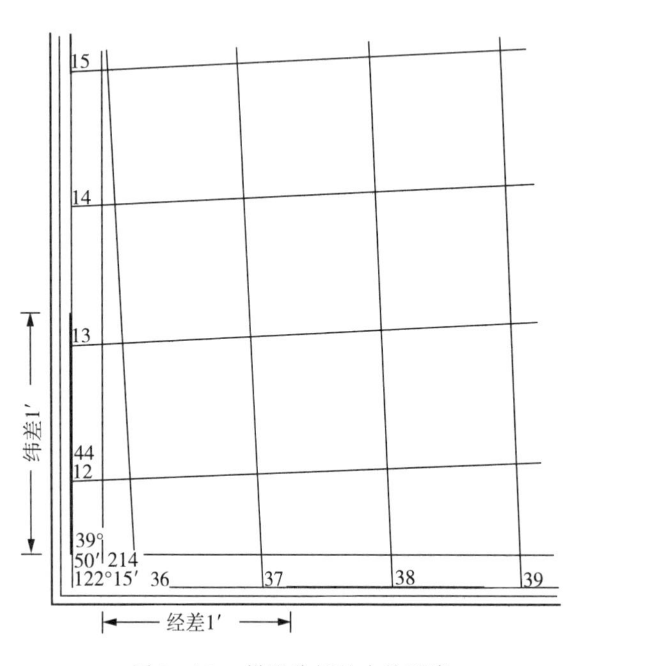

图 9-16　梯形分幅的内外图廓

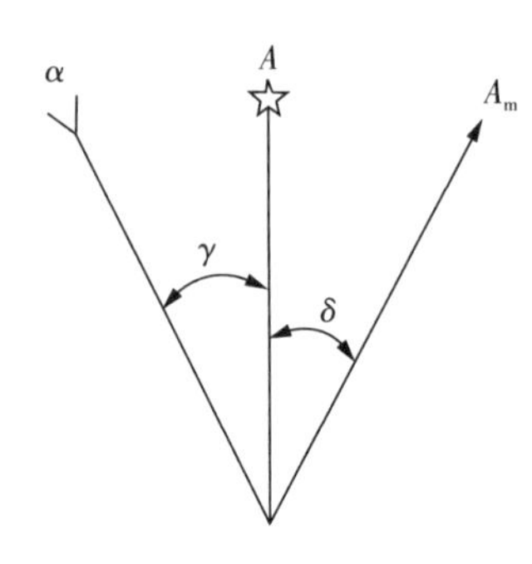

图 9-17　三北方向图

9.3　地形图应用的基本知识

地形图上有数字要素和地形要素。在用图过程中，主要以这些内容为依据进行作业。这些作业可以在纸载地（形）图上量测，也可用数字（电子）地形图在软件的支持下量测。我国很多单位研制了数字地形图成图软件，使用非常方便。在数字地形图上以下作业均在该软件“工程应用”下拉菜单中进行，其菜单如图 9-18 所示。

9.3.1　在地形图上确定点位坐标

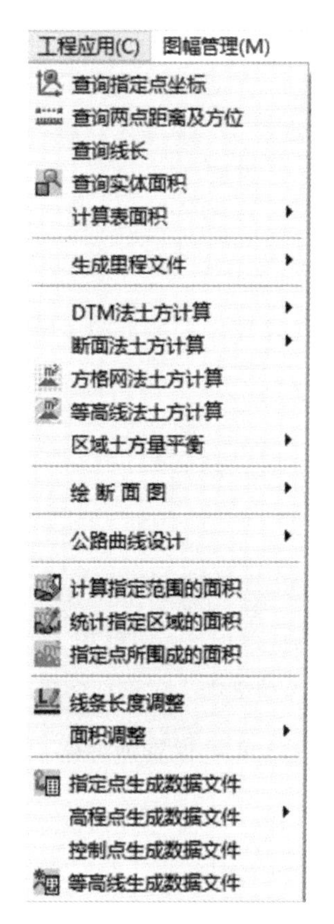

图 9－18　工程应用菜单

如图 9－19 所示。欲求点 p 的平面直角坐标，先根据图廓上的坐标注记，找出点 p 所在坐标格网的 a、b、c、d，过点 p 作 x 轴的平行线交于点 k、g，量取 ak 和 kp，根据比例尺算出其长度为

$$ak = 50.3 \text{ m}$$

$$kp = 80.2 \text{ m}$$

可计算点 p 坐标为

$$x_p = x_a + kp = 20100 + 80.2 = 20180.2(\text{m})$$

$$y_p = y_a + ak = 10200 + 50.3 = 10250.3(\text{m})$$

由于图纸变形对所量长度有影响，可用图下方的图示比例尺，量取 ak、kp 的长度，然后再与 a 点的坐标求和，从而得到点 p 坐标。

如果是数字(电子)地形图，则可在CASS的工程应用中点取〖查询指定点坐标〗选项，在图上用鼠标点取点 p，即可得到该点的坐标。

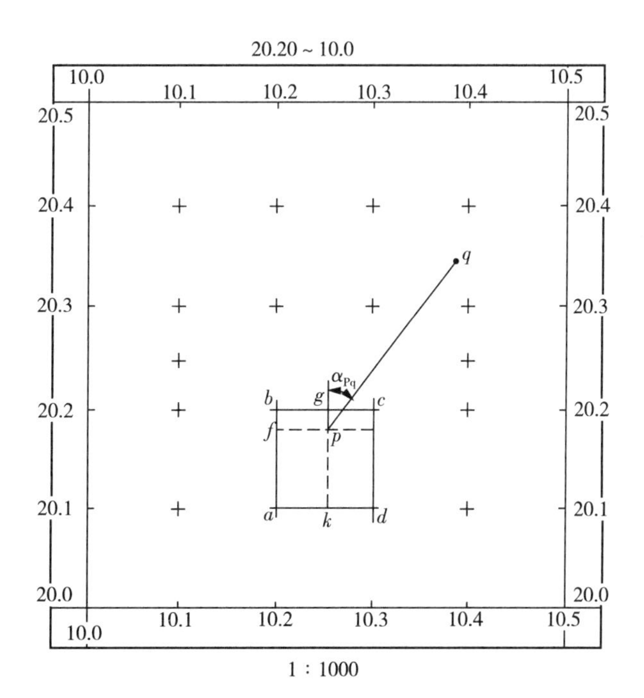

图 9－19　在地形图上量测点位

9.3.2 在地形图上量算线段的长度

如图 9-19 所示，在图上量取了 p、q 两点坐标，则可按下式求 pq 平距：

$$D_{pq}=\sqrt{(x_q-x_p)^2+(y_q-y_p)}^2 \tag{9-2}$$

也可在图上用卡规直接量取，在图示比例尺上比量，便可得到 pq 距离。

9.3.3 在地形图上量算某直线的坐标方位角

在地形图上也可用量角器直接量测直线的坐标方位角。如图 9-19 所示，若已求出 pq 两点坐标，可反算该直线的坐标方位角。

$$\alpha_{pq}=\arctan\frac{y_q-y_p}{x_q-x_p} \tag{9-3}$$

应量测 pq 的正反方位角 α_{pq} 和 α_{qp}，然后减去 180° 取其平均值。

数字(电子)地形图上，在CASS的工程应用中点取〖查询两点距离及方位〗选项，用鼠标点取两点坐标后，会自动显示 pq 距离和方位 α_{pq}。

9.3.4 求算地形图上某点的高程

如图9-20所示，欲求点 m 和点 n 高程。因为点 m 和点 n 处在等高线上，所以读出所在等高线的高程即可。

在两等高线之间，点 c 高程可以内插。先通过点 c 连一直线，分别量出 mn 的长度 d 和 mc 的长度 d_1。如图 9-21 所示，高差 $h_1=\frac{d_1}{d}h_0m$，其中 h_0 为等高距。

在数字(电子)地形图上，用鼠标点取 c 点，在得到坐标的同时，还可得到 c 点的高程。

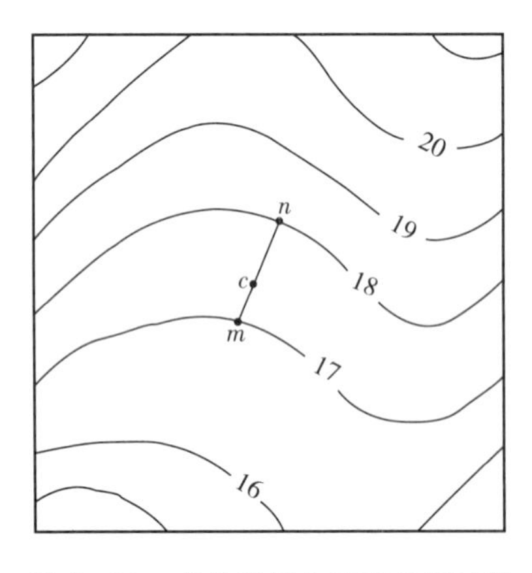

图 9-20 在地形图上量算点的高程

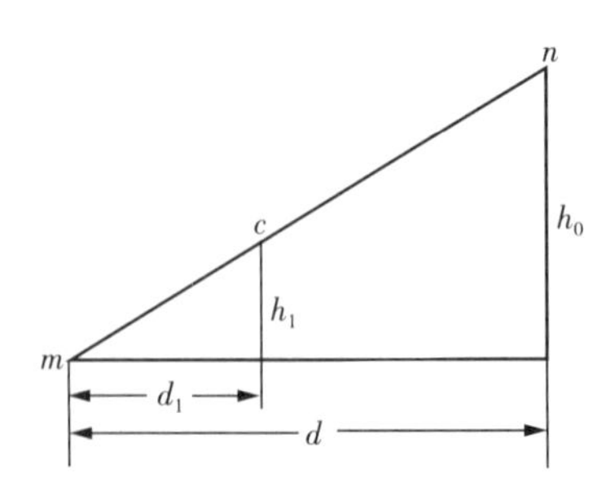

图 9-21 求 c 点的高程

9.3.5 在地形图上按一定方向绘制断面图

为了公路、铁路和管道工程量的概算和提供线路的坡度，需要了解沿线路纵向的地形情况，通常利用地形图绘制纵断面图。

如图 9－22(a) 所示，欲在地形图上从点 A 到点 B 作一断面图。首先作 AB 直线，与各等高线相交，其交点高程即是等高线的高程。

如图 9－22(b) 所示，作两条相互垂直的轴线，以 Ad 为横轴，表示水平距离；以 AH 为纵轴，表示高程，并按比例作高程尺。在地形图上从 A 点量取至各交点和特征点的长度，并将其转绘到图 9－22(b) 的横轴上，以各交点相应的高程作为纵坐标绘在图 9－22(b) 上，将其连接，便得到 AB 方向的断面图。高程比例尺的大小要根据地形起伏状况决定。一般为水平比例尺的 5 ～ 10 倍。

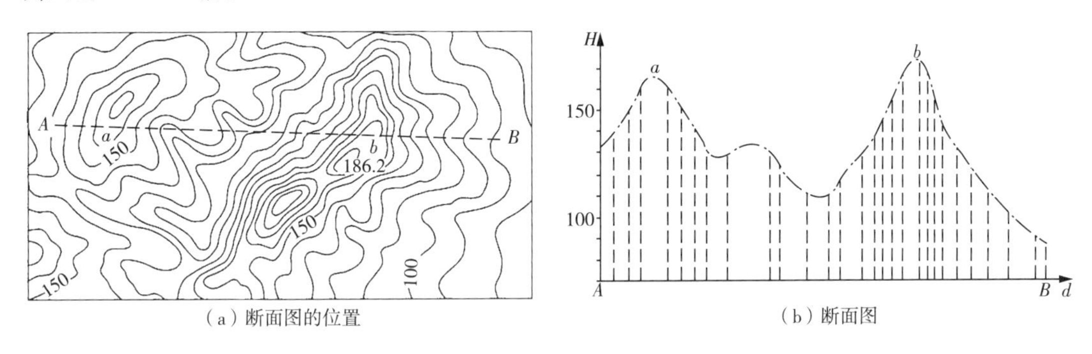

(a) 断面图的位置　　(b) 断面图

图 9－22　利用地形图绘制纵断面

在数字地形图上绘制断面图更加简单、快捷。先在数字地形图上绘出设计的断面线。点取〖工程应用〗→〖绘断面图〗→〖根据坐标文件〗命令，提示：〖选择断面线〗，用鼠标点取已绘出的断面线。按提示再输入〖采样点间距(米)：＜20＞〗，默认值为 20 m，可根据实际情况输入间隔值。

按提示依次输入起始里程为 0，横向比例尺为 1∶＜500＞，纵向比例尺 1∶＜100＞，纵向标尺的间隔(米)，直接点击回车，便可在断面两端绘出标尺和断面图(见图 9－23)。

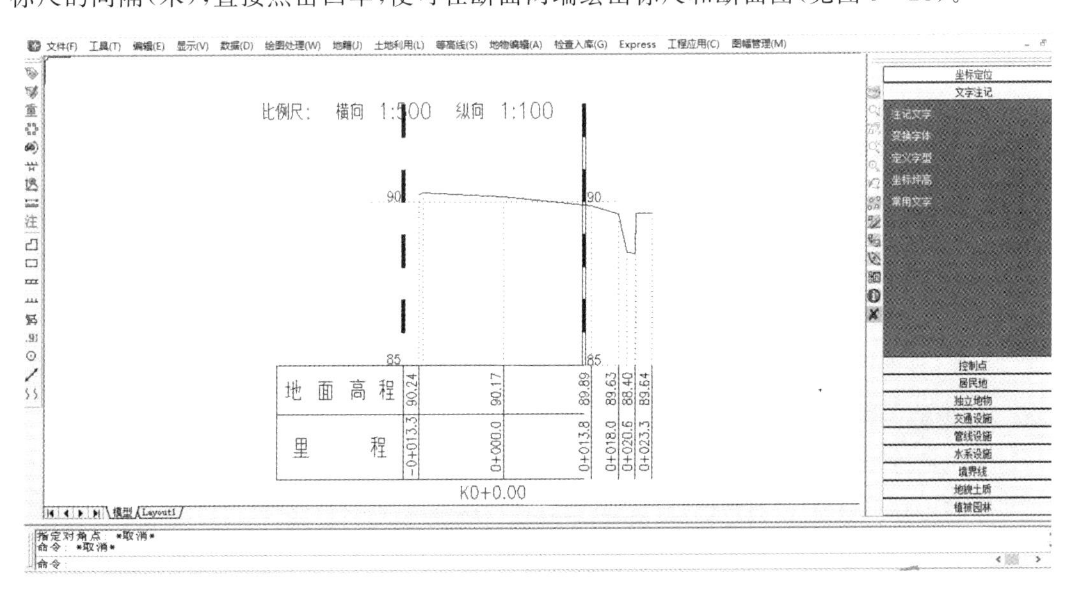

图 9－23　断面图

9.3.6 地形图在平整场地中的应用

在建筑工程、水利工程、道路建设以及矿山地面工程中，往往要进行土地平整工作。在地形图上或在数字地面模型上进行平整工作，估算土石方工程量是比较方便而经济的。工程要求将地面平整为水平面或有一定坡度的倾斜面，并且挖方和填方工程量要求平衡，以节约开支。

1. 在纸载地形图上平整场地

平整场地常用方格法，其具体步骤如下：

(1) 在地形图的拟建场地内绘制方格网。方格边长根据地形复杂程度、地形图的比例尺以及估算的精度不同而异。用 1∶500 地形图时，根据地形复杂情况，通常边长用 10 m 或 20 m。绘完方格网后，进行排序编号，如图 9-24 所示。图解各顶点的高程，写在右上方。

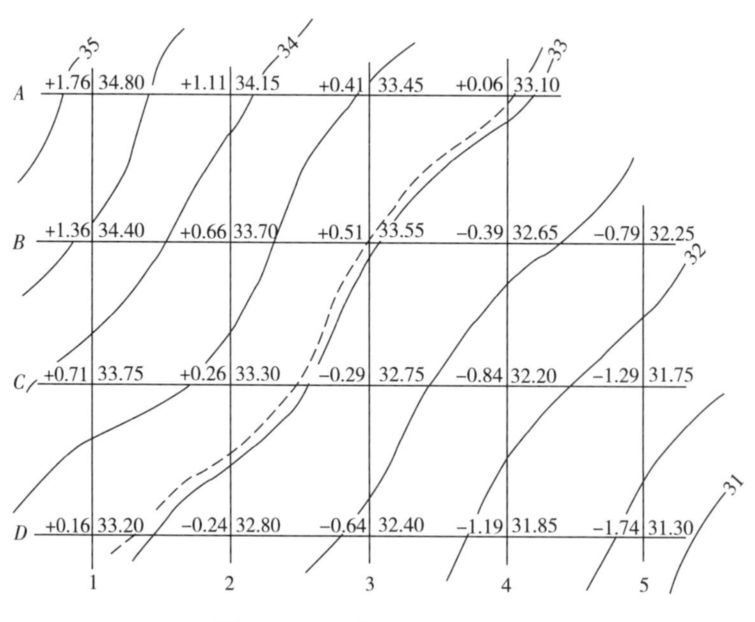

图 9-24 用方格网法平正场地

(2) 计算设计高程。为了使得挖、填方平衡，先求出该场区每方格 4 个顶点的平均高程，分别为 H_1、H_2、H_3……。再求各方格的平均高程 H_o，即设计高程为

$$H_o = \frac{\sum H_i}{n} \tag{9-4}$$

式中，H_i 为每一方格的平均高程；n 为方格总数。

也可按照使用角点(1 个方格的顶点)、边点(2 个方格的共用顶点)、拐点(3 个方格的共用顶点) 和中点(4 个方格的共用顶点) 高程的平均次数展开计算，即

$$H_o = \frac{\sum H_{角} + 2\sum H_{边} + 3\sum H_{拐} + 4\sum H}{4n} \tag{9-5}$$

如图 9-24 所示，将各顶点高程代入式(9-5)，求得 H_0 为 33.04 m。在地形图上内插等高线 33.04(虚线) 即为不填不挖线。

(3) 计算挖、填高度。挖、填高度 = 地面高程 − 设计高程，地面高程大于设计高程为挖，反之为填。

(4) 计算挖、填方工程量。挖、填方工程量要分别计算，不得正负抵消。计算方法如下：

角点挖(填) 方工程量 = 挖(填) 高 × (1/4) 方格面积

边点挖(填) 方工程量 = 挖(填) 高 × (2/4) 方格面积

拐点挖(填) 方工程量 = 挖(填) 高 × (3/4) 方格面积

中点挖(填) 方工程量 = 挖(填) 高 × (4/4) 方格面积

2. 在数字地形图上平整场地

在数字地形图上，可利用数字地面模型(DTM) 法、方格网法、断面法和等高线法等计算平整场地的挖、填方工程量。

DTM 法计算挖、填方程量进行土地平整是根据实地测定点的坐标和高程，在 DTM 上生成三角网，而每一个三角形与设计的高程形成棱锥，据此计算挖、填方工程量。根据划定范围，分别汇总填方工程量和挖方工程量。

先在数字地形图上用复合线绘出土方计算的范围，弹出图 9-25 的参数设置对话框。图 9-25 中区域面积指复合线围成的水平投影面积；平场标高指设计高程；边界采样间距指边界插值间隔，默认值为〖20 米〗；边坡设置：设计高程大于地面高程为下坡，反之为上坡。参数设置后，屏幕显示填挖方提示框(见图 9-26)，命令行提示：〖挖方量 =×× 立方米〗〖填方量 = ×× 立方米〗。

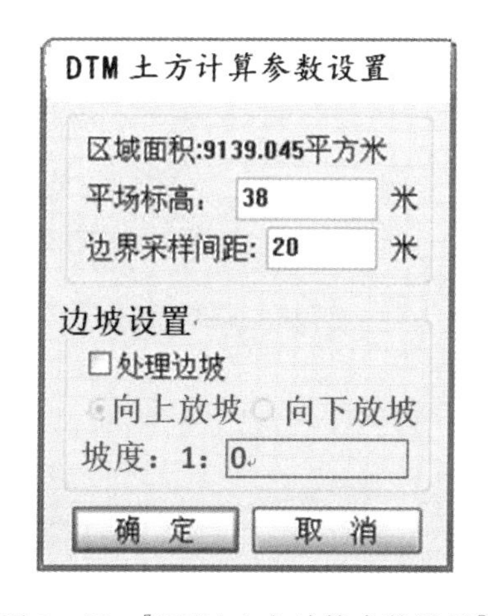

图 9-25 〖DTM 土方计算参数设置〗对话框

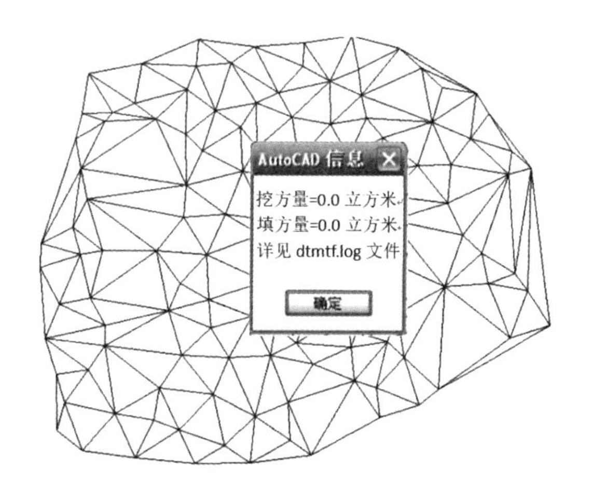

图 9-26　土方计算成果

方格网法平整场地与在纸载地形图上平整场地的方法基本相同，也有平整为平面和斜面两种。平整为平面时，先用复合线在数字地形图上划定范围。具体步骤如下：

(1) 用鼠标点取〖工程应用〗→〖方格网法土方计算〗,并选择〖高程坐标文件〗;按命令点取绘出的复合线。

(2) 输入方格宽度:方格边长默认值为〖20 米〗。

(3) 输入最小高程 =×× 米,最大高程 =×× 米。

(4) 选择设计面:平面(1),斜面(2);如果选平面,则选(1)。

(5) 输入设计高程(米)。

(6) 回车即显示:〖挖方量 =×× 立方米〗〖填方量 =×× 立方米〗,并在屏幕上显示填挖边界线。图上同时绘出方格网和填挖方的分界线;并给出每个方格的挖填方;每行的挖方和每列的填方也在图上显示;总填方和总挖方分别列于表的左下角。

如果平整为斜面,则在上述步骤(6)中选斜面(2),屏幕提示:〖点取高程相等的基准线上两点〗,第一点:在斜面坡底处点取一点。第二点:在斜面坡底另一端,找出与第一点等高的点。输入基线设计高程(米)、斜面的坡度。指定高程高的方向:指定斜面上坡方向上一点,回车后即显示挖、填方工程量,图上同时绘出方格网和填挖方的分界线,并给出每个方格的挖填方量,每行的挖方和每列的填方也在图上显示;总填方、总挖方分别列出。与平整为平面不同的是每个方格顶点还显示地面高程和设计高程。

习　　题

9-1　什么是信息?信息与数据有何不同?

9-2　试述测绘位置大数据的来源与特点。

9-3　什么是地图?地图主要包括哪些内容?地图可分为哪几种?

9-4　什么是地形图?它与普通地图有哪些区别?

9-5　什么是地形图比例尺及其精度?地形图比例尺可为哪几类?

9-6　什么是地物和地貌?地形图上的地物符号分为哪几类?试举例说明。

9-7　什么是等高线?等高距?等高线平距?它们与地面坡度有何关系?

9-8　什么是山脊线?山谷线?鞍部?试用等高线绘之。

9-9　等高线有哪些特性?

9-10　根据图 9-28 上各碎部点的平面位置和高程,勾绘等高距为 1 m 的等高线。

9-11　某地经度为 117°16′10″,纬度为 31°53′30″,试求该地所在 1∶10000 和 1∶5000 比例尺地形图的分幅编号。

9-12　已知地形图图号为 F49H030020,试求该地形图西南图廓点的经度和纬度。

9-13　简述在地形图上平整场地的步骤。

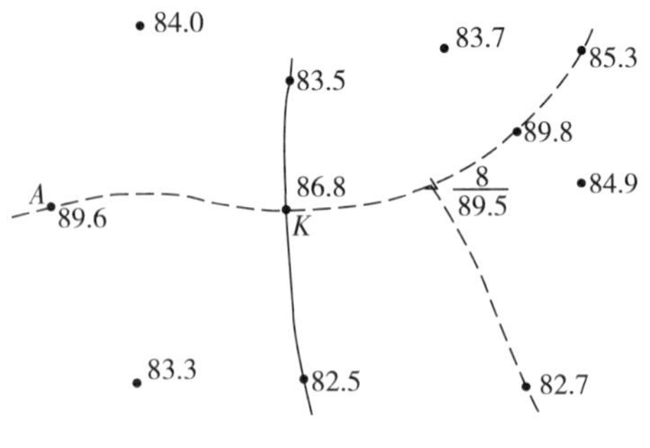

图 9-28　题 9-10 图

第 10 章　测量机器人原理及应用

10.1　概　述

21 世纪以来，随着“数字地球”“智慧城市”建设的不断推进，将物联网、大数据和云计算等先进技术运用到测绘生产中已是大势所趋。在全站仪基础上发展而来的智能型全站仪——测量机器人，已经发展到实际应用阶段。测量机器人从安全、高效角度实现监测的智能化已是行业内最前沿的发展方向之一。国家发展和改革委员会在信息基础建设工程中指出，应重点发展工业智能机器人在模式识别、感知交互、智能控制等领域的关键技术研究，以提高机器人与人之间的交互协调性、操作简单性、控制快捷性与决策准确性等智能化水平。

10.2　测量机器人原理

测量机器人是一种具有自动电子驱动、自主式目标自动识别功能的智能型电子全站仪。它在全站仪基础上集成步进马达，配置智能化的控制及应用软件系统，通过 CCD 传感器和其他传感器对现实测量世界中的“目标”进行识别，迅速做出分析、判断与推理，实现自我控制，并自动完成照准、读数等操作，可完全代替人的手工操作。测量机器人再与能够制定测量计划、控制测量过程、进行测量数据处理与分析的软件系统相结合，完全可以代替人完成并获取方向、距离及坐标等空间信息等多项测量任务。

测量机器人的核心技术就是自动目标识别与照准。自动目标识别部件被安装在全站仪的望远镜上（见图 10-1），红外光束通过光学部件被同轴地投影在望远镜上，从物镜发射出去，反射回来的光束形成光点，并由内置 CCD 传感器接收，其位置以 CCD 传感器中心作为参考点来精确的确定。假如 CCD 传感器中心与望远镜光轴调整正确，则可从 CCD 传感器的光点位置直接计算并输出以 ATR 方式测得的水平方向和垂直角。

ATR 自动目标识别与照准主要有 3 个过程，即目标搜索、目标照准和测量。

(1) 目标搜索。在人工粗略照准棱镜后启动 ATR，首先进行目标搜索，在视场内如没有发现棱镜，望远镜在马达驱动下搜索目标，当探测到棱镜，望远镜停止搜索，立即进入目标照准过程。

(2) 目标照准。ATR 的 CCD 传感器接收到经棱镜反射回来的照准光点，如果该光点偏

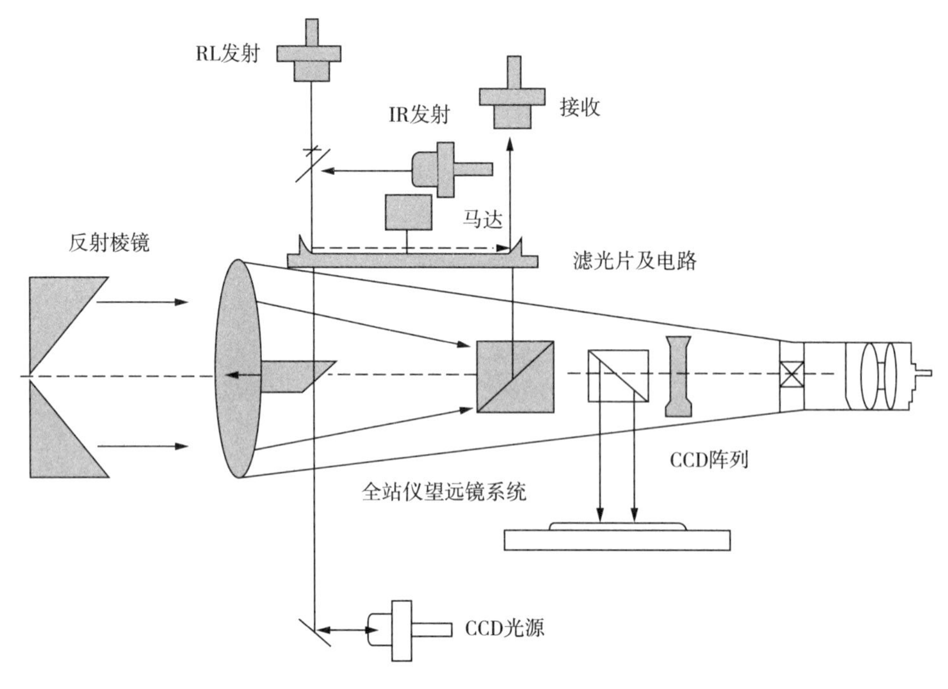

图 10-1 ATR 望远镜结构示意图

离棱镜中心，CCD 传感器则计算该偏离量，望远镜按该偏离量在马达驱动下直接移向棱镜中心。当望远镜十字丝中心偏离棱镜中心在预定的限差之内后，望远镜停止运行，ATR 测量十字丝中心和棱镜中心间的水平和垂直剩余偏差，并对水平和垂直度盘读数进行改正。

(3) 测量。完成目标照准的过程后，测量并显示角度和距离值。由于利用红外光配合发射棱镜的方式，实际工作中可在黑夜或有小雾等不可目视的条件下实现目标的自动识别与照准。

10.3 测量机器人应用

10.3.1 典型测量机器人

目前，世界上成熟的测量机器人产品主要有莱卡系列、天宝系列和索佳系列等。瑞士莱卡公司是测量机器人制造的先驱，其生产的系列测量机器人是智能全站仪的杰出代表，它采用自动马达驱动，具有自主识别和照准目标的功能，使测量机器人从概念和原型走向了实用，是全站仪革命性的换代产品。天宝 S8 系列仪器具有视频辅助控制功能，能进行长距离、精细锁定和高精度组合测量，在特殊工程测量与应用中具有卓越性能。NET05 是日本索佳公司推出的3D精密测量机器人，其提供了 0.5″测角程度和亚毫米级测距精度，具有 IACS 测角技术、RED-tech EX 测距技术、多棱镜目标识别技术，实现了测量机器人智能一体化功能，代表着测绘、工程、建筑和三维工业测量等应用领域的高水准。

为了让测量机器人更好地完成测量任务，测量机器人控制软件是必不可少的。仪器厂商一般都提供一些共性的软件，固化在仪器中以便二次开发，开发方式包括仪器内置软件和计算机在线控制软件两种。

莱卡机器人系列产品基于“开放测量世界”的思想，提供了 GeoBASIC 和 GeoC++ 仪器专用内置应用程序开发语言环境，通过该环境用户可开发自己的应用程序，上载到仪器内存中运行，实现了硬件与程序分离、界面与程序分离，从而保证程序内核的稳定及不同系列仪器软件资源共享。所谓“开放测量世界”思想的核心是用统一的数据载体、数据接口和数据格式将各种各样的测量方法和数据处理系统连接起来，在统一的基础上，达到仪器间的数据共享，从而提高内、外业工作效率，适应测量技术的不断发展。

拓普康及索佳系列产品基于 Windows CE 操作系统，使用 eMbedded VC++ SP4，开发内置应用程序软件，其测量软件开发模式分为基本模式和 SDR 模式两种。基本模式包含一些专用的 ARI，主要用于与硬件设备的交互控制，其软件开发部分是不公开的；SDR 模式是专为仪器内置测量应用软件开发而设的一种模式，其实质为虚拟串行通信机制，SDR 模式下将虚拟一个串行口，接受所有外部串行控制命令，这样内置软件的开发通信机制与外部软件完全一致。

10.3.2　机器人测量基本方法

在工程建筑物的变形自动化监测方面，测量机器人正逐渐成为首选。特别是对水库大坝、高速铁路、矿山的重要滑坡以及关系到人们生命财产安全的特殊变形体，持续、自动化的实时监测系统是最佳选择，在持续自动化变形监测任务中更能发挥测量机器人的潜能。

利用测量机器人监测变形，一般有两种监测方式：一种是基于某台测量机器人进行固定式全自动持续监测系统测量；另一种是多台测量机器人联合进行移动式半自动变形监测系统测量。

1. 固定式全自动持续监测系统

固定式全自动持续监测系统（见图 10-2）通过程序自动扫描目标棱镜，可实现全天候的无人值守监测，其本质为自动极坐标测量系统。

(1) 监测基站：为极坐标系统的原点，用来架设测量机器人，要求有良好的通视条件且牢固稳定。参考点（三维坐标已知）应位于变形区域之外的稳固不动处，点上采用强制对中装置放置棱镜，一般应有 3～4 个，要求覆盖整个变形区域。参考系除提供方位外，还为数据处理提供距离及高差差分基准。

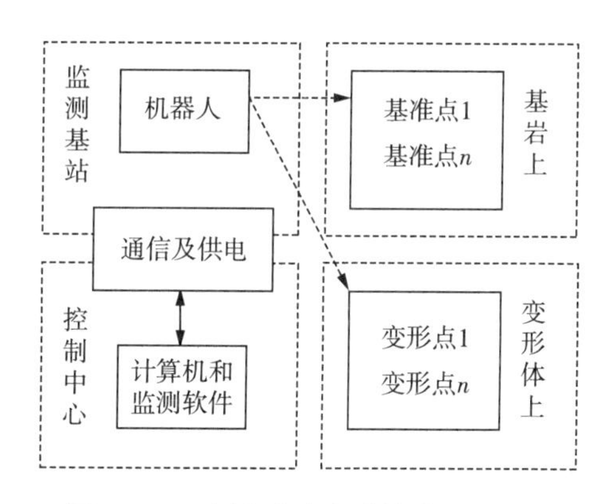

图 10-2　固定式全自动持续监测系统

(2) 目标点：均匀地布设于变形体上，能体现区域变形的部位。

(3) 控制中心：由计算机和监测软件构成，通过通信电缆控制测量机器人做全自动变形监测，可直接放置在监测基站上。若要进行长期的无人值守监测，应建专用机房。

固定式全自动持续监测系统主要包括工程管理、系统初始化、学习测量、自动测量、数据处理、数据查询、成果输出、工具和帮助等功能模块。

2. 移动式半自动变形监测系统

移动式半自动变形监测系统是一种半自动变形监测系统，适用于变形缓慢需定期测量的工程，其作业方法与传统的观测方法一样，在各观测墩基站上安置测量机器人，对中、整平以及必要的测站设置工作后，测量机器人会按照预置在机内的观测点顺序、测回数全自动地寻找目标，精确照准目标，记录观测数据，计算各种限差，做超限重测或等待人工干预等。完成一个基站的工作后，人工将仪器搬到下一个基站点上，重复上述工作，直至所有外业工作完成。这种移动式观测模式可大大减轻观测者的劳动强度，获得的成果精度更好。

10.3.3 矿山智能监测

1. 研究区概况

研究区为露天-地下联合开采矿山，矿区范围为 1.2 km^2。露天采场南坡 12 ～ 144 m 标高靠帮边坡岩体较完整，边坡滑坡变形主要发生于标高 253 ～ 316 m 处，滑坡边坡体被强烈破碎，坡面起伏不整，均成散体堆积或滑移变形。山坡上多处出现裂缝，受岩层面和节理面的影响，有的裂缝弧形特征明显，延伸方向平行于斜坡延伸方向，有的裂缝则沿斜坡倾向水平扭动。弧形张开裂缝和水平扭动裂缝的出现说明山坡局部已经处于不稳定状态，在这种状态下不利的水文气象等自然因素及不合理的人类活动极易触发滑坡灾害，从而对人民的生命财产、生产活动及环境造成很大的危害，研究区滑坡组图请扫描图 10 - 3 二维码查看。因此，必须采用高新技术手段，实施各种监控预警措施，对矿山地质灾害进行监测、监控和预警，以提高矿山安全保障的能力。

图 10 - 3　研究区滑坡组图

2. 智能监测预警系统总体架构

研究区智能监测系统采用3S、三维激光扫描、测量机器人和测深仪等高新仪器及技术对边坡进行三维立体监测和分析，确定边坡变形的范围及可能的破坏方式。边坡智能监测预警系统主要由变形监测、数据传输和指挥中心构成(见图 10 - 4)。研究区智能监测系统整合了视频监控系统、传感监测系统和 GIS 地理信息系统等，形成了以 GIS 三维可视平台为基础的智能监测和预警系统。该系统采用高精度双频 GPS 和智能机器人等高新仪器监测地表位移，利用固定式钻孔倾斜仪监测深部位移，使用孔隙水压力监测仪监测水压力变化参数，同时兼顾了降雨量、温度和湿度的实时监测，形成了多手段的立体化监测网。实时监测数据经处理后通过专线传输至监控中心，当告警阈值达到一定标准后，系统将自动报警。

3. 监测网的布设

(1) 首级 GPS 控制测量。通过实地调研，选择坡脚开阔稳固地带建立了 K0 ～ K4 共 5 个基点观测墩，这 5 个基点和周边已有的国家等级 GPS 点构成控制网，如图 10 - 5 所示。利用双频静态 GPS 和数字水准仪观测研究区首级控制网。控制网采用载波相对定位技术解算，网中基线长度约为 1 km，属于小区域短基线测量，其主要误差来源为多路径误差、天线相位中心位置偏差、接收机的位置误差、地面起始点的误差及卫星的位置精度强弱度(PDOP) 值。观测墩采用浇灌混凝土制作，在观测墩顶部设置强制对中装置(扫描图 10 - 6 二维码查看)。

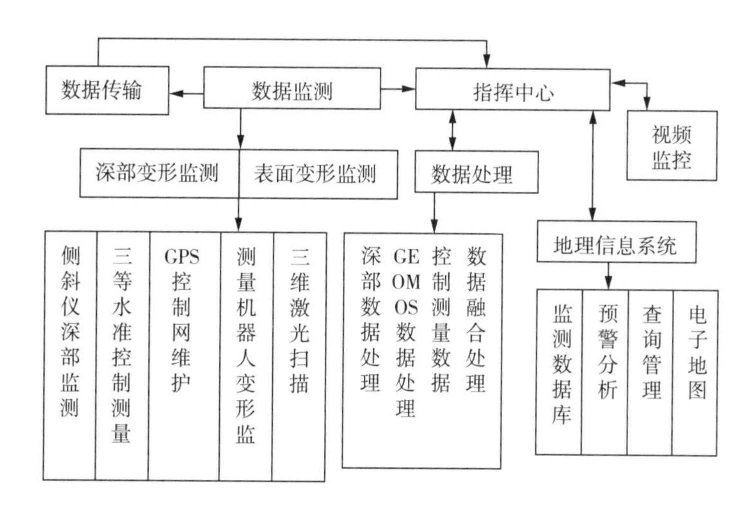

图 10-4　研究区智能监测预警系统组成

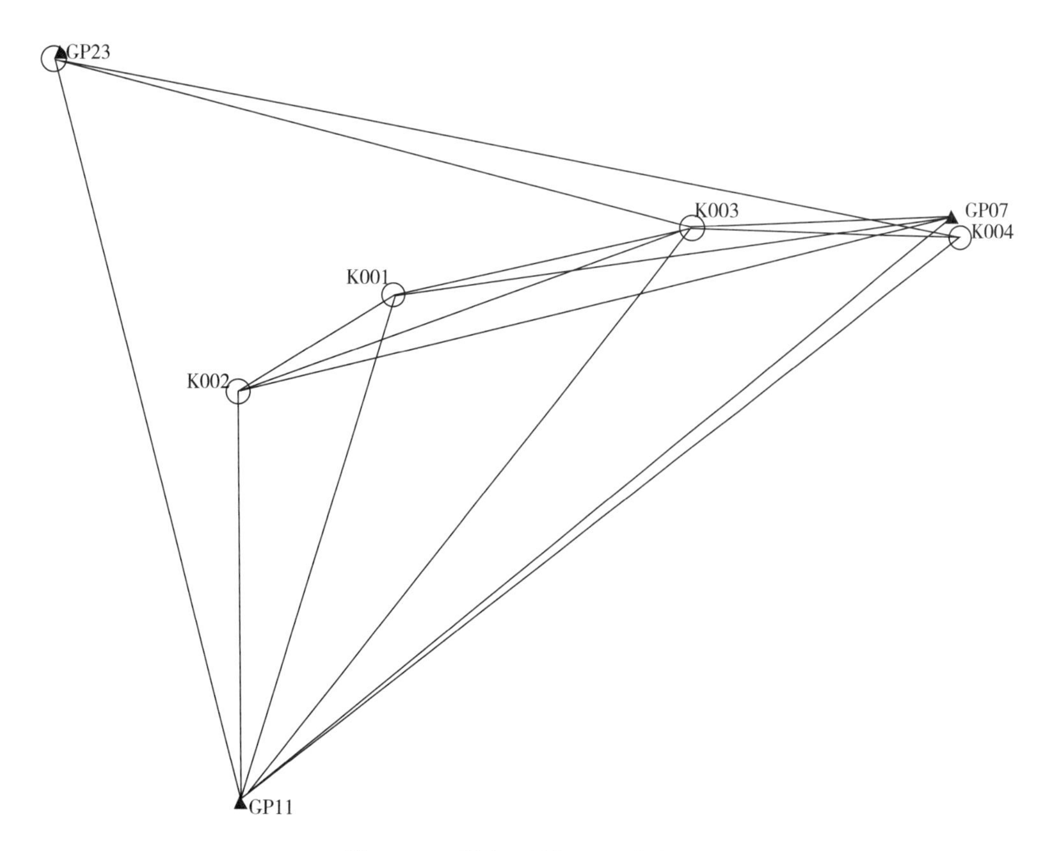

图 10-5　研究区首级 GPS 控制网

平面控制测量标准按照《全球定位系统(GPS)测量规范》GB/T 18314—2009 中 D 级 GPS 控制网测量技术标准执行。控制网点位稳固、分布均匀、相互通视、无干扰,通过与周边 GPS 点联测获取基础数据,然后对整个 GPS 控制网在 WGS-84 坐标系中进行无约束平差,采用双差相位观测值检核异步独立环闭合差，重测质量不稳定的时段，直至符合技术要求。对无约束平差后得到 WGS-84 坐标成果引入起算点坐标进行约束平差，最后得到 1954 北京坐标系成果（见表 10-1）。其中，三维自由网平差单位权中误差为 0.009482 m，使用 GPS07 和 GPS11 两点对控制网进行二维约束平差，其单位权中误差为 0.000172 m，达到控制网的精度要求。

图 10-6　研究区观测墩及强制对中装置

高程控制测量标准按照《国家一、二等水准测量规范》（GB/T 12897—2006）中二等水准技术标准执行。高程控制以 $K1$ 点为基准点，假定高程为 50.0000 m，测得每公里高差中误差 2.79 mm，水准线路总长 4.106 km，构成 5 个闭合环，最大闭合差为3.7 mm，符合标准要求。

表 10-1　研究区控制点坐标

点名	坐标 X	坐标 Y	高程
GPS11	3422355.990	594324.864	50.3750
GPS07	3423293.075	595485.849	45.6660
GPS23	3423539.418	594003.281	56.1390
$K1$	3423163.269	594569.539	50.0000
$K2$	3423005.478	594314.259	59.0968
$K3$	3423274.265	595058.111	43.0667
$K4$	3423261.455	595497.005	46.5220

（2）变形监测网。现场踏勘显示目前二期露天采场边坡多处出现裂缝，南坡 12 ～ 144 m 标高靠帮边坡岩体较完整，边坡滑坡变形主要发生于标高 253 ～ 316 m 处，滑坡边坡体被强烈破碎，坡面起伏不整，在其上布设监测点需遵循以下设计原则：

① 重点突出、全面兼顾。影响边坡稳定性的因素很多，因此需要找出主要反映指标和主要影响因素，对它们进行重点监测；同时在监测点的布置上，既要保证边坡监测系统对整个边坡的覆盖，又要确保关键部位和敏感部位的监测需要，在重点部位应优先布置监测点。

② 及时有效、安全可靠。边坡稳定性变形监测系统应及时观测、分析、整理监测资料并及时反馈监测信息，保证测量方法和监测精度的可靠性。

③ 方便易行、经济合理。边坡稳定性变形监测系统应当便于操作和分析，监测仪器应不易损坏，适用于长期观测，同时应充分利用现有设备，在满足工程实际需要的前提下尽可能考虑仪器造价的合理性，力争经济适用。

依据上述原则及工程地质分区和边坡剖面的数值模拟分析结果，12 ～ 23 号勘探线为边坡滑坡变形主要发生区，故设为重点监测区，共布设 8 个监测断面，断面间距为 50 m 左右。9 ～ 12 号勘探线和 23 ～ 31 号勘探线为次重点监测区，共布设 7 个监测断面，断面间距为

100 m 左右，测点高差为 20 ～ 40 m，呈网格状布置(扫描图 10 - 7 二维码查看)。因此，在变形边坡上 9 ～ 31 号勘探线一共布设了 15 个监测断面、76 个地表监测点，其中监测点分布为 36 号平台 31 个、72 号平台 23 个和 144 号平台 22 个。平台上的监测点采用混凝土桩，桩顶面装棱镜头，棱镜头镶嵌在混凝土中，起到加固保护棱镜头的作用；坡面上的监测点是用钢筋打入岩石中，用螺栓固定在钢筋上(扫描图 10 - 8 二维码查看)。

图 10 - 7　研究区监测点布设

深部监测网与地表监测网配合，9 ～ 31 号勘探线，每隔 100 m 左右布设 1 个深部监测断面，共 12 个断面，按每 40 ～ 60 m 高差布设 1 个测点，并在断层附近以及重点监测区域增大密度，共计 36 个 深部监测点，孔深平均为 100 m 左右，总长 3600 m 左右。

图 10 - 8　研究区观测棱镜布设

(3) 主要监测方法及精度。边坡的稳定性监测分为深部监测和表面监测两种：深部监测主要采用钻孔埋设测斜管，利用测斜仪进行监测；表面监测主要采用双频静态 GPS、智能全站仪和三维激光扫描测量方法进行监测。

① 测斜仪深部监测。根据边坡变形体的物质组成和滑动变形特性选择以钻孔测斜为主的监测手段对边坡进行深部监测。深部监测主要目的是确定边坡可能的滑面、变形的速率，并辅助研究边坡变形机制，验证相关成果，从而便于决策应急措施和确定治理方案。

深部测斜仪是一种测量岩土层各点水平位移的仪器，其操作原理是将测斜仪套管安装在近似铅直的钻孔内，和钻孔一起穿过可能发生位移的区域，同时要求测斜仪套管的底部必须嵌入稳定的基岩内作为基准，通过测量仪器轴线与铅垂线之间夹角的变化量，计算出岩土层各点的水平位移。本研究采用活动式测斜仪观测，研究区测斜孔的平均深度为 100 m，标距约 50 cm，每孔约有 200 个测量段。由于测量过程中仪器的定位误差和沿导向槽的不平偏差等，实际的测量精度可能远远超出理论值，但只要使测量值误差小于变形量 1/10，即可满足资料分析精度要求。

② 边坡稳定性测量机器人监测。TCA2003 全站仪又称为测量机器人，它是在全站仪的基础上集成步进马达、视频成像系统及智能化软件而成。其测角精度达 0.5″，测距精度为 $(1+10^{-6}D)$ mm(D 为测距)。实际应用中，安装好测量机器人、棱镜及气象仪表等硬件设施后，首先对监测点逐点进行人工观测，取得首期观测点坐标 X、Y、Z，建立初始坐标数据库。在后续的自动观测中，测量机器人根据仪器内置点位初始坐标数据库的坐标，自动进行目标判断，精确照准，测量方位角、天顶距和斜距，并将各期读数存储于内置 SRAM 卡中。对各监测点进行自动连续观测时，除第一次外，每一次都可以得到一个边坡变形位移值。位移值与测量时间间隔相除可得到移动速度，将它们与相应边坡工程变形移动临界值比较，如未超限则绘图显示移动变化规律，如超限则报警，从而完成边坡变形自动监测任务(见图 10 - 9)。

③ 三维激光扫描。三维激光扫描技术是利用激光脉冲对被测物体进行三维扫描，可以快速度、大密度、大面积和高精度地获取地物三维信息的一种测量设备。在复杂的现场环境及空间中，该系统能够将目标实体三维数据完整地扫描、采集到电脑中，快速重构出

边坡的三维实体模型，同时还可将目标的完整数据导入 CAD、GIS 系统中，用于各种后续处理工作。

变形监测系统 - SmartMonitor

文件(F) 配置(C) 测量(M) 工具(T) 视图(V) 帮助(H)

用户级别 选项 数据库 开始测量 暂停测量 结束测量 更新数据 欢迎画面 关于

设置 监测 测量循环 测量数据 测量消息

测量消息
显示测量过程中的测量消息。

状态	日期	时间	仪器	点名	消息	备注
警告	2008-12-05	10:09:45	TCA2003	Point5	纵向位移超过限差0.0241米！点位位移超过限差0.00…	
错误	2008-12-05	10:14:21	TCA2003	Point5	无法测量该点，可能是棱镜被遮挡或者是测量出现粗…	

测量数据
显示测量过程中的测量数据。

测量周期	仪器	点组名	点名	日期	时间	横向变化	纵向变化	点位变化	高程变化
1	TCA2003	Group1	Point3	2008-12-05	09:57:43	0.0006	-0.0012	0.0014	-0.0001
1	TCA2003	Group1	Point4	2008-12-05	09:57:59	0.0000	0.0000	0.0000	0.0000
1	TCA2003	Group1	Point5	2008-12-05	09:58:11	0.0001	-0.0000	0.0001	0.0001
1	TCA2003	Group1	Point6	2008-12-05	09:58:25	0.0001	-0.0000	0.0001	0.0000
2	TCA2003	Group1	Point3	2008-12-05	10:00:40	0.0002	-0.0007	0.0007	-0.0002
2	TCA2003	Group1	Point4	2008-12-05	10:01:11	-0.0000	0.0010	0.0010	0.0001
2	TCA2003	Group1	Point5	2008-12-05	10:01:24	-0.0001	-0.0007	0.0007	0.0001
2	TCA2003	Group1	Point6	2008-12-05	10:01:37	0.0005	-0.0006	0.0007	-0.0000

图 10－9 智能监测界面

由于扫描仪扫描范围及边坡复杂地质环境的限制，获取完整边坡点云数据需从不同方向多次扫描实体信息，要求相邻场景有一定的重叠，重叠区域需设置 3 个以上标靶。通常以导入拼接软件的第一幅点云数据的局部坐标为整个扫描场景的初始坐标，各个相邻扫描文件通过标靶点的匹配来完成整个边坡点云数据的拼接。为使边坡点云数据获取真实的大地坐标系，事先需在边坡开阔地带布设 3 个以上控制点，通过 GPS 控制测量获取控制点大地坐标，将其对拼接好的点云数据进行坐标转换，获取完整边坡点云真实大地坐标数据。

（4）数据分析处理。

① 数据传输。将特制的仪器墩安置在工作点，强制对中测量机器人固定在仪器墩上，并采用玻璃钢罩加以保护。监测时测量机器人根据设置程序对布设在边坡上的 15 个监测面、120 个监测点进行连续、有序的自动监测。监测数据通过信号线实时传输到现场监控室，由装有 GeoMoS 软件的计算机统一控制现场数据的自动采集、计算、限差检核和报警。边坡监测区域距离行政办公楼比较近，为了能够实时监测边坡变形体，在办公楼内建立了计算机数据处理中心，布设光纤至工作基站并建立观测房，用于远程控制边坡稳定性变形监测系统。为防止数据传输过程中的信息衰减，在通信光纤终端中安装了信号放大器。

② 数据分析处理。在边坡稳定性变形监测系统自动运行的过程中，一方面，计算机利用 GeoMoS 软件控制测量机器人观测特定点，向测量机器人的数据池保存角度和距离等原始数据，然后通过命令调用传输到计算机中，并存储到设定的数据库文件中。同时，GeoMoS 软件自动计算观测的数据以获得监测点的实时位移，并绘制图形和图表进行可视化在线分析。如果数据检核的结果超过预设的警戒值，该系统自动启动短消息报警、电子邮件报警、电话报警等，从而为及时发现工程险情和积累历史变形监测资料提供可靠和有效的参考。另一方面，该系统利用测量机器人观测成果改正三维激光扫描测量的变形数据，结合基准点的三维激光扫描测量值计算两者之间的差值，根据该区域边坡变形特点采用加权平均法计

算出区域变形监测改正量，从而获取真正意义上的露天矿边坡模型，边坡变形监测系统数据处理流程如图 10－10 所示。

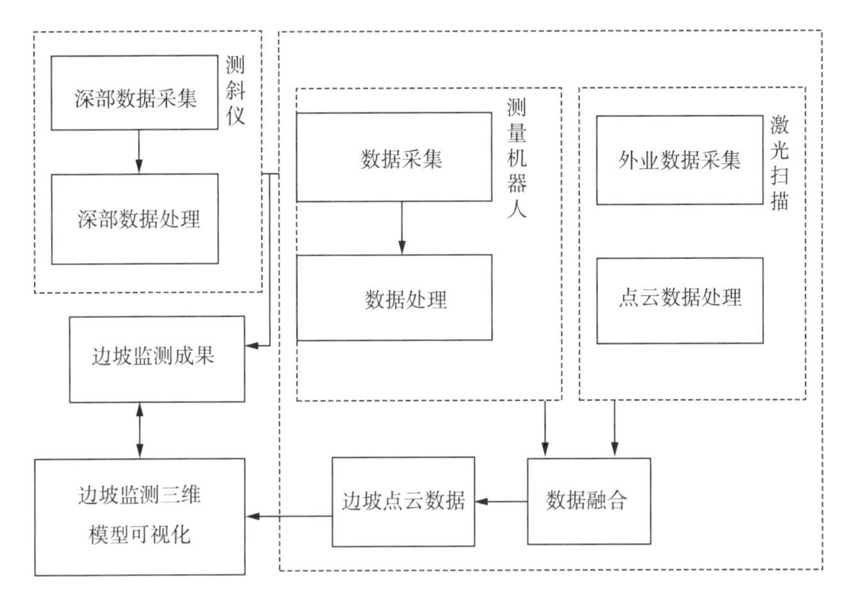

图 10－10　边坡变形监测系统数据处理流程

③ 后续应用。通过远程数据传输设备将测量机器人获取的数据实时传输到计算机，调用程序实时绘制图像并显示在系统主窗体上，结合 GIS 平台，实现监测数据空间分析及三维可视化。从研究区基础地理数据库中调用最新地形图，从中提取出边坡高程点数据集构建 gcd. shp 文件，并转化成边坡 TIN；调用变形监测数据库，提取监测网点相关数据，并构建监测网点 . shp 文件。为更进一步展现坡体发展过程及演化趋势，从研究区监测点中选取形变突出且具有完整周期形变点为代表（扫描图 10－11 和图 10－12 二维码查看），分平台绘制其位移-时间过程曲线并进行分析。通过比对分析选取各期代表性数据分析结果（扫描图 10－13 二维码查看）。运用空间分析技术对图 10－13 中的数据进行分类统计并绘图，得出各点的空间运动趋势分布（扫描图 10－14 二维码查看）。

图 10－11　研究区滑坡表面监测点分布（单位：m）

图 10－12　变形突出的监测点

图 10－13　代表性数据分析结果

图 10－14　研究区监测点平面运动分布图（单位：m）

在 GIS 中统计各监测点平面运动方向可以看出:60 个统计点中有 5 个监测点有向北方向运动趋势,约占 8%,此类监测点分别位于边坡的东南角及西南角;有 12 个监测点向北西方向运动,占 20%,且大多分布于边坡西南部;有 15 个监测点向西方向运动,占 25%,这些监测点遍布边坡中部及东南部;有 26 个监测点运动方向由北西向南西及南方向跳跃,约占 43%,其中 36 平台有 15 个,72 平台有 7 个,144 平台有 4 个;完全朝南运动的只有 36 平台的 2 个,约占 3%。

习　　题

10-1　测量机器人工作原理是什么?

10-2　利用测量机器人监测变形,一般有哪几种监测方式?

10-3　查阅资料了解测量机器人在变形监测中的应用。

第11章　智慧地球泛在测绘的探讨

随着互联网、物联网、云计算及人工智能等现代信息技术的快速发展与普及，人类社会进入建设智慧地球的大数据时代，各行业、各领域商业模式、生产模式与管理模式的不断变革和创新，对经济、社会发展与人们的生产、生活方式产生了深远的影响。在此背景下，各项测绘技术得到了全新的发展，测绘地理信息服务需求不断增长，泛在测绘的研究与探讨不断深化。

11.1　从数字地球到智慧地球

1998年，美国前副总统阿尔・戈尔提出了“数字地球”的概念。数字地球是信息化的地球，其建设包括全部地球信息的数字化、网络化、智能化和可视化。其核心思想是用数字化手段整体性地分析和解决地球问题，并最大限度地利用信息资源。数字地球从数字化、数据构模、系统仿真和决策支持一直到虚拟现实，是一个开放的复杂的巨系统，是一个全球综合信息的数据系统工程。数字地球作为一个三维的地球信息模型，被认为是迄今为止人类掌握地球空间信息最好的方式，它的出现使人类在描述和分析地表空间事物的信息上实现了从二维到三维的飞跃。数字地球是用数字模型的方式研究地球及其环境，实现了对地球多分辨率和多时态三维信息的表示与分析；数字地球通过可量测的实景影像，向公安、市政、交通、导航和LBS等行业提供满足需要的高精度地图数据、全要素信息以及厘米级分辨率的影像数据，它与网络电子地图产品相结合，可搭建一个以正射影像和实景影像为主要共享数据源的“影像地球”，实现了基于空天地一体化实景影像的可视化和可量测；数字地球作为一个空间信息集成平台，可以整合来自网络环境下的各种与地球空间信息相关的社会经济信息，然后又通过基于网络的模块化组件(Web Service)技术向社会和专业部门提供智能服务；数字地球通过兴趣点实现了与社会生活的非空间信息的关联，以服务全民。

2009年，美国IBM首席执行官彭明盛首次提出“智慧地球”这一概念，建议新政府投资新一代的智慧型基础设施。这一概念的主要内容是把新一代的IT技术充分运用到各行各业中，即把传感器装备到人们生活中的各种设备中，并且连接起来形成“物联网”，通过超级计算机和云计算技术将“物联网”整合起来，实现网上数字地球与人类社会和物理系统的整合。在此基础上，人类能以更加精细和动态的方式管理生产和生活，从而达到“智慧”状态。目前，智慧交通、智慧导航和智慧购物，基于互联网、物联网、大数据的智能化和便捷化已经深入人心。在智慧地球上，人们将看到智慧的医疗、智慧的电网、智慧的油田、智慧的城市和智慧的企业等。

随着传感器技术、计算机技术、网络通信技术和人工智能技术的飞速发展，终端接入、感知和计算能力不断提升，传感器网络、通信网络、互联网和移动互联网等复杂网络日益互联化、协同化、融合化和宽带化，信息服务的内容和方式逐渐综合化、定制化、泛在化和智能化。以“任何时间、任何地点、任何设施和任何人，通过无所不在的网络进行联系”的泛在网络时代来临，为我国经济的工业化、信息化、城镇化和农业现代化注入了新动能，带来了新的发展思路。从发展趋势看，我国“十一五”规划、“十二五”规划、“十三五”规划及“十四五”规划一路走来，一套以“智能＋”为特色的新型智慧城市、泛在测绘的技术体系和方法模式体系正在形成。

11.2 泛在测绘、泛在定位与泛在地图的概念

测绘信息化的不断发展，实时信息获取、移动互联网、物联网、大数据和云计算等新技术以及移动定位设备的进步，为提供实时、泛在、智能、多维空间位置信息服务提供了新的技术手段和技术形式，泛在测绘日益深入到人们生活的方方面面。

11.2.1 泛在测绘的概念

泛在测绘是指用户在任何地点和任何时间，为认知环境与人的关系而创建和使用地图的活动，它通过对人的感知在人与环境的位置和状态等关系上提供实时信息。泛在测绘以用户为中心，以使用者的需求为地图的主要呈现信息来创建实时、动态的测绘产品。用户既是测绘产业的生产主体，又是使用测绘产品的客体。不论室外还是室内，物体还是人员，用户感兴趣或者能够感兴趣的任何目标和相关人的位置均可通过泛在定位获得。

11.2.2 泛在定位的概念

泛在定位是指用户在泛在测绘的过程中，利用多种感知技术来感知目标位置、环境及其变化的活动。在传统测绘中，位置主要被作为地物的一种几何特性看待，强调的是位置数据的几何精确性，而在泛在测绘中，除了对物的测绘，还有对人的活动的测绘，强调以人为本，以用户为中心，强调对人的表达，对人与人、人与物和人与环境的关系表达。泛在测绘中，“位置”已经不再是一个由地理坐标和时间构成的四维概念，“社会性”成为其重要属性。

在日常生活中，人们要的位置服务是生活的服务，是社会服务，不是单单位置本身。人们不再简单地关心某个地物的坐标，而更关注这个坐标的地名、地址以及在这个位置上有什么、发生过什么、正在发生什么和将会发生什么等信息，形成了泛在的位置信息服务。这种位置服务需求随着用户位置、用户兴趣点和用户需求的变化而实时变化。因此，在泛在测绘背景下，位置信息服务已从单纯的空间定位服务转变成具有社会化、本地化和移动性的新型形态。泛在位置信息服务的对象已涵盖了各级政府、各行各业和普通大众。

11.2.3 泛在地图的概念

泛在地图是指在泛在测绘概念的基础之上，利用泛在定位和多种信息资源，创建用户感

兴趣的目标和有关用户自身的实时动态的场景地图，如使用电子导航地图，既有以“我”为中心的动态导航状态，也有个人定位仪测量使用者在地图上的位置信息等。

1. 在地图的表现内容和特点方面

传统地图只对环境做了描述，而泛在地图描述了使用者和相关场景的关系，强调以人为主体或者客体来表达人与人、与物和与环境的关系；传统测绘的地图和专业化制图标准严谨、清晰，制作地图的主体与使用地图的客体不同，而泛在测绘的专业化与非专业化制图同在，标准与非标准共存，制作地图与使用地图的主客体可分，也可不分；传统地图绘制的大部分是二维或者 2.5 维地图，其中的电子化地图可以实现人工控制方式的漫游，而泛在地图绘制的是 2.5 维和真三维地图，是人与环境交互的自实用、实时和动态地图，能实现自动漫游的环境和场景切换，是针对人或多人、多目标和多环境的实时动态交互式地图。

2. 在地图的坐标和参考系方面

传统地图的上方表示正北，而泛在地图多显示主体（如用户）的正前方为上方。传统测绘以方位角为参考，而泛在测绘没有图心和方位角，其以地形坐标值为参考，直接参考大地坐标，人或目标永远处于地图的中心，以人或者目标所在环境或前方及主路的环境为主动态摄取图画。泛在地图在基础地理框架上，采用最新的、全球的时间基准，通过三维椭球面或者近似圆球面表达的数据投影、距离、方位和姿态等要素，可直接以三维直觉空间进行数据表示，不再需要平面化的转化。

3. 在地图的比例尺和精度方面

传统测绘的比例尺、分辨率和精度是一致的，除已升级的电子地图外，传统地图的比例尺是根据测量确定的，不能改变；数字电子地图虽具有可变的比例尺，但其精度和分辨率不能超过比例尺限制而无限扩充；泛在地图的比例尺、精度和分辨率均是可变的，可无限地放大或缩小，随需求或者场景变化而自适应变化。

4. 在地图的现实性方面

传统地图和泛在地图的不同在于地图更新的周期和频率不同，泛在地图的更新频率很大，已接近实时更新。

5. 在测量信息处理方式方面

泛在地图可通过泛在定位空间协同式的智能传导，利用空间技术、实时遥感、定位技术和无线智能传感网络技术，通过动态三维实景的地图表达形式，建立包括泛在通信网、地球智能信息传导网、高性能计算机和服务器在内的新一代数据信息基础设施。

11.3　智能化泛在测绘科技形态变革

11.3.1　内外业测绘颠覆

20 世纪 90 年代以前，受技术发展限制，模拟测绘一直占主导地位，外业作业时间长、劳动强度大，内业成果形式单一。随着科技的发展，测绘仪器操作越来越精简，信息采集过程越来越便利，内业、外业逐步实现了自动化，减轻了作业轻度。随着传感设备的精确性和可靠性越来越高,勘测类及数据采集工作已经由各类智能仪器及传感器来完成。同时,航天航空技术和摄影测量遥感技术的逐渐成熟,扩展了测绘的观测对象,测绘领域从地表延伸到空间、整个地球系统乃至深空,测量周期逐渐按照人们需求实现实时观测。这一改变大幅降低了外业工作量,但内业数据量及处理难度也呈指数增加。为解决这一难题,云计算、"测绘大脑"的设想以及分布式物联网技术快速发展,这为智能化泛在测绘在测绘地理信息行业广泛应用奠定了坚实基础。未来智能化的各类监测系统或许将不需要外业测量工作,传统的外业工作可能逐步消失,固化的内外业的思维模式将被彻底颠覆。

11.3.2 专业测绘转向泛化

智能化背景下,测绘工作将表现出高科技、操作简单化和行业多样化的特征。一方面,对研发类测绘人才的要求越来越高;另一方面,从事实际测量工作的操作方式更为简单,非专业人员即可完成以前专业人员很难完成的测量工作。可以预见,从事智能设备与测绘类产业的深度融合工作、企事业单位测绘管理工作的复合型人才的需求将会大量增加,一线工作的应用型测绘人才的需求也会呈上升趋势。新的市场模式对应用型测绘人才的基础能力、实践能力、服务能力和适应能力提出了更高的要求。同时,位置服务等新的学科内涵将拓展测绘工作的内容,无人驾驶、室内测图和智慧城市等新的领域将提供广泛的测绘市场,并将进一步增加如手机测绘和众包测绘等新的测绘工作内容与工作方式。

11.3.3 数据产品转向服务

测绘是采用最新的仪器装备采集多尺度和海量的异构数据,并采用概率论和数理统计等多种数学手段进行分析处理,为自然资源监测、市政工程、矿产勘查和海洋生产等提供基础时空数据产品的学科。随着各行各业需求的丰富和学科发展的交融,测绘科技处理除提供数据产品外,将逐步关注基于数据产品的行业服务。智能化测绘技术的不断进步以及各行业的交叉,用户将更加关注测绘科技给本行业提供整体的解决方案服务,而非数据产品本身。未来测绘数据采集智能化和智能测绘云分析将进一步为测绘服务提供理论与技术保证,比如互联网和北斗系统相结合,将为全球用户提供稳定的应急搜救服务,为渔业和农业等领域提供常规服务。在智能测绘云的支持下,依托互联网、物联网、车联网、移动通信网和北斗网等网络交叉融合,可构成能实现覆盖全行业和一站式的智能化测绘服务系统。

11.4 泛在测绘应用

泛在地图以其三维、实时动态的真实地球映射,大大提高人和社会的认知能力,是虚拟世界和真实世界实现无缝对接的具体表现,并在很多方面得到了广泛应用。例如,三维实景地图,可以加上实时功能,从而实现实时三维实景导航服务;在旅游行业,将出现更多的符合旅游行业特点的自制旅游电子地图,实现更快捷、更丰富的旅游电子信息预览服务;在天地图中,可以让用户在电子地图中参与添加关注信息点,实现交流互动;用北斗系统和泛在测绘等技术将定位、导航、感知时间和时节这种生物智能赋予机器，以增强机器对环境的智能感知优势，实现广域和全球智能协同控制的赋能技术。例如，CORS 站结合无人机低空遥感平台、飞艇中空遥感平台、飞机高空遥感平台、平流层气球以及卫星太空遥感平台，组成无缝的、实时的智能传导网（扫描图 11－1 二维码查看）。通过这一传导网连接水利、气象、生态和环境质量等一系列传感器，结合具体的应用领域建设数据，进行全覆盖的智能传导网服务。

图 11－1　陆海空天环境感知网

建立在智能感知网基础之上的车载导航电子地图能够实现更多自动感知功能，为使用者提供更完善和更丰富的智能实时动态信息，如百度无人驾驶利用云端智能运算，实现智能道路交通决策疏导和智能定位导航，满足个性化位置服务需求与智能决策，大大提高人们的生活品质。图 11－2 为地形图的自动更新系统（扫描图 11－2 二维码查看），无人机和无人船采集的大数据经过云平台处理能实现地形图的自动更新，为用户提供智能决策。

图 11－2　地形图自动更新系统

随着实时高速通信网络、大数据、云计算和物联网的发展，借助卫星定位和遥感等技术，测绘与位置服务的准确性、实时性、可靠性、泛在性和可持续性能力不断提升，从传统测绘、泛在测绘到智能时代泛在测绘的新一轮转型正在不断完善与发展。

11.5　“一带一路”智慧地球与珠峰测量

随着人工智能以及以北斗为代表的导航系统和云计算在遥感等专业领域的发展，我国在数字地球向智慧地球发展的道路上跨越了一大步。为构建人类命运共同体，我国于 2016 年提出了空间信息走廊与数字“一带一路”规划，国家发展和改革委员会也发布了白皮书。整个空间信息走廊和数字“一带一路”纳入第二个“一带一路”五年规划。为推动我国导航和地理信息的国际化，服务“一带一路”沿线国家的日常生活，我国推出了“地理世情、数字地球和智能世界”(1＋5G) 平台。这个平台主要服务“一带一路”沿线国家，整合国内相关产业的各种资源，向“一带一路”国家介绍中国技术、提供中国服务并推广中国成果。这是一个庞大的地球大数据系统工程，地球大数据是地球科学、信息科学和空间科技等交叉融合形成的大数据，数据来源于但不限于空间对地观测数据，还包括陆地、海洋、大气以及与人类活动相关的数据。通过地球大数据的先进科学技术支持，来实现“一带一路”区域性和跨国家的社会、文化、环境和生态的协同发展，是“一带一路”沿线国家的共同需求。

尼泊尔是中国“一带一路”智慧地球决策设计的重要一环。2017 年 5 月 27 日，珠峰高程测量登山队站在地球之巅，将 GNSS 卫星测量、冰雪探测雷达测量、重力测量、卫星遥感、似大地水准面精化等传统测量技术和云计算、物联网等现代高科技相结合，精准测量珠峰高度，珠峰新高程的测定也将中尼友谊推上了新高度。

11.5.1 传统珠峰测量技术

1. 珠峰测量相关概念

前面章节已介绍大地高是地面点沿椭球面的法线到椭球面的距离，大地高是一个几何概念，用来表示 GNSS 中高程，同一个点在不同的椭球高基准下，大地高不同。例如，WGS-84 和 CGCS2000 采用不同的椭球高基准，其测量的大地高是不同的。大地水准面是指与平均海水面重合并延伸到大陆内部的水准面，是重力等位面。正高是地面点沿铅垂线到大地水准面的垂直距离。以大地水准面为基准测定的高程称为正高、海拔或绝对高程。

正常高是地面点沿铅垂线到似大地面的垂直距离。似大地水准面是从地面点沿重力铅垂线量取正常高所得端点构成的封闭曲面。严格来说，似大地水准面不是水准面，是相对精度比较高的一个接近大地水准面的起算面，常用于辅助计算。在陆地上，似大地水准面与大地水准面差值表现为正常高与正高之差；在海洋上，二者重合。由于大地水准面是个理想模型，正高没办法准确测量，而正常高是可以精确测量的。高程异常是指似大地水准面和参考椭球面之间的高程差。大地高等于正常高和高程异常之和。

传统求定高程异常 ξ 的方法是外业获取。大地测量工作者沿着一等三角锁段布设天文重力水准路线，利用天文重力水准的方法计算出高程异常 ξ，再利用水准联测三角点，求出三角点的正常高，从而求出各三角点的大地高。这种传统方法求取三角点的大地高代价巨大。

2. 早期三角高程测量

珠峰因为海拔太高，所以气压极低，风雪极大，地理环境极度恶劣。每年只有 5 月中下旬天气转暖时才能进行登顶或者测量活动。人类尚未登顶珠峰的时期，三角高程测量是测量珠峰高度的常用技术。专业测量人员在珠峰山脚地面测站架设光学测量仪器，照准珠峰峰顶雪面，测量地面测站到峰顶的距离，再测量峰顶的竖直角，按照三角函数关系计算出珠峰高度。从地面测站照准珠峰峰顶雪面，不同测站观测到的目标不一致，会产生较大误差，同时受大气折光误差影响，珠峰高度的测量误差范围较大。

3. 人员登顶珠峰立起测量觇标

1975 年 5 月 27 日，中国首次登顶珠峰，将测量觇标立于珠峰之巅，对珠峰的高程进行了精确测定，测得从中国黄海平均海面起算的珠峰高程为 8848.13 m。此次对珠峰高程的测定以试测时建立的二等三角网为基础，沿东绒布冰川和西绒布冰川分别布设了一条三等三角网和一条微波测距导线，并增测了一些天文点和重力点。在距珠峰 13.6 km、高程 5680 m 处布设了水准点 Ⅲ7，以此作为测定珠峰高程的起算点。在这一水准点附近选择了 9 个测站，它们分布在以珠峰为中心的 69° 的扇形区域内，至珠峰的距离为 8.5 ～ 21.2 km，高程由 5600 ～ 6240 m。先用三角高程测量方法，将水准点 Ⅲ7 高程传算至 9 个测站上，从 10 个地面测站同时观测珠峰觇标水平角和高度角。根据这些水平角可以确定珠峰的水平位置和各测站至珠峰的水平距离；根据三角高程测量原理，由这些高度角和水平距离确定各测站同珠峰之间的高差。整个测定中综合利用了三角测量、导线测量、水准测量、三角高程测量、天文测量、重力测量、天文水准测量以及温度垂直梯度测量的成果，经过各种改正，最后得出珠峰的正高。此次珠峰测量在以下几方面取得了显著进展：

(1) 人员登顶建立觇标保证了不同位置地面测站照准峰顶最高点的一致性。人员登顶采用插杆方式测量了峰顶不含结冰层的覆雪厚度为 0.92 m，高程测定结果中扣除了该覆雪厚度获得珠峰地面的高程。由于珠峰覆雪厚度随季节和气候而异，本次测定结果仍有一定误差。

(2) 本次测量中采用改进的理论方法，结合气象参数观测数据，较好地解决了大气折光误差的难题。珠峰地区地形复杂，气候恶劣，大气折射情况比较复杂，本次在各测站均分别测定气温和气压，同时用探空气球测定了测区上空的温度垂直梯度值等气象参数。三角高程测量大气折射对于三角高程测量精度的影响一般同视线长度的平方成正比。本次测定路线设计中，视线长度平均约 13 km，较以往有显著改进。

(3) 本次测量依托严密的理论基础，利用天文和重力测量数据，测算大地高程和正常高以推算珠峰的正高。因为考虑珠峰附近地势陡峭，垂线偏差变化急剧，所以在一些三角点和导线点上进行天文观测(其中最高的天文测站距珠峰 5 km)，以便将以垂直方向为依据观测的水平角和高度角加入精确的垂线偏差改正，化算到以椭球面法线方向为依据，从而得出以椭球面为基准面的珠峰的大地高程。然后利用垂线偏差和重力值推算由水准点 Ⅲ7 至珠峰的高程异常差，由珠峰的大地高程减去高程异常，得出以似大地水准面为基准面的珠峰正常高。最后利用珠峰周围各重力点的重力值推算珠峰顶的重力值以及峰顶至其下面大地水准面之间沿垂线的平均重力值，据此计算由珠峰正常高化算为正高的改正数，从而推算出珠峰的海拔。

11.5.2　现代新技术在珠峰测量中的应用

在现代生活中，GNSS 测定大地高，在 GNSS 局域网中，通过 GNSS 水准可以推算一些点的高程异常，通过构建地球重力场模型，利用多面函数拟合可求得其他点的高程异常，从而可推算出正常高，同时可通过天文重力水准方法或卫星大地测量方法求得大地水准面差距，由大地高减去大地水准面差距推算出正高。

1. 2005 登顶珠峰新进展

国家测绘局从 2004 年下半年开始，策划 2005 珠峰高程测量项目及设计技术方案。2005 年5 月 22 日，测量队登顶测量成功。山下的 6 个观测点对峰顶的觇标进行了连续 2 天的观测。这次珠峰测量的技术方案，既有和 1975 年相同的，也有当代测绘发展的高新技术。与 1975 年相同的是传统的三角高程测量，都是利用水准测量和重力测量技术，将位于青岛的黄海高程基准值传递至珠峰地区，实现了珠峰高程起算面的确定。新的进展是采用了光电测距和当代最先进的连续 GPS 观测，另外还采用了冰雪探测雷达，对珠峰峰顶近 20 m^2 的范围进行了扫描，获得了用肉眼看不见的珠峰峰顶的雪层、冰层和混合层一直到岩石面的准确数据。这次测量其实是第一次准确得到峰顶岩石面的高程。这次珠峰测量综合利用现代技术，精确确定珠峰顶的高程和平面位置，实现了当时对珠峰高程最为精确的测量。这次测定的冰雪深度的精度是 ±0.1 m，是当时技术所能达到的最精确的数据。

2. 2020 珠峰高程测量新技术

2020 年，我国综合运用 GNSS 卫星测量、水准测量、光电测距、雪深雷达测量、航空重力和遥感测量、似大地水准面精化和实景三维建模等多种传统及现代测绘技术，精确测定珠峰高程，并与尼泊尔开展技术合作，最终确定了基于全球高程基准的珠峰雪面高程为8848.86 m，主要科学工作概括为以下几点：

(1) 建立GNSS坐标控制网。首先在珠峰地区建立全球导航卫星系统(GNSS)坐标控制网，分阶段开展高精度GNSS网观测，获取343个网点的三维坐标构建高精度的珠峰高程测量坐标起算基准。GNSS测量是利用人造卫星实现对地表点位的精确测量，利用地面GNSS观测设备接收卫星信号，根据信号传播速度和传播时间，测量卫星到地表测点的距离。卫星到地心的距离可通过精密确定卫星轨道得知，进而可以得到地表测点到地球参考椭球面的距离，这一距离被称为大地高。为将黄海高程基准值精确传递到珠峰脚下，在珠峰及周边地区布设高程控制网，开展精密水准测量。从位于西藏日喀则市的国家一等水准点起测，徒步完成780 km的水准测量，逐站将黄海高程基准值精确传递到珠峰脚下6个交汇点。同时开始三角高程测量，即通过已知点观测未知点水平距离和高度角，求两地间高差。

(2) 首次在珠峰北侧开展航空重力测量。为精确测定珠峰高程，在珠峰及周边地区开展重力测量，获取分布均匀的高精度重力数据，构建珠峰地区的高精度大地水准面模型。由于珠峰地区平均海拔高度在5000 m以上，地形地貌极端复杂，常规重力测量需测绘人员携带重力仪进行实地测量，而珠峰大部分区域无法开展地面重力测量，重力数据稀少，存在大量重力资料空白区。此次我国在全世界首次在珠峰北侧地区开展航空重力测量，解决了该地区重力数据空白问题，提升珠峰地区高程起算面的精度。此次重力测量主要采用航空重力测量，利用航空地质一号飞机搭载先进的航空重力仪，飞机按照事先设计好的测线在10000 m高空来回飞行实时采集地面重力的变化，多条飞行测线形成一个密集的空中重力变化数据面，结合机载卫星动态定位、惯性导航精确测定空中重力值分布。

(3) 测量登山队员登顶开展峰顶测量。2020年5月27日11时，中国测量登山队登顶成功。在峰顶创纪录地停留了150 min。其间，在峰顶使用国产仪器开展了测量觇标架设、GNSS测量、雪深雷达测量和地面重力测量。在峰顶首次实现北斗卫星定位，峰顶点与珠峰地区9个GNSS地面测站组成峰顶GNSS联测网，进行同步观测，观测时间超过40 min。同时测量登山队员利用国产重力仪，在世界上首次测量了珠峰峰顶重力观测值，为提高珠峰高程起算面的精度提供了可靠数据。另外，采用国产地质雷达探测仪器精确测量了峰顶冰雪层厚度。其间，地面测量人员从珠峰脚下的6个测站，利用自主研发的长测程测距仪照准峰顶觇标反射棱镜进行交会观测，最长测距接近19 km，交会观测数据为峰顶GNSS测量数据提供独立检核。

(4) 珠峰测量数据处理分析。珠峰测量数据获取完毕并经过质量检查后，进入珠峰测量数据处理分析阶段。该阶段的核心任务是通过严密计算得到珠峰峰顶的大地高及构建峰顶地区大地水准面模型。对GNSS控制网、峰顶GNSS联测网和交会测量数据进行处理，得到两套技术手段相互独立的珠峰峰顶觇标点的三维空间坐标，即纬度、经度和大地高。两套数据成果显示珠峰顶大地高仅相差2.6 cm，根据误差理论，GNSS测量获取的珠峰大地高结果精度达到了毫米级，实现了峰顶高精度测定。科学家基于物理大地测量的理论方法，联合航空重力、地面重力、高分辨率地形和其他数据，结合GNSS和水准测量数据，建立珠峰地区的大地水准面模型。数据处理结果显示，加入航空重力测量数据后，珠峰高程起算面精度达到了 4.8 cm，相比没有加入航空重力测量数据，峰顶地区大地水准面模型精度提高了近 40%，由此精确地推算出大地水准面差距，通过珠峰峰顶的大地高减去大地水准面差距，获取精确的珠峰高程值。

习　题

11-1　智慧地球与泛在测绘有什么联系？

11-2　从测绘角度看，你认为智慧地球的基础要求是什么？

11-3　泛在测绘通过对人的感知在人与环境的位置和状态等关系上提供实时信息，你对此是怎么理解的？

11-4　试试用技术路线方案图归纳总结 2020 珠峰高程测量工作。

参考文献

[1] 李德仁,周月琴,金为铣.摄影测量与遥感概论[M].北京:测绘出版社,2001.

[2] 宁津生.测绘学概论[M].武汉:武汉大学出版社,2004.

[3] 李青岳,陈永奇.工程测量学[M].2版.北京:测绘出版社,1995.

[4] 国家测绘局.国家三角测量规范:GB/T 17942—2000[S].北京:中国标准出版社,2000.

[5] 国家测绘局.全球定位系统(GPS)测量规范:GB/T 18314—2009[S].北京:中国标准出版社,2001.

[6] 全国地理信息标准化技术委员会.国家基本比例尺地图图式 第1部分:1∶500 1∶1000 1∶2000 地形图图式:GB/T 20257.1—2017[S].北京:中国标准出版社,2017.

[7] 刘仁钊,马啸.测绘技术基础[M].武汉:武汉大学出版社,2020.

[8] 王侬,过静珺.现代普通测量学[M].北京:清华大学出版社,2001.

[9] 覃辉.土木工程测量[M].上海:同济大学出版社,2006.

[10] 郭宗河,董宇阳,郑进凤.测量学实用教程[M].北京:中国电力出版社,2006.

[11] 李晓莉.测量学实验与实习[M].北京:测绘出版社,2006.

[12] 杨晓明,苏新洲.数字测绘基础[M].北京:测绘出版社,2005.

[13] 潘正风,杨正尧,程效军,等.数字测图原理与方法[M].武汉:武汉大学出版社,2004.

[14] 刘经南,郭文飞,郭迟,等.智能时代泛在测绘的再思考[J].测绘学报,2020,49(4):403-414.

[15] 龚健雅.人工智能时代测绘遥感技术的发展机遇与挑战[J].武汉大学学报(信息科学版),2018,43(12):1788-1796.

[16] 李德仁,姚远,邵振峰.智慧城市中的大数据[J].武汉大学学报(信息科学版),2014,39(6):631-640.

[17] 宁津生.测绘科学与技术转型升级发展战略研究[J].武汉大学学报(信息科学版),2019,44(1):1-9.

[18] 李德仁.从测绘学到地球空间信息智能服务科学[J].测绘学报,2017,46(10):1207-1212.

[19] 宁津生,杨凯.从数字化测绘到信息化测绘的测绘学科新进展[J].测绘科学,2007,32(2):5-11+176.

[20] 徐宇飞.数字测图技术[M].郑州:黄河水利出版社,2005.

[21] 李京伟,周金同.无人机倾斜摄影三维建模[M].北京:电子工业出版社,2022.

[22] 麻金继,梁栋栋.三维测绘新技术[M].北京:科学出版社,2019.

[23] 刘经南.大数据与位置服务[J].测绘科学,2014,39(3):3-7.